RECHERCHES

SUR

LES MÉTÉORES

ET SUR

LES LOIS QUI LES RÉGISSENT

PAR

M. COULVIER-GRAVIER

PARIS

HENRI PLON, IMPRIMEUR-ÉDITEUR

RUE GARANCIÈRE, 10

1866

Tous droits réservés.

RECHERCHES

SUR

LES MÉTÉORES.

PARIS — TYPOGRAPHIE DE HENRI PLON, IMPRIMEUR DE L'EMPEREUR, RUE GARANCIÈRE, 8.

RECHERCHES

SUR

LES MÉTÉORES

ET SUR

LES LOIS QUI LES RÉGISSENT

PAR

M. COULVIER-GRAVIER

PARIS

HENRI PLON, IMPRIMEUR-ÉDITEUR

RUE GARANCIÈRE, 10

1866

TABLE DES MATIÈRES.

PREMIÈRE PARTIE.

CHAPITRE PREMIER. — Considérations préliminaires sur l'état actuel de la météorologie. 1

But de la météorologie; ses applications à la médecine, à l'agriculture, à la navigation, etc. — De la météorologie chez les anciens. — Différents systèmes sur les météores depuis les temps les plus reculés jusqu'à nos jours; opinions de MM. Lamarck, Pouillet, de Gasparin, Bouvard, sir John Herschel, et Biot. — Emploi du baromètre et du thermomètre; ses résultats. — Modifications à apporter dans les établissements météorologiques. — Opinions de MM. Biot et Regnault au sujet des observatoires météorologiques actuellement en activité; du peu de résultats qu'ils peuvent produire. — Discussion entre MM. Biot, Regnault et Le Verrier concernant les observatoires à établir en Algérie. — Utilité présumée de mes recherches.

CHAPITRE DEUXIÈME. — De l'atmosphère, de sa hauteur; de l'air, de sa composition. 18

Ce qu'on entend par firmament; sa couleur. — Hauteur de l'atmosphère. Méthode de La Hire et Halley pour déterminer la hauteur de l'atmosphère. — Réfractions astronomiques. — Division de l'atmosphère par couches; résultats obtenus par Laplace, Biot et Pouillet. — Considérations tirées des étoiles filantes par Brandes et Benzemberg. — De l'air, de sa composition; ses propriétés; propagation du son.

SECONDE PARTIE.

Arc de Triomphe de Jules César, à Reims. (Comète de 1811.)

PRÉFACE.

On m'excusera si dans cette Préface je parle de moi. Il m'a semblé, tout égoïsme à part, qu'il y avait intérêt à raconter au public comment je suis parvenu au point où j'en suis aujourd'hui. Ma place dans la science est tellement spéciale, qu'on me pardonnera d'exposer à quel prix je l'ai acquise. Que les lecteurs ne s'inquiètent pas cependant ; les détails que je hasarderai seront assez courts, quoique personnels : car, ainsi que je le dirai plus loin dans quelques mots d'explication, je ne donnerai qu'un peu plus tard l'historique complet de mes travaux, en rappelant les bons et les mauvais jours de la lutte que j'ai soutenue pour fonder selon mes vues la science des météores. En attendant cette narration ultérieure, je veux dire ici brièvement de quelle manière j'ai commencé à observer, comment je suis entré dans les voies de la science, et comment

compter la nuit ; car j'avais refusé d'être pension-
naire au collége, afin d'avoir les nuits à mon entière
disposition.

Mon second avantage fut la profession de mes
pères, si favorable à mon genre de recherches.
Comme en effet ils étaient commissionnaires de roulage et surtout cultivateurs, je pouvais, en allant
continuellement voir travailler les ouvriers dans
la campagne, là où l'horizon est aussi sans bornes,
assister à l'origine des météores. Je faisais deux
études à la fois, celle du ciel et celle de la terre, en
réfléchissant avec soin sur les circonstances plus ou
moins heureuses qui favorisaient ou gênaient le développement des céréales et des plantes fourragères.

Le plus grand sacrifice peut-être que j'aie fait à la
science, ce fut d'abandonner ces champs et cette culture que j'aimais tant, cette profession de cultivateur,
si noble, si belle et si utile, qui donne à l'homme la
liberté et l'indépendance dans le travail du plein air
et qui le récompense par les produits certains que
son intelligence sait tirer de la terre. Mais j'avais reconnu l'impossibilité de mener de front mes recherches météoriques et mes occupations agricoles et
commerciales. Il fallait opter entre les unes et les autres. L'intérêt public, tel du moins que je le com-

prenais, l'emportait à mes yeux sur mes affections personnelles, et je lui sacrifiai tout. Car, ainsi que je l'ai dit plus d'une fois à M. Arago, il me fallut être bien profondément convaincu qu'il y avait plus que des choses curieuses dans mes recherches pour abandonner deux professions qui, réunies, promettaient à ma famille, après quelques années de labeur, sinon une fortune considérable, au moins une douce aisance, et pour devenir toute ma vie l'esclave de la science des météores. Livré au commerce et à l'agriculture, il m'était bien impossible de tenir un registre détaillé de chacune de mes observations; ma mémoire seule m'en tenait lieu. Mais ce moyen était très-loin de suffire pour arriver jamais à formuler des lois qui me semblaient devoir être si utiles dans la pratique de chaque jour.

Je rapporte ici le témoignage, bien précieux encore à mon souvenir après tant d'années, de M. A. de Maizières, ancien professeur de physique et de mathématiques. Il disait un jour à l'Académie de Reims, en 1835 :

« En exposant devant cette honorable compa-
» gnie le système météorologique d'un habitant de
» notre ville, je crois remplir un devoir académi-
» que : à savoir la promulgation d'une vérité de pre-

» mier ordre, par son utilité inappréciable pour la
» navigation et l'agriculture.

» C'est du cours des étoiles filantes, ancien sujet
» de méprisables préjugés populaires, que M. Coul-
» vier-Gravier a su tirer toute la météorologie.

» Dès l'enfance, M. Coulvier-Gravier s'était ému
» et passionné au spectacle que le firmament pré-
» sente durant une nuit étoilée. Il avait été frappé
» de ces feux aériens si variés par leur nombre, leurs
» positions, leurs directions, leurs grosseurs, leurs
» vitesses et leurs amplitudes.

» Quinze ans se passèrent ainsi sans résultat appa-
» rent, mais aussi sans que l'observateur infatigable
» perdît rien de l'attrait qui le rappelait à ses inves-
» tigations chéries.

» Cependant il avait de lui seul appris le mouve-
» ment commun des étoiles sidérales, et même les
» mouvements exceptionnels du soleil et de quelques
» planètes, leurs levers, leurs couchers, leurs grou-
» pes, leurs distances angulaires, le pôle boréal, l'axe
» du monde, l'équateur céleste, l'écliptique. Et c'est
» d'après les astres qu'il se peignait l'origine, la fin,
» la course d'une étoile filante ou de tout autre mé-
» téore.

» En se demandant quelle est la cause de la direc-

» tion des étoiles filantes, M. Coulvier-Gravier la
» rapporte à un vent qui règne dans les régions su-
» périeures, et ce qui n'était d'abord qu'un anachro-
» nisme, devint la source de ses découvertes.

» Aussi il reconnut une loi générale de la nature,
» qu'il formula de la sorte :

» Les vents des hautes régions sont les plus puis-
» sants ; ils ne peuvent se maintenir dans les couches
» éloignées de la surface de la terre, et en parvenant
» dans une région inférieure, ils y établissent leur
» domination.

» Ou encore, il n'est pas de vent à la surface de la
» terre qui n'ait existé antérieurement dans les
» nuages, et antérieurement encore au-dessus des
» nuages.

» Telle est la belle loi, presque générale en effet,
» à laquelle est parvenu M. Coulvier-Gravier, sans
» études physiques, sans instruments d'astronomie,
» sans rien écrire, et avec le seul secours de sa mé-
» moire et de sa pensée.

» Après des années d'exercice, il a su apprécier les
» diverses nuances d'étoiles filantes, leur petitesse,
» leur hauteur, leur durée, leur grosseur, leur vi-
» vacité, etc. »

C'est ainsi que M. de Maizières, dans une des

séances de l'Académie de Reims, s'exprimait sur
mes recherches. J'ai rapporté son témoignage si
bienveillant, pour faire voir que, même avant mon
arrivée à Paris, l'opinion publique s'intéressait déjà
à des études qui promettaient de rendre quelques
services.

Mais ma résolution de tout abandonner pour venir me fixer à Paris fut invariable du jour où j'eus
l'honneur de voir M. Arago pour la première fois, et
c'est à cette occasion que je rapporte avec gratitude
la détermination que je pris alors. Par les détails qui
vont suivre on verra qu'il n'en pouvait être autrement.

M. Arago, discutant avec moi une Note que je lui
avais remise sur mes recherches, leur nature et leur
but, me parla d'une foule d'observations d'étoiles
filantes en diverses stations du globe. Je ne pus que
lui dire qu'il était fâcheux pour la science que ces
observations eussent été entreprises uniquement
dans le but de démontrer telle ou telle théorie formulée à l'avance ; car dès lors elles ne représentaient
nullement la véritable apparition du phénomène.

« Eh bien, me dit M. Arago, montrez-moi vos
» observations. »

Je ne pus que lui répondre que cette communica-

tion m'était tout à fait impossible ; car d'abord je n'avais jamais pensé primitivement que je pusse un jour avoir besoin de donner au public le résultat de mes travaux, et j'ajoutai que mes occupations ne m'avaient pas permis de les transcrire sur des registres. « Quoi qu'il en soit, lui dis-je, je sais par l'ex-
» périence et par une longue pratique des observa-
» tions, comment les choses se passent ; je puis donc
» en conséquence vous faire voir par où pèchent les
» observations dont vous venez de me parler. »

M. Arago, profitant de cet entretien, me fit pro-mettre de trouver le temps d'inscrire régulièrement mes observations sur un registre. Je le lui promis et je tins parole. C'est donc sur la provocation de M. Arago que je me décidai à tenir des mémoires journaliers de tout ce que j'observais au ciel. C'est alors aussi que sentant depuis longtemps combien il me serait utile d'avoir un aide avec moi, afin d'ob-server tout l'hémisphère visible du ciel, j'enrôlai, comme je l'ai déjà dit, dans mon *Introduction histori-que*, un de mes employés, M. Chartiaux, qui depuis lors n'a jamais cessé d'observer avec moi. Depuis deux ans, j'ai associé à mes travaux M. Chapelas-Coulvier-Gravier, mon gendre, qui me seconde éga-lement de tout son pouvoir, et à qui on doit aussi les deux belles figures représentant l'arc de triomphe de Jules César et le dernier étage du palais du Luxembourg, avec les si brillantes comètes de 1811 et de 1858.

Je ne fus pas longtemps à m'apercevoir que, malgré toute ma bonne volonté, mes occupations commerciales et agricoles me prenaient trop de temps et qu'elles m'empêchaient de tenir un journal avec tous les détails que ce genre d'observations exigeait. Je résolus donc de venir me fixer à Paris, et j'en fis part à M. Arago. Avec une bienveillance prudente, M. Arago, loin d'approuver mon projet, me menaça de m'être hostile si je persistais dans cette résolution, tandis qu'au contraire si je restais à Reims, il me promettait de m'être des plus favorables, et, outre d'autres avantages, de me faire arranger à Reims un observatoire aux frais de l'État.

« Pour en arriver là, me disait encore M. Arago, » vous auriez beaucoup mieux fait de venir à Paris » dès l'âge de vingt ans ; car, avec les dispositions » naturelles que vous avez pour l'Astronomie, on » vous aurait instruit ; et, ajoutait-il pour m'encou- » rager et me consoler en m'excitant, vous seriez » aujourd'hui un des premiers astronomes de l'Eu- » rope. »

Malgré ces conseils de M. Arago, il est fort heureux, j'ose dire pour la science telle qu'elle m'appa-
raît, que malgré moi j'aie été empêché de l'écouter ;
car, selon toute apparence, je me serais laissé conduire à observer suivant les idées dominantes, et,
comme tant d'autres observateurs, j'aurais fait fausse
route. Je n'en remercie pas moins du fond du cœur
la mémoire de M. Arago ; mais aujourd'hui, comme
alors, je me dis que j'ai bien fait de ne suivre que
ma propre impulsion.

Aussi, ni promesses, ni menaces, rien ne put me
faire changer de détermination, et je vins en 1841
me fixer à Paris, rue de l'Est, ancien 31, aujour-
d'hui 33. Qu'on me permette de rappeler ces détails, qui pour moi ont beaucoup d'importance.

A peine arrivé dans la grande ville, la capitale des
sciences et des arts, je pus remarquer que les recherches purement curieuses, qui ne devaient même
être jamais que curieuses, et rien de plus, n'étaient
pas moins bien accueillies que les recherches qui
avaient essentiellement l'utilité pour but. En conséquence, je cessai pour quelque temps mes communications à l'Académie des Sciences dans ce que mes
recherches avaient d'exclusivement utile. J'ajoute
qu'à cette époque il me fallait encore quelques

éléments nécessaires pour donner à mes travaux la solidité qui leur manquait. En d'autres termes, mes observations avaient un côté faible, parce qu'alors je n'avais pas encore découvert la loi des perturbations du cours des étoiles filantes : élément indispensable pour énoncer la théorie de la nouvelle science des météores en formules incontestables.

D'après l'avis de M. Saigey, avec qui j'avais été mis en relations par M. Sainte-Preuve, je m'appliquai exclusivement à ce que mes observations renfermaient de curieux et de neuf pour la physique du globe, surtout par rapport aux nombres horaires, à la manière dont apparaissaient les étoiles filantes pendant toute l'année, et aux maximums de certaines époques en particulier ; je m'appliquai aussi à donner le centre de gravité pour chaque direction, etc., etc. C'étaient là des conseils qui ne laissaient pas que de me séduire, et je m'y laissai aller. En assez peu de temps, toutes ces recherches, qui étaient intéressantes à plus d'un égard, donnèrent naissance à une *Introduction historique,* que je publiai en 1847 avec la collaboration de M. Saigey.

Mais on n'aura pas de peine à me croire, quand je dirai que ces travaux secondaires, quelque approbation qu'ils reçussent, ne purent me détourner en rien du but que je m'étais proposé. Au contraire, je redoublai de zèle dans l'examen de chaque particularité de l'apparition des étoiles filantes pour corriger les côtés faibles de la théorie que je méditais.

Aujourd'hui que, grâce à mes persévérants efforts et à une patience peu commune, je suis arrivé à réunir une grande partie des éléments qui me manquaient pour la démonstration de la science des météores, surtout dans ce que cette science peut avoir de pratique, je regarde comme un devoir de faire connaître cette science au public, en l'initiant à tous mes secrets. J'avoue aussi qu'en prenant le public pour juge, je fais appel à son appui, comme je demande celui du Gouvernement et celui des principaux corps de l'État, pour obtenir les moyens d'achever l'étude complète de la matière, et pour la faire servir au bien commun, suivant les besoins.

Ce volume, qui renferme le fruit de cinquante années d'études, contient, comme on le verra, aussi peu de chapitres que possible; et, pour arriver à ce but, il était nécessaire que l'ouvrage fût surtout rédigé par celui-là même qui seul connaissait à fond toutes les sinuosités, on peut dire, et comme tous les mystères du vaste labyrinthe qu'il avait à dévoiler à ses lecteurs.

Sans doute, si je m'étais contenté de concentrer
mes explications sur les lois astronomiques du phénomène des étoiles filantes, j'aurais pu m'acquérir
tout d'abord une certaine gloire, qui ne m'a peut-
être pas tout à fait manqué non plus, en suivant une
autre voie, et qui s'accroîtra sans doute quand je dé-
velopperai, dans mon prochain volume, la théorie
spéciale de ces lois. Mais, qu'on m'excuse de le re-
dire, dans la position où je m'étais trouvé, à la tête
d'une maison de roulage et de labour, il a fallu que
ce but d'utilité publique se fît voir bien clairement à
moi dans les résultats déjà obtenus par mes longues
et patientes recherches, et, de plus, dans un avenir
assez rapproché, pour que j'en vinsse, par une déci-
sion hasardeuse, à tout abandonner, et à me consa-
crer exclusivement aux études qui me passionnaient.

Il ne faudrait pas supposer, d'ailleurs, que je
méprise dans la science ce qui n'est que curieux ;
car là aussi il y a souvent une source d'utilité pour
l'avenir, quand les études sont plus avancées. Mais
ce motif de simple curiosité n'aurait pas été suffisant
pour me résoudre à sacrifier mes espérances légitimes
de fortune, et surtout les espérances de ma famille.

Aussi, je n'ai jamais celé à personne mon désir et
mon but. C'est parce que je l'ai prouvé par des faits

patents à tous les hommes considérables qui m'ont fait l'honneur de me recevoir ou de me visiter, que l'opinion publique s'est prononcée en faveur de mes travaux, et que les assemblées politiques m'ont donné des preuves de tout l'intérêt qu'elles me portent, en m'accordant et en réclamant à différentes reprises des allocations suffisantes, soit pour continuer mes recherches, soit pour en publier les résultats.

Ce volume est donc principalement une marque de reconnaissance de ma part pour tout l'intérêt qu'on m'a généralement témoigné; et j'aurais en grand tort de différer davantage. Il vient un moment dans la vie où il n'est plus permis de balancer. Les infirmités peuvent se produire et vous empêcher de terminer une œuvre à laquelle vous avez voué votre vie tout entière. Sans doute les matériaux sont là; d'autres mains plus habiles et plus intelligentes que les vôtres pourraient les coordonner, et en tirer tous les documents que la science en attend. Mais cependant n'est-il pas préférable, pour la science et pour tout le monde, que l'œuvre soit achevée par celui qui a observé et qui a suivi jour par jour toutes les apparitions, toutes les transformations des phénomènes et leurs diverses conséquences? Cet observateur expérimenté, ce témoin assidu ne paraît-il pas plus compétent que qui que ce soit pour coordonner les faits qu'il a constatés et les matériaux qu'il a si longuement amassés? Chaque détail qui est traité successivement, ne résulte-t-il pas de nombreuses observations auxquelles ce détail se rattache? En exposant tour à tour chaque sujet, les observations qui le composent ne reparaissent-elles pas devant la mémoire de l'observateur comme si elles se passaient encore à l'instant même devant lui?

Cette raison, qui pourrait être accompagnée de tant d'autres non moins puissantes, suffit à elle seule pour faire comprendre qu'il ne m'était plus permis de retarder cette publication. Elle expliquera surtout comment j'ai dû décliner ici une collaboration quelconque, qui aurait pu n'être pas entièrement conforme à mes vues.

Je suis loin d'avoir la moindre intention de diminuer le mérite de personne, et ce rôle me conviendrait moins qu'à qui que ce soit; mais tout le monde sentira, je l'espère, que dans l'œuvre capitale que j'ai entreprise, et dont je ne me dissimule pas l'importance, il faut être absolument indépendant pour la diriger et pour la mener à bonne fin : car on ne peut, dans la science, faire plier ou modifier ses convictions sans qu'il y ait dommage pour la matière qu'on traite.

Tout le monde me saura donc gré, j'en ai l'assurance, du parti que j'ai pris. Avant tout, je suis l'observateur scrupuleux des faits; car si haut que j'ai pu les aller saisir, ce ne sont cependant que des faits, leur cause restant toujours inconnue; puisqu'il ne m'a pas encore été permis de connaître l'origine de la puissance qui les produit : je sais seulement qu'elle a son siége à une grande hauteur, et là se bornent mes connaissances.

Aussi, en attendant qu'il me soit donné de les porter plus loin, je me suis servi dans ce volume de tout ce qu'une aussi longue observation du phénomène m'a permis d'obtenir.

Voici l'analyse succincte de tout cet ouvrage.

La première partie contient une introduction et dix chapitres. Dans le premier, j'ai montré, en quelques mots, où en était la science des météores depuis les anciens philosophes jusqu'aujourd'hui. J'ai rappelé les raisons alléguées par les astronomes et par les physiciens de nos jours pour expliquer les revers et les mécomptes de cette science mal conçue.

Dans le chapitre II, après avoir exposé l'opinion qu'on s'est formée sur l'atmosphère, sur son élévation, sur l'air qu'elle contient et sur sa composition, j'ai indiqué quelles étaient les raisons qui m'avaient conduit à formuler mon opinion personnelle sur les mêmes sujets.

Dans le chapitre III, intitulé *Phénomènes lumineux*, j'ai traité de la lumière zodiacale, de l'aurore et du crépuscule. J'ai signalé les erreurs où l'on était tombé en prenant des limites qui n'étaient pas les véritables pour arriver à mesurer hypothétiquement la hauteur des couches atmosphériques.

Dans les chapitres suivants, j'ai continué d'appliquer la même méthode pour l'exposition des principes admis dans la science, et pour la rectification de ces théories, modifiées d'après mes observations.

Telle est la première partie de cet ouvrage.

Après avoir démontré qu'on n'avait pu faire avancer la météorologie en l'ayant prise par *en bas*, il était assez naturel de se demander si, moi qui l'avais prise par *en haut*, j'étais arrivé à lui faire faire réellement un progrès quelconque.

De là, la seconde partie de ce volume, qui répond à cette question. Cette seconde partie renferme la théorie de toutes les oscillations barométriques, et de toutes les perturbations atmosphériques induites et connues à l'avance. C'est le point capital de la tâche

que je me suis donnée, et je n'ai rien négligé pour
en démontrer à mes lecteurs toute l'exactitude et
toute l'importance ; c'est surtout sur ces démonstra-
tions que je m'appuie pour me flatter que le Gouvernement et les grands corps de l'État me continue-
ront la protection qu'ils ont bien voulu m'accorder
déjà, et qu'ils mettront à ma disposition les moyens
d'exécution que je réclame de leur bienveillant
appui et dans un intérêt qui n'est pas seulement le
mien.

J'avais d'abord résolu de donner les lois astronomiques du phénomène si mystérieux des étoiles filantes ; mais, comme on le verra dans la deuxième
partie de ce volume, j'ai dû en ajourner la publication, et me borner à en donner seulement quelques
extraits. En cela je n'ai fait que condescendre, avec
bien du plaisir, au vœu des personnes considérables
qui, membres des grands corps de l'État, ont bien
voulu examiner mes recherches dans leur ensemble
et dans leurs détails.

Toutes ont été unanimes à me conseiller cette marche que je viens d'indiquer : « Sans aucun doute, me
» disait-on, les lois astronomiques que vous avez
» établies sont très-curieuses et très-utiles pour la
» connaissance de la physique du globe ; mais nous

» aimerions mieux que vous fissiez connaître tout
» d'abord les lois physiques du phénomène, qui
» rentrent pour la plupart dans la pratique et dans
» le domaine des choses usuelles; car si c'est avec
» joie que nous votons et que nous réclamons une
» allocation pour les dépenses de votre observa-
» toire météorique, ce sera encore avec plus de
» bonheur que nous voterons et que nous réclame-
» rons, s'il le faut, une allocation plus considérable
» pour couvrir les dépenses qu'exige l'application
» des lois que vous avez trouvées et formulées. »

On le voit donc, je ne pouvais résister à d'aussi puissantes considérations; je promis l'ouvrage; il est achevé. J'ai donc tenu parole.

Il me reste à prier mes lecteurs de m'excuser si mon style n'est pas à la hauteur du sujet que j'ai traité; mais on concevra sans peine que je suis plus habitué à observer qu'à écrire. Tout ce que je pouvais désirer en composant ce volume, c'était de réussir à démontrer les lois que j'expose, avec assez de clarté pour que chacun de mes lecteurs pût parfaitement les comprendre; car, si j'ai su parvenir à ce résultat, le public désirera sans doute que non-seulement l'observatoire élevé et dirigé maintenant par moi au Palais du Luxembourg, soit doté des moyens d'exécution qui lui manquent ; mais on pourra bien désirer, en outre, qu'on y joigne les annexes qui lui sont nécessaires, et qui sont représentées sur la Carte de France, à la fin de ce volume ; elle est exécutée aussi par M. Chapelas-Coulvier-Gravier. (Voyez *fig.* 109.)

Le titre de ce volume m'a été donné, je suis heureux de le dire, par M. Godelle, conseiller d'État.

Je ne puis mieux terminer cette préface, déjà trop longue, qu'en citant M. Arago. Au commencement de mon séjour à Paris, ce n'était pas encourageant ce qu'il me disait. Cependant peu à peu il conçut de meilleures dispositions à mon égard. Il en vint même à ce point de faire un Rapport en ma faveur au nom du Bureau des Longitudes, et il s'exprimait ainsi, dans les derniers temps, devant l'Académie des Sciences : « Je désire que tous les travaux qui arriveront à l'A- » cadémie, dans le genre de ceux de M. Coulvier- » Gravier, lui soient renvoyés comme étant le juge » le plus compétent en pareille matière. » C'était un témoignage bien précieux que m'accordait l'illustre Secrétaire perpétuel devant le grand corps dont il était l'organe. Enfin, dans les derniers jours de son existence, il me disait encore : « Continuez, mon » cher, à marcher dans la route où vous êtes entré, et

» que vous avez suivie avec tant de persévérance et
» de courage ; ne vous laissez pas détourner de cette
» route par quoi que ce soit, car vous ne vous
» doutez pas où cela vous conduira. » Et sur mon
désir de connaître ce qu'il entrevoyait avec tant de
bienveillante sollicitude, il me répondit : « Je ne
» puis pas vous le dire. Marchez avec la même
» ardeur, et vous arriverez. »

J'ai confiance à ces paroles d'un homme éminent ;
et, sans me donner plus d'importance que je n'en
ai, je puis dire que j'ai marché ; même je sens déjà
que j'arrive : mais, grâce à Dieu, je puis marcher
encore.

PREMIÈRE PARTIE.

RECHERCHES

SUR

LES MÉTÉORES

ET SUR

LES LOIS QUI LES RÉGISSENT.

CHAPITRE PREMIER.

Considérations préliminaires sur l'état actuel de la Météorologie.

But de la météorologie, ses applications à la médecine, à l'agriculture, à la
navigation, etc. — De la météorologie chez les anciens. — Différents systèmes sur les météores depuis les temps les plus reculés jusqu'à nos
jours; opinions de MM. Lamarck, Pouillet, de Gasparin, Bouvard,
sir John Herschel, et Biot. — Emploi du baromètre et du thermomètre;
ses résultats. — Modifications à apporter dans les établissements météorologiques. — Opinions de MM. Biot et Regnault au sujet des observatoires météorologiques actuellement en activité; du peu de résultats qu'ils
peuvent produire. — Discussion entre MM. Biot, Regnault et Le Verrier
concernant les observatoires à établir en Algérie. — Utilité présumée de
mes recherches.

Le sujet que je vais aborder est si vaste et si important
dans ses conséquences, que j'ai besoin, tout d'abord, de
faire bien comprendre l'opinion qu'on s'est faite jusqu'ici de la météorologie, et d'expliquer comment l'étude

en a été faite, et par suite quels résultats ont été obtenus.

La météorologie, a-t-on dit dès les temps les plus reculés comme de nos jours, est destinée à nous donner de très-grands secours en plusieurs choses fort utiles : 1° dans la pratique de la médecine ; 2° dans la pratique de l'agriculture ; 3° dans la navigation, et dans une foule d'autres circonstances qu'il serait trop long d'énumérer ici.

Les plus célèbres médecins de l'antiquité recommandaient à leurs élèves d'étudier avec grand soin les variations atmosphériques. Suivant eux, elles étaient d'une haute importance pour les succès de la médecine, puisque la connaissance approfondie qu'on en pouvait obtenir devait servir de guide, soit dans la guérison des maladies, soit pour en prévenir le retour. Les œuvres d'Hippocrate sont là pour attester ces préoccupations de la médecine chez les Grecs, peuple le mieux doué et le plus intelligent de toute l'antiquité.

Les agriculteurs les plus anciens et les plus renommés n'ont-ils pas reconnu, comme ceux de notre âge, que, s'il était essentiel d'appliquer à la terre une bonne culture pour en obtenir des produits plus abondants, il n'était pas moins essentiel de se livrer à une étude constante des lois qui régissent les météores? On a su de tout temps que la saison fait souvent plus que la culture la plus raffinée. On ne peut être un parfait cultivateur, si l'on ne sait joindre aux talents de cet art si précieux la connaissance exacte des fluctuations atmosphériques. Ces notions réunies aident d'une manière toute-puissante à diriger comme il convient la production, la récolte et la conservation des fruits. J'en sais quelque chose, puisque fils, petit-fils de cultivateur et cultivateur moi-même, j'ai pu constater dans la pratique jusqu'à quel point la théorie des météores, formulée d'après mes longues et patientes observations, pouvait être utile aux travaux des champs.

Les Égyptiens, qui ont laissé de si beaux monuments, ont dû sans doute exceller dans l'art d'observer les météores : tout le prouve ; mais les résultats qu'ils en ont tirés sont lettre morte pour nous, ensevelis qu'ils sont encore pour la plupart dans leurs hiéroglyphes. Les Indiens ont bien dû porter aussi quelque peu leur attention sur cette branche de la science. Mais ce qu'il y a de sûr, c'est que leurs voisins les Chinois ont eu dès longtemps des observatoires où constamment quatre personnes, placées aux quatre points cardinaux, restent en permanence, pour recueillir avec la plus scrupuleuse exactitude les faits astronomiques et météoriques. Mais leurs observations, à ce qu'il paraît, ne peuvent être publiées qu'après l'extinction des dynasties régnantes.

Sans avoir la prétention de faire ici une histoire de la science, je veux cependant dire quelques mots bien courts de son passé.

Les plus anciennes recherches que nous possédions en ce genre remontent aux Grecs. Aristote a fait le premier un traité de météorologie régulière qui nous reste dans ses œuvres et qu'il est curieux encore de consulter. Mais pour montrer quelles étaient les idées des anciens philosophes sur l'origine des météores, je me bornerai à citer ici quelques passages des œuvres de Pline, qui les résument en quelque sorte. Pline avait emprunté beaucoup à ses devanciers et particulièrement au philosophe que je viens de nommer; mais je ne prétends pas qu'il ait fait toujours un judicieux emploi des matériaux précieux dont il pouvait disposer.

Au livre II, chapitre XXXVII, Pline s'exprime ainsi en parlant des *étoiles courant par le ciel* :

« Quelquefois on voit courir des étoiles. Ce phéno-
» mène n'arrive jamais au hasard et sans être l'avant-
» coureur de vents redoutables qui viennent de cette
» partie du ciel. »

Au chapitre XXXIX du même livre, Pline attribue « les
» changements atmosphériques aux planètes et aux con-
» stellations, entre autres aux Succules, aux Pléiades,
» aux Hyades et à l'étoile Arcture, suivant leur position
» dans le ciel. »

Au chapitre XLV, Pline pense que les vents naissent du grand mouvement du monde opposé aux planètes de la haute région, ou des astres roulant les uns sur les autres, etc. Mais Pline, sentant l'insuffisance de ces explications, convient que personne n'a pu surprendre le secret de ces phénomènes.

Pendant bien des siècles, après la chute de l'Empire

romain, on s'est assez peu occupé scientifiquement de la science météorologique. Mais quand les physiciens eurent découvert le baromètre, le thermomètre, et d'autres instruments météorologiques, ils entreprirent des séries d'observations sur divers points du globe. Ceci nous amène presque à notre temps. Lamarck fut le premier qui rapporta ces observations éparses à un centre commun; et cet exemple fut suivi plus tard avec une sorte d'entraînement par la Russie, l'Angleterre, l'Allemagne, la Belgique et l'Amérique.

Les anciens physiciens faisaient naître tous les météores, les uns, de l'influence du calorique; les autres, des vapeurs, des exhalaisons et des gaz terrestres; d'autres, de matières entièrement cosmiques; ceux-ci, de l'action simultanée du soleil et de la lune; ceux-là, de la lune seulement. Enfin, les plus récents observateurs les rapportent à l'électro-magnétisme.

Remarquez qu'il a fallu des siècles d'observations renfermées dans des recueils et des volumes immenses, pour arriver à de pareilles hypothèses. En définitive, les conclusions auxquelles tant de recherches ont abouti sont des plus vagues, et je les résume comme il suit :

Lamarck reconnait qu'il sera sans doute fort difficile d'acquérir l'explication de la cause physique qui forme immédiatement chaque sorte de météore; mais, suivant lui, cette explication est possible; elle est à la portée de l'homme; il ne faudra pour l'obtenir qu'employer les moyens qui peuvent la procurer. Mais quels sont ces moyens ?

Parmi les contemporains, M. Pouillet reconnaît que la météorologie, malgré les immenses travaux dont elle a été l'objet, n'est encore qu'une science naissante.

M. le comte de Gasparin va plus loin encore, et il avance, en le regrettant, qu'en météorologie nous n'avons guère dépassé les connaissances des anciens.

Si je m'adresse aux opinions des astronomes et des physiciens qui se sont occupés de discuter et de réduire en moyenne les résultats de cet amas immense d'observations météorologiques, je trouve des conclusions qui ne sont pas plus satisfaisantes.

Ils avouent, comme Bouvard, comme sir W. Herschel, « qu'il sera impossible de faire de grands progrès en météorologie, tant qu'on ne découvrira pas à l'avance, même d'une manière grossière, la cause des oscillations barométriques; ne serait-ce que de quelques heures. »

Mais je laisse tout ce passé, et j'en arrive aux discussions contemporaines, qui sont péremptoires.

A la fin de décembre 1855, dans la discussion qui a eu lieu à l'Académie sur l'utilité des observatoires météorologiques en Algérie, M. Regnault a déclaré « qu'il comprend à peine qu'on songe à s'occuper des observatoires de météorologie, quand les premiers principes à suivre dans les observations météorologiques ne sont pas même posés et formulés; quand on ne sait pas encore ce qu'il faut observer, comment il faut l'observer, ni où l'on doit observer. » Il affirme sans hésitation que toutes les observations faites jusqu'ici en Angleterre, en Russie, en Allemagne, en Amérique, n'ont pas fait faire un pas sérieux ni un progrès réel. Il félicite la France de n'avoir pas suivi les errements des contrées voisines, et de n'avoir rien fait ou presque rien fait, alors qu'il était impossible de bien faire.

M. Biot, avec l'autorité décisive de sa parole, est venu expliquer « pourquoi l'on n'était arrivé à rien en suivant toujours les mêmes méthodes : c'est qu'on prend l'observation par *en bas*, a-t-il dit, alors qu'il aurait fallu la prendre par *en haut*. Malheureusement, a-t-il ajouté, tout le monde n'est pas propre à ce genre d'observations. » Mais j'ai mieux à citer encore que M. Biot de 1855 : c'est M. Biot de 1858. En effet, au moment où j'écris ces lignes, M. Biot publie un ouvrage en trois volumes sous le titre de *Notices historiques et scientifiques*.

Dans le troisième volume, à la page 463 et suivantes, à propos de la discussion qui a eu lieu à l'Académie des Sciences dans la séance du 31 décembre 1855 sur l'établissement projeté d'observatoires météorologiques en Algérie, on trouve les phrases suivantes sorties de la plume de l'illustre et vénéré doyen de l'Institut :

« La circonstance qui a provoqué cet écrit me déter-
» mine à le reproduire, parce qu'elle offre un remar-
» quable exemple de la tendance qu'ont aujourd'hui les
» sciences d'observation à quitter leurs voies d'investi-

» gation silencieuse et patiente pour se montrer aux
» regards de la foule, attaquant de front et comme pour
» emporter d'assaut des problèmes de physique générale
» qui frappent les imaginations par leur grandeur, mais
» qu'on ne peut aborder ainsi directement avec aucune
» chance de succès réels. De ce genre sont les mouve-
» ments convulsifs qui s'opèrent inopinément dans quel-
» ques portions isolées de l'atmosphère terrestre, tandis
» que le reste de la masse aérienne ne s'en ressent que
» plus tard, dans des proportions affaiblies, ou même sou-
» vent semble n'en être pas sensiblement atteinte. Les
» récits de ces phénomènes et des désastres qu'ils ont
» produits étant aussitôt répandus partout, en vertu des
» communications rapides établies aujourd'hui entre tous
» les peuples civilisés, la multitude curieuse a demandé
» aux savants de lui en dire les causes, et, dans un sup-
» plément, de lui apprendre comment on pourrait les pré-
» voir. A considérer la chose au point de vue scientifique,
» la satisfaction de ce désir n'était pas en leur puissance,
» parce que la solution de ces problèmes, si elle nous
» devient jamais accessible, ne pourrait s'obtenir qu'après
» une longue suite d'études expérimentales excessivement
» difficiles et délicates, destinée à nous fournir une infi-
» nité de données préliminaires qui nous manquent
» encore. Mais comme le gros du monde ne s'accommode
» pas de ces lenteurs, on a créé avec de grands frais, en
» beaucoup de points de l'Europe, des institutions perma-
» nentes, que l'on appelle des observatoires météorolo-

» giques, où l'état de l'atmosphère inférieure est con-
» stamment noté et consigné dans des registres; ce qui,
» assure-t-on, devra à la longue fournir des indications
» suffisantes pour conclure l'état et les mouvements de la
» masse entière. Jusqu'à ces derniers temps, on n'avait
» pas établi ce genre d'institution sur le territoire fran-
» çais. Mais enfin la proposition semi-officielle en ayant
» été faite à l'Académie, nous avons cru, M. Regnault et
» moi, devoir la combattre, non-seulement comme ne pou-
» vant avoir l'utilité qu'on en espère, mais comme détour-
» nant la libéralité du gouvernement de l'application
» bien plus fructueuse qu'elle pourrait avoir, en facilitant
» les travaux de recherche qui seraient le fondement
» assuré de la météorologie scientifique. C'est par une
» confiance intime dans la justesse de ces présages, que
» je répète ici la protestation rédigée en commun par
» M. Regnault et par moi. Dans les sciences comme dans
» la vie privée, il faut avoir le courage de dire : *Si omnes*
» *consentient, ego non.* »

Dans les considérations qui suivent et que M. Biot
expose à l'appui de son opinion, on trouve : « L'ensemble
» complexe des connaissances physiques appelé la *météo-*
» *rologie* n'est pas encore constitué à l'état de science. »
Puis M. Biot énumère toutes les conditions qu'il impor-
tera de remplir avant d'arriver à cette solution. « Car,
» ajoute-t-il, malgré tout ce qu'on a obtenu jusqu'ici, on
» ne sait rien des météores physiques. On ne sait pas
» encore ce que c'est qu'un nuage, ni à quel état sont

» les particules aqueuses qui le composent, ni comment
» elles se tiennent agrégées. » Après d'autres considérations, M. Biot ajoute encore : « On a cru, depuis un cer-
» tain temps, avancer beaucoup dans cette voie de progrès
» en établissant dans un grand nombre de localités des
» observatoires que l'on appelle spécialement météorolo-
» giques, où l'on constate régulièrement jour et nuit, à
» des heures marquées, les indications locales des baro-
» mètres et autres instruments. »

M. Biot montre que l'essai de ce genre d'observations a
été fait en grand par la Russie, et que, malgré la géné-
rosité de l'Empereur, qui n'a rien refusé pourtant, ni là,
ni ailleurs, on n'a tiré aucun fruit réel de ces coûteuses
publications. « Elles ne pouvaient rien produire, sinon des
» faits disjoints, matériellement accumulés, sans aucune
» destination d'utilité prévue, soit pour la théorie, soit
» pour les applications.

» La première partie de cette assertion n'est que
» l'énoncé d'un fait. La seconde exprime une prévision
» facile à justifier. D'abord, pour les lois générales qui
» régissent l'état statique de l'atmosphère, on ne peut
» pas raisonnablement s'attendre qu'elles seront décelées,
» ni même le moins du monde indiquées par des obser-
» vations faites dans la couche d'air la plus basse, où
» toutes les causes de perturbations imaginables ont leur
» siége spécial, et produisent au même instant dans des
» localités diverses, souvent peu distantes, des effets sou-
» dains dont les différences sont extrêmes depuis le calme

» jusqu'à l'ouragan. Qu'y a-t-il de moins philosophique,
» de plus contraire au bon sens et à la méthode expéri-
» mentale, que d'aborder une étude aussi complexe par
» ses côtés les plus accidentés? et pourrait-on citer une
» seule branche des sciences physiques que l'on ait fruc-
» tueusement explorée en s'y prenant ainsi? Espérera-t-on
» qu'à force de noter ces accidents, on y découvrira quel-
» que connexion, quelque symptôme caractéristique, qui
» du moins les annonce? C'est acheter bien cher un espoir
» bien vague... L'intelligence de l'observateur doit saisir
» avec fruit les moments opportuns pour l'observation
» des instruments et des météores; car les caprices des
» phénomènes physiques ne se laissent pas réglementer
» par des ordonnances. En effet, aucune de leurs lois n'a
» été découverte par des observations en bloc, prescrites à
» l'avance. Il faut les prendre par parties avec beaucoup
» d'instinct et de délicatesse pour y apercevoir ces lois,
» les suivre et les dégager de l'ensemble, à mesure que le
» raisonnement souvent le plus subtil vous conduit à les
» démêler. Cela est d'autant plus nécessaire qu'ils sont
» plus complexes; et les phénomènes météorologiques le
» sont au dernier degré. Cette condition les signale comme
» devant être l'objet de recherches détaillées, distinctes,
» que les gouvernements peuvent faciliter, en aidant par
» leurs libéralités les expérimentateurs qu'une disposi-
» tion particulière d'esprit, je dirais presque une voca-
» tion spéciale, porte à les entreprendre, mais qu'on ne
» saurait leur prescrire, parce que dans l'état actuel de

» nos connaissances il est impossible d'en tracer un plan
» raisonné

» A défaut de succès dans la découverte des lois géné-
» rales, on s'est rejeté sur l'espérance des applications
» pratiques. On a dit : Quand on aura accumulé pendant
» beaucoup d'années, dans des localités diverses, des
» masses d'observations barométriques, thermométriques
» et hygrométriques, régulièrement faites à toutes les
» heures de la nuit et du jour, on déduira des moyennes
» qui seront éminemment utiles à l'agriculture, à la phy-
» siologie végétale, etc. Tout cela s'est encore trouvé
» être autant d'illusions, et j'ajoute qu'il n'en pouvait
» autrement arriver. »

M. Biot en donne de nombreuses preuves, et il poursuit :
» J'ai rassemblé ici ces détails, pour deux motifs. Pre-
» mièrement, j'ai voulu montrer que les observatoires
» météorologiques permanents, tels qu'on les a jusqu'à
» présent établis et réglementés, tels aussi que l'on a pro-
» posé de les établir en Algérie, non-seulement sont
» impropres à éclaircir les questions fondamentales de
» la météorologie scientifique, mais le sont encore plus
» à fournir des données qui puissent diriger la physio-
» logie végétale dans ses études, et l'agriculture pratique
» dans ses applications. »

« Dans tout ce que M. Regnault a dit de la stérilité des
» institutions météorologiques actuelles, et des causes
» qui la rendent inévitable, je me trouve complétement
» d'accord avec lui, et nous pouvons du moins alléguer

» en faveur de notre opinion qu'elle ne s'est pas formée
» dans notre esprit, sans nous être occupés longtemps,
» et à des points de vue divers, du sujet sur lequel elle
» porte. Nous tenons toutefois à faire remarquer qu'elle
» s'applique uniquement à ce qui est, et non à ce qui
» pourrait être. Nous prétendons qu'on s'y est mal pris ;
» et nous le prouvons par le raisonnement comme par
» les faits. Cela ne veut pas dire qu'on ne pourrait pas
» réussir en s'y prenant mieux. Notre pensée commune
» est toute contraire. Mais le mieux ne s'obtiendra pas
» en introduisant chez nous ce qui a été et a dû être
» stérile ailleurs. L'exposition détaillée du double pro-
» blème qu'on veut attaquer montre, je crois, avec la
» dernière évidence, qu'on ne saurait aujourd'hui, uti-
» lement pour la science et pour les applications pra-
» tiques, créer, soit en Afrique, soit en France, des
» institutions météorologiques, opérant par ordonnance
» de manière à résoudre, par des observations prescrites
» d'avance, des questions de physique et de physiologie
» agricole, si variées, si complexes, que jusqu'ici l'in-
» telligence des expérimentateurs les plus sagaces est
» parvenue à peine à en saisir quelques points particu-
» liers. Telle est ma profonde conviction. »

M. Biot, après avoir ainsi démontré le vice capital
de ce système d'observations, ajoute : « On commence
» par créer les observatoires et on les organise, sans
» savoir ce qu'on en pourra tirer, ni même ce qu'on
» leur demandera. Et comment pourriez-vous le savoir ?

» Comment pourriez-vous deviner *à priori*, et signaler
» d'avance les données caractéristiques des lois générales,
» qu'il faudra d'abord tâcher de recueillir dans ce chaos
» de phénomènes naturels, dont les causes détermi-
» nantes, les variations, les correspondances, vous sont
» presque entièrement inconnues? Et encore prétendez-
» vous qu'on tirera de là d'utiles applications à l'agri-
» culture, quoique les phénomènes physiques qui in-
» fluent le plus efficacement sur la vie végétale n'entrent
» presque pour rien dans vos programmes, tels qu'ils
» ont été faits jusqu'à ce jour, et tels que le même
» système d'institutions automatiques vous donnerait
» lieu de les faire même aujourd'hui! »

M. Biot pense que cependant des constatations prises
simultanément en différents lieux sur l'état statique de
l'atmosphère, comme l'a proposé M. Le Verrier, pourraient conduire à des applications importantes; au moins
en agissant ainsi, l'entreprise aurait un but fini et déterminé. M. Biot termine en déclarant que « c'est bien
» à tort qu'on les a accusés, M. Regnault et lui, de faire
» opposition aux progrès de la science météorologique,
» en exprimant une opinion défavorable à l'introduction
» en Algérie et en France de ces institutions déjà adop-
» tées ailleurs. Ceci est un argument habituel aux fai-
» seurs de projets, dont on désapprouve directement ou
» indirectement les spéculations. »

J'ai tenu à reproduire textuellement les opinions
si graves de M. Biot et de M. Regnault ; mais je ne dois

pas cacher non plus, pour être impartial et vrai, ce qu'on leur a répondu.

On a pu lire, dans un numéro du journal *la Science* de la fin d'avril et de la première quinzaine de mai 1856, le programme du directeur actuel de l'observatoire *astronomique* de Paris. En voyant dans ce programme toutes les questions qu'il renferme sur la météorologie, bien des gens ont été portés à croire que le savant directeur n'a pas personnellement beaucoup pratiqué cette science, et qu'il est peut-être un peu trop amoureux de ce qui se fait à l'étranger. Dans toute l'étendue de ce long programme, on dirait que M. Le Verrier pense plutôt à se faire imitateur d'autrui qu'il ne pense à créer lui-même. En effet, quelle a été son attitude et son langage dans la discussion que je viens de rappeler sur l'établissement des observatoires météorologiques en Algérie? C'est un point qu'il est bon de constater pour savoir ce qu'on oppose aux objections fondamentales que je viens de rappeler, non pas en mon nom, mais au nom des membres les plus autorisés de l'Institut de France.

M. Le Verrier ne combattait le projet d'établir des observatoires en Algérie qu'autant que ces observatoires ne relèveraient pas de celui de Paris; en d'autres termes, il les approuvait, sauf quelques modifications proposées à son point de vue. Aussi M. Le Verrier, à qui l'expérience manquait dans ce genre d'observations, n'a-t-il pas hésité à dire à peu près ces paroles à l'Académie en voyant devant lui des adversaires aussi puissants que MM. Biot et

Regnault : « Je demande pardon à l'Académie si j'ai essayé
» de prendre part à une discussion sur la météorologie,
» car je ne suis pas météorologiste de profession, mais bien
» géomètre et astronome. J'aurais pu certainement ne
» prendre à la rigueur des observations météorologiques
» que ce qui était nécessaire pour corriger les observa-
» tions astronomiques de l'influence des réfractions. Ce
» que j'ai voulu en agissant comme je l'ai fait, c'était de
» suivre la tradition qui avait conservé jusque-là aux
» observatoires astronomiques un centre d'observations
» météorologiques. Après les discours que vous avez en-
» tendus, j'ai besoin d'être rassuré par l'Académie, et de
» lui demander s'il me reste encore quelque chose à
» faire. » (Voyez les 23ᵉ, 24ᵉ, 25ᵉ livraisons du journal
le Cosmos de décembre 1855) [1].

De nombreux essais ont été faits depuis la mise à
exécution du plan proposé par M. Le Verrier, qui n'était
autre chose que l'idée amoindrie de Lamarck, et nous
aurons plus tard l'occasion de démontrer que cette idée
ou ce système d'observations n'a pas pu et ne pouvait
pas produire les résultats pratiques, même fort restreints,
qu'en espérait le savant M. Biot.

Quoi qu'il en soit, il résulte de ces débats qu'il n'est
malheureusement que trop vrai que la météorologie n'a

---

[1] J'emprunte cette analyse au *Cosmos*, parce que le *Compte rendu
de l'Académie des Sciences* n'a pas reproduit les paroles textuelles de
M. Le Verrier.

pas fait un pas décisif, comme on l'a dit, vers un progrès réel; que ce qui est contenu dans les programmes de nos jours n'est que la répétition de tout ce qui a été fait ailleurs sur une plus grande échelle, et que par conséquent il est plus que certain qu'on arrivera au même résultat, c'est-à-dire qu'on n'obtiendra rien.

Si jusqu'à présent on a la certitude de n'avoir point réussi parce que, suivant l'heureuse expression de M. Biot, on a pris la météorologie par *en bas*, il me sera peut-être permis de rechercher si moi, qui l'ai prise par *en haut*, j'ai pu la faire avancer en quoi que ce soit. Ce sera le sujet des chapitres qui vont suivre. Je ne veux pas me flatter d'espérances trop ambitieuses; mais j'ai beaucoup travaillé, j'ai beaucoup vu; et c'est un devoir d'apporter ma pierre à l'édifice, surtout si, comme j'ai le droit de le supposer, cette pierre peut servir à le fonder.

CHAPITRE II.

De l'atmosphère, de sa hauteur; de l'air, de sa composition.

Ce qu'on entend par firmament; sa couleur. — Hauteur de l'atmosphère. Méthode de La Hire et Halley pour déterminer la hauteur de l'atmosphère. — Réfractions astronomiques. — Division de l'atmosphère par couches; résultats obtenus par Laplace, Biot et Pouillet. — Considérations tirées des étoiles filantes par Brandes et Benzemberg. — De l'air, de sa composition; ses propriétés; propagation du son..

On sait que le globe terrestre, à peu près rond en tous sens, est tout à fait isolé dans l'espace.

La masse de l'air qui l'environne de toutes parts se nomme *atmosphère* et forme un cercle plus ou moins volumineux ou en quelque sorte un nouveau globe, dans lequel celui que nous habitons semble nager, et dont le poids le comprime également de tous les côtés.

On désigne la couleur azurée de l'atmosphère sous le nom assez impropre de *firmament*; elle devient d'un bleu de plus en plus foncé à mesure qu'on s'élève sur les hautes montagnes ou au moyen des ballons.

Que l'air soit en repos ou en mouvement, nous sentons qu'il nous résiste; mais il nous résiste toujours bien moins que les matières solides. Il propage les sons à de grandes distances par des ondes sonores analogues, quoique différentes, aux ondes que l'on produit à la surface des eaux. On trouve que le son se propage dans l'air avec une vitesse de 340 mètres par seconde. La vitesse augmente, quoique faiblement, suivant que l'air est plus ou moins échauffé.

Quoique l'air nous semble dépourvu de saveur et d'odeur par l'habitude que nous avons d'y être continuellement plongés, cependant il est plus que probable que ce gaz renferme une infinité de propriétés que nous ne pouvons connaître. Les matières qui possèdent ces propriétés sont si légères et si ténues, qu'elles sont impondérables ; mais elles n'en sont pas moins la source et l'origine de bien des produits terrestres et de qualités météoriques, que sans nul doute ces produits ont la faculté de s'assimiler.

Nous savons que l'air est beaucoup moins pesant que l'eau, qui pèse environ 770 fois davantage quand l'air est parfaitement sec. Comme cependant il existe toujours de la vapeur d'eau dans l'air et que la vapeur pèse moins que l'eau, de cinq huitièmes environ, il en résulte que l'air humide ou chargé de vapeurs est un peu plus léger que l'air sec, tout étant d'ailleurs dans les mêmes conditions.

Nous savons aussi que l'air augmente de volume par la chaleur, sans que pour cela son poids augmente ; comme nous savons qu'il diminue de volume, suivant qu'il est plus ou moins pressé ou refroidi.

Pendant longtemps on a cru que l'air atmosphérique était simple de sa nature ; mais l'analyse des chimistes a fait reconnaître qu'il est formé par le mélange de deux gaz simples, l'azote et l'oxygène, sans compter la vapeur d'eau qui s'y trouve habituellement, plus une petite quantité d'acide carbonique, et plus aussi toutes les odeurs et exhalaisons terrestres, végétales, animales, et exhalaisons des eaux croupissantes.

La hauteur de l'atmosphère n'a pu être fixée que d'une manière approximative. D'abord on avait pensé, d'après différentes considérations et des expériences faites avec le baromètre, que notre atmosphère pouvait avoir moins de 6 lieues d'étendue en hauteur ; mais l'opinion la plus commune admet aujourd'hui qu'elle peut être de 15 à 20 lieues, différence énorme, qui doit faire penser que l'on est encore peu instruit sur cette question.

M. de La Hire, frappé de cette incertitude et désirant une solution moins vague, se proposa de connaître la hauteur de l'atmosphère en faisant usage d'une méthode indiquée par Képler, et qu'il perfectionna. Il employa la lumière qu'on appelle *crépuscule,* qui commence avant le lever du soleil et qui dure encore quelque temps après que cet astre est couché. Cette lumière est réfléchie par l'atmosphère, et on l'aperçoit dans le climat de Paris lorsque le soleil est à 18 degrés au-dessous de l'horizon. MM. de La Hire et Halley, se servant de cette méthode avec adresse et précaution, conclurent avec assez de vraisemblance, mais non avec certitude, les résultats obtenus par eux tenant encore, disait-on, à quelques hypothèses qui pourraient bien n'être pas précisément d'accord avec la nature, que la hauteur de l'atmosphère était de 15 à 16 lieues.

De nos jours non plus la hauteur de l'atmosphère n'a pas pu être fixée d'une manière beaucoup plus précise. Lamarck avait divisé l'enveloppe fluide du globe terrestre en 18 lieues, et ces 18 lieues, en 9 couches de 2 lieues chacune. C'était dans la première couche qu'il plaçait les vents, les pluies, les neiges, brouillards, tempêtes, orages, etc. Après Lamarck, on évalua la hauteur de l'atmosphère à la trois-centième partie du diamètre de la terre. Les couches dont elle se compose ont été reconnues d'épaisseurs différentes, ainsi que le prouvaient les observations faites sur les montagnes. Laplace a calculé que l'air à 12 lieues de hauteur doit être aussi rare que sous le récipient d'une machine pneumatique où l'on a fait le vide. M. Biot est arrivé à des résultats presque analogues. M. Pouillet estime la hauteur de l'atmosphère à environ 100 kilomètres ou 25 lieues.

Mais devons-nous nous en tenir exclusivement aux réfractions astronomiques ou toutes autres pour en conclure la véritable hauteur de l'atmosphère? La science, qui ne s'arrête jamais, peut-elle faire là une station définitive? Il peut en effet y avoir bien d'autres méthodes, ainsi que nous avons eu soin de le faire remarquer dans notre *Introduction historique sur les étoiles filantes*, page 122,

en parlant des observations d'étoiles filantes faites avec un télescope par l'astronome Mason. « Si, nonobstant le
» grossissement qui devait rendre les diamètres et les
» vitesses 80 fois plus considérables, les météores vus
» dans le télescope ont paru conserver les dimensions
» et la rapidité de ceux que l'on voyait à l'œil nu, il faut
» en conclure que les premiers météores, ou météores
» *télescopiques*, étaient environ 80 fois plus éloignés que
» les autres, qui sont les premières grandeurs. Si l'on
» admet avec Brandes et Benzemberg que les mé-
» téores visibles s'allument à 12 ou 15 milles géogra-
» phiques de la terre, les météores télescopiques se-
» ront à 1000 ou 1200 milles (1800 lieues de 25 au
» degré). »

L'atmosphère a-t-elle une aussi grande élévation au-dessus de la terre? Ou bien sommes-nous, à cette hauteur, dans le milieu résistant qu'a imaginé M. Encke, pour expliquer certaines anomalies cométaires? Quoi qu'il en soit, tâchons d'arriver, suivant nos forces, le plus près possible de la vérité; car je pense bien que nous serons encore longtemps à l'atteindre entièrement.

La science a reconnu jusqu'ici qu'en dehors de l'atmo-sphère aucune matière ne peut brûler, puisque, passé ses limites, il n'y a pas plus d'air que dans une machine pneumatique. Si ce fait est vrai, ce que je ne demande pas mieux que d'admettre, il faut en conclure que la profondeur des couches atmosphériques nous était bien peu connue, malgré les lois trouvées par les réfractions astronomiques et les expériences barométriques (1).

Si nous nous en rapportons aux observations de Mason que je viens de rappeler, l'élévation serait au moins de 1800 lieues. Examinons si d'autres données, prises également parmi les particularités qu'offrent les météores filants visibles à l'œil nu, ne nous conduiraient pas à un résultat presque analogue, et ne nous donneraient pas une preuve évidente de cette hauteur de l'atmosphère.

A l'œil nu, nous suivons à travers l'espace neuf grandeurs d'étoiles filantes, dont trois grandeurs appartiennent aux globes filants, et six grandeurs aux étoiles filantes proprement dites. Depuis la 1re grandeur jusqu'à la 9e grandeur, il existe des perturbations plus ou moins sensibles à l'œil nu. Ces perturbations, comme les résultats consignés sur mes registres semblent le confirmer, sont produites par une force infiniment plus active que la force qui donne l'impulsion aux courants qui rasent notre terre. Quelle est cette force? Appartient-elle à un courant ou à une autre action quelconque? Nous n'en savons rien ; tout se réduit ici à des hypothèses. Seulement tout ce qu'on en connaît d'une manière certaine, c'est que cette force ou ces courants existent dans l'atmosphère, puisque leur contre-coup se fait sentir jusqu'à la

----

(1) Voyez, *Comptes rendus des séances de l'Académie des Sciences*, tome XLVIII, page 112, une communication de M. Liais, qui, d'après des travaux qui lui sont propres, donne pour hauteur à l'atmosphère 340 kilomètres ou 85 lieues.

terre; et lorsque cette force n'a pas été assez puissante pour faire changer le cours des nuages et du vent, elle l'a été néanmoins assez pour influencer les oscillations de la colonne barométrique.

Dans le chapitre consacré aux perturbations des étoiles filantes, je ferai connaitre comment les choses se passent. Ici je dirai seulement que pour les 9 grandeurs de météores filants visibles à l'œil nu, ces phénomènes se passent dans l'atmosphère; et la preuve la plus évidente, ce sont les changements météoriques qui s'opèrent sous nos yeux dans le sens indiqué à l'avance par la perturbation de l'étoile filante.

La cause première de toutes ces perturbations, nous l'ignorons; nous en connaissons seulement les effets. Ces signes, produits par la perturbation imprimée à la direction primitive du météore filant, n'ont-ils lieu que pour les *neuf grandeurs* visibles à l'œil nu? Cela n'est pas probable. Il est même presque certain que le même fait a lieu pour les étoiles filantes les plus éloignées de nous, et que, si la grandeur de leur trajectoire permettait de distinguer leurs perturbations, on arriverait à des résultats encore plus remarquables.

Nous savons que si le nombre des météores croît en raison inverse du carré de la distance, il n'en est pas de même pour la longueur des trajectoires, qui diminue en raison directe de la distance. Il doit donc arriver ceci, qu'il sera plus facile et par conséquent qu'on aura plus de chance de rencontrer une perturbation sur une lon-

gueur de 40 degrés en moyenne parcourue par une trajectoire, que sur une longueur de 9 à 10 degrés. Il en sera
ainsi pour les plus petits météores encore plus éloignés et
dont la trajectoire doit aussi durer moins. C'est en effet
ce qui arrive. Si nous obtenons 10 perturbations sur
100 globes filants, nous n'en obtenons plus qu'une à
peine sur 100 étoiles de 6° grandeur.

Des calculs sur la hauteur des bolides ou globes filants
ont été faits depuis Brandes et Benzemberg. On a trouvé
pour quelques-uns de ces bolides jusqu'à près de 200 lieues
de hauteur pour leur commencement. Or, comme ils ne
peuvent s'enflammer que dans l'atmosphère, on doit
nécessairement lui donner cette hauteur. Ce serait donc là
la moindre hauteur qu'on devrait lui attribuer. Mais ce
n'est pas tout; car si on trouve 200 lieues de hauteur pour
les météores filants qui s'enflamment le plus près de la
terre, que trouvera-t-on pour les météores de 9° grandeur
qu'on aperçoit à l'œil nu, sans nous occuper des météores
télescopiques! Puisque tout s'enflamme dans l'atmosphère, il faut de toute nécessité reporter sa hauteur à
une très grande distance.

En un mot, nous dirons que jamais aucun de ces météores, quelle qu'ait été sa taille, n'a passé, pendant notre
longue période d'observations, au-dessous des rayons
des aurores boréales, ni au-dessous des cirrus, et qu'il a
encore moins traversé les nuages.

De tous les résultats obtenus jusqu'ici, il appert clairement que tous ces faits se passent dans notre atmo-

sphère et non dans le milieu résistant de M. Encke. En d'autres termes, l'atmosphère s'élève à des hauteurs beaucoup plus considérables que les réfractions astronomiques ne l'avaient fait croire, et, tout en grandissant ses proportions d'après les observations recueillies sur les météores filants, nous ne sommes pas encore près d'en connaître les véritables limites. Il ressort surtout de toutes ces preuves que la force vient d'en haut, puisque, manifestée d'abord aux dernières limites de l'atmosphère visible, elle vient faire sentir sa puissance jusqu'à nous, malgré la forte résistance qu'elle doit rencontrer dans les basses régions de l'atmosphère. Les physiciens et les géomètres auront encore à mettre en ceci, comme en beaucoup d'autres choses, la science d'accord avec les faits; et c'est un bien beau rôle qui leur est réservé.

CHAPITRE III.

Phénomènes lumineux : lumière zodiacale, aurore, crépuscule.

Opinion de M. Dortet de Tessan sur la lumière zodiacale. Opinion tirée de mes observations personnelles. — La lumière zodiacale pourrait servir à déterminer la hauteur de l'atmosphère. — Aurore et crépuscule ; à quel instant ces phénomènes peuvent être observés. — Détermination de la hauteur de l'atmosphère tirée de l'observation de ces phénomènes.

Dans la relation du voyage de la frégate *la Vénus* autour du monde, M. Dortet de Tessan a trouvé que dans les deux hémisphères, boréal et austral, la lumière zodiacale atteignait quelquefois une distance au soleil de 110 degrés. Pendant le cours de mes nombreuses observations d'apparitions de la lumière zodiacale, j'ai vu aussi assez souvent des distances au soleil de 110 degrés, et quelquefois même un peu plus, sans que la lumière cessât d'être parfaitement visible. De ces faits, il résulterait quelques probabilités en faveur de cette hypothèse, que les deux extrémités opposées des rayons lumineux de la lumière zodiacale pourraient bien se rencontrer. En effet, puisqu'on aperçoit parfaitement la lumière zodiacale à des distances au soleil aussi grandes, ne pourrait-il pas se faire que ce rayon que nous voyons devenir de plus faible en plus faible à mesure qu'il s'éloigne du soleil, le devint tellement, qu'il ne nous fût plus perceptible, sans que pour cela il cessât d'exister?

J'ai remarqué aussi, comme M. de Tessan, que ce n'est pas toujours quand le ciel est le plus pur qu'on voit le mieux la lumière zodiacale ; ce qui prouve que ce phénomène lumineux, pour se montrer à nous dans son éclat, est soumis à de certaines conditions résultant des transformations atmosphériques. Si ce phénomène doit à des réfractions astronomiques son origine et sa durée après le coucher et avant le lever du soleil, il pourrait fournir certaines probabilités sur la hauteur vraie ou supposée des couches de l'atmosphère.

Je commence par mettre en dehors des considérations qui vont suivre l'aurore et le crépuscule à l'époque qui avoisine le solstice d'été, puisqu'à cette époque de l'année il ne fait jamais entièrement nuit à Paris. En effet, le jour continue jusqu'à $10^h 45^m$ et recommence à $12^h 45^m$. Et encore dans l'intervalle qui voit finir le jour et le voit renaître, il existe au-dessus de l'horizon, dans la région du N., à environ 8 à 10 degrés, un crépuscule, sans doute bien faible, mais constant.

Excepté à l'époque dont je viens de parler, on voit bien nettement par un beau ciel, quelque temps après le lever du soleil ou après son coucher, des rayons lumineux qui vont converger vers le point opposé du soleil. L'apparition de ces rayons ne commence que peu de moments avant le lever du soleil ou avant qu'il soit couché, et ils disparaissent peu de temps après, pour ne plus laisser voir qu'une teinte plus uniforme. En suivant pas à pas le point convergent des rayons au moment où on les voit toucher l'horizon à l'O., on est certain, en se retournant, de voir le soleil se lever à l'E. La même chose a lieu pour son coucher, c'est-à-dire qu'aussitôt qu'on voit le point convergent apparaître au-dessus de l'horizon à l'E., on peut se retourner vers le soleil, et on voit qu'il va se coucher à l'O.

Les points de convergence de ces rayons marquent la différence de l'atmosphère encore bien éclairée par le soleil, et de celle qui ne l'est plus que faiblement; c'est ce qui donne à cette partie du ciel une teinte plus ou moins foncée à mesure que le soleil est près de s'élever au-dessus de l'horizon ou de descendre au-dessous. Suivant l'état de l'atmosphère, on aperçoit plus ou moins visiblement ces rayons lumineux. Ce serait bien à tort, comme le fait remarquer M. de Tessan, qu'on confondrait cette ligne de démarcation avec la limite même de l'atmosphère.

Trois quarts d'heure environ après le coucher ou avant le lever du soleil, quand il a cessé d'éclairer ou qu'il n'a pas encore éclairé les nuages des basses régions, on voit naître tout à coup, presque sans transition, des rayons non convergents comme les premiers, mais au contraire très-divergents à la manière des rayons des aurores boréales. Le commencement, le milieu, qui est l'intensité, et la fin de ce curieux phénomène, n'ont pas une durée de plus de vingt minutes. Ces rayons, comme la lumière zodiacàle, atteignent une distance du soleil quelquefois assez grande, comme aussi, dans d'autres circonstances, ils dépassent à peine l'horizon. Ce qu'ils ont de particulier, c'est qu'ils ont un mouvement de translation dans l'espace, tantôt dans une direction, tantôt dans une autre. Seulement, leur déplacément est généralement moins rapide que le déplacement des rayons des aurores boréales. Ce n'est pourtant pas encore à la hauteur de ces rayons qu'il faut chercher une approximation de l'élévation de l'atmosphère.

Ces rayons disparus, il reste toujours dans l'atmosphère un espace éclairé par la lumière réfléchie, son intensité diminuant graduellement jusqu'au moment où elle disparaît complétement de l'horizon. Ici encore on se tromperait grandement, si l'on prenait cette dernière phase pour un indice rigoureusement exact des hauteurs de l'atmosphère. Pour arriver à cet entier épuisement du jour visible à l'horizon, il faut deux heures au moins, ce qui donne déjà 3o degrés d'abaissement du soleil et non 18 degrés. Il faut remarquer encore que, si à l'horizon toute lumière, toute réflexion a disparu, il n'en est pas de même pour une autre réfraction astronomique qui précède l'aurore ou qui succède au crépuscule. Cette réfraction, plus ou moins brillante suivant l'état de l'atmosphère, commence à paraitre quelquefois plus d'une demi-heure avant que le jour commence à poindre à l'horizon, à la distance de 4o à 5o degrés de la verticale. Cette teinte de lumière à peine visible se développe peu

à peu, rend d'abord l'horizon d'une apparence plus té-
nébreuse; puis, par son accroissement successif, commence à l'éclairer et à faire pâlir la lumière des étoiles.

Toutes choses égales d'ailleurs, ces effets se voient
encore mieux le matin que le soir; et cela se conçoit facilement, puisque, sortant des ténèbres de la nuit, la
moindre lueur nous cause bien plus de sensation que
lorsque nous sortons du grand jour.

De tous les faits que je viens de citer, et dont personne
pour le plus grand nombre n'avait encore parlé avant
moi, il résulte, ce me semble, qu'en supposant qu'on
s'arrête aux éléments que produit cette dernière réfraction astronomique pour évaluer les extrêmes limites de
l'atmosphère, on sera amené à doubler l'abaissement
du soleil sous l'horizon. Ce serait alors au moins 36 degrés
au lieu de 18 degrés, et l'on augmenterait également l'é-
lévation de l'atmosphère dans l'espace, en laissant même
de côté les apparences de la lumière zodiacale et d'autres
signes non moins remarquables.

CHAPITRE IV.

Aurores boréales et australes.

Opinions diverses des anciens sur les aurores boréales : Aristote, Cicéron, Sénèque, Pline. — Description d'une aurore boréale tirée de mes observations particulières. — Aurores boréales des 6 mai 1843, 29 décembre 1844, 22 septembre 1846, 1ᵉʳ novembre 1847, 15 mars 1848, 19 mars 1848, 8 août 1848, 15 janvier 1849, 18 février 1851, 21 février 1852, 8 avril 1852, 21 avril 1852, 10 août 1853, 17 août 1855, 28 décembre 1855. — Région des aurores boréales; leurs causes, leur composition; résultats tirés de mes observations.

Est-il rien de plus frappant et de plus beau que le spectacle des aurores boréales, surtout quand elles ont envahi plus de la moitié du ciel? De tout temps on a dû les observer, et les anciens philosophes, qui pas plus que nous n'en connaissaient positivement la nature, les désignaient suivant les différents aspects où ces aurores s'étaient montrées. Tantôt ils les nommaient gouffres, lances, chevelure, soleil nocturne, lueur et embrasement du ciel, etc, etc. Souvent ils donnaient des noms particuliers à chacune des phases que présentait le météore, tandis qu'elles n'étaient que des variétés d'un même phénomène. Enfin, Aristote, Cicéron, Sénèque, Pline, rangeaient ces phénomènes dans la catégorie des feux célestes. Pline assure « qu'on voit dans le ciel un incendie tomber sur la terre en pluie de sang. »

Mais je ne veux pas répéter sur les aurores boréales les détails que les autres ont rapportés avant moi. Je préfère donner quelques descriptions des aurores boréales que j'ai vues à diverses reprises. Malheureusement il y en a un assez grand nombre que je n'ai pas notées, parce que je ne tenais pas de journal à cette époque. Quoi qu'il en soit, je ne veux pas passer sous silence deux faits extraordinaires qui se sont présentés à moi il y a bien des années, et que depuis lors je n'ai plus rencontrés.

Les deux cas dont il s'agit se sont produits pendant la pleine lune d'hiver, c'est-à-dire au moment où elle a sa plus grande élévation dans notre hémisphère. A très-peu de chose près, ils se sont passés de la même manière; aussi en donnant la description de l'une des apparitions, ce sera donner également l'autre.

L'aurore boréale dépassait le zénith de plus de 20 degrés; le mouvement de translation était assez rapide de l'E.-N.-E. à l'O.-S.-O. Comme tout le monde, je regardais plus volontiers du côté où le phénomène était le plus éclatant. Cependant je voulus examiner comment les choses se passaient dans l'espace compris autour de la lune, et je vis là un spectacle auquel je ne m'attendais nullement. Tandis que, dans les autres parties du ciel envahies par l'aurore boréale, on voyait des segments, des rayons devenir plus ou moins lumineux à de très-courtes distances, du côté de la lune, au contraire, on voyait la matière qui composait l'aurore dans une agitation extrême, semblable à des vapeurs sèches qui se condensaient plus ou moins. Je ne puis mieux les comparer pour la couleur et la forme qu'aux fumées qu'on voit dans les beaux jours d'été se revêtir d'une teinte bleuâtre. Ces aurores avaient le grand et le petit axe. Dans les autres parties de l'aurore boréale, outre son mouvement de translation, il y en avait un autre continuel. Les matières s'éloignaient et se rapprochaient alternativement. Lorsqu'elles se rapprochaient, les rayons se formaient, et la teinte prenait la couleur d'un rouge sang. Au contraire, quand la matière se séparait, les rayons disparaissaient pour un moment et se reformaient ensuite jusqu'à la fin du phénomène.

Voici quelques autres observations plus précises d'aurores boréales.

Le 6 mai 1843, parut à 10 heures du soir une partie de segments lumineux dans le Télescope, et une autre presque aussitôt entre Céphée et Cassiopée, le milieu rempli par quelques rayons plus ou moins rutilants. L'arc avait alors en altitude 30 degrés, et en étendue 50 degrés. A $10^h 45^m$, les rayons se montrèrent successivement plus ou moins brillants; d'une teinte assez rouge, lorsque la matière se trouvait plus condensée; et plus pâles, quand elle l'était le moins entre le Cocher, Persée, et la Petite Ourse, jusqu'au delà de la tête du Dragon. Au plus beau moment de l'aurore boréale, à $11^h 10^m$, le sommet du grand arc se trouvait dans le Bouvier. Il y avait donc en altitude plus de 100 degrés, et en étendue à peu près la même quantité. Le petit arc compris entre Cassiopée et Persée avait une hauteur d'environ 20 degrés; l'intérieur était sans aucun rayon, les autres rayons paraissant tous avoir leur base au sommet de ce petit arc. Cet intérieur était d'un vert très-foncé tirant sur le noir; aussi je ne m'étonne nullement que les anciens aient trouvé que l'intérieur de ce petit espace ressemblait à l'entrée d'un gouffre ou d'une caverne.

Le mouvement de translation de cette aurore boréale était du N. au S. et presque insensible; aussi deux parties de segments ont-elles couvert assez longtemps la tête de la Grande Ourse et le quadrilatère de la Petite Ourse, jusqu'au moment où ils disparurent entièrement. La durée de cette aurore a été de $1^h 35^m$. Il est fâcheux que la lune dans son premier quartier en ait atténué l'éclat.

Le 29 décembre 1844, aurore boréale de peu de durée. L'arc avait une amplitude de 50 degrés de η Grande Ourse à Wéga; et son altitude était de 22 degrés, le sommet étant à η Dragon.

Le 22 septembre 1846, aurore boréale qui commença à $8^h 15^m$, et finit à 11 heures. A son maximum d'intensité, son élévation avait 30 degrés, et son étendue 50 degrés. Le mouvement de translation de ses rayons, qui passaient alternativement du jaune clair au rouge vif, était de l'O. à l'E.

Le 1er novembre 1847, aurore boréale de 9 heures à 11 heures. Son mouvement de translation était de l'E. à l'O. De $9^h 45^m$ à $10^h 15^m$, à son maximum d'intensité, son étendue était de 100 degrés de θ Grande Ourse jusque près du Taureau royal, le sommet de l'arc s'élevait jusqu'à γ Petite Ourse, 38 degrés. Plusieurs de ses rayons et segments passèrent du rouge écarlate au rouge blanc. La brume assez épaisse qui entourait l'horizon et son peu d'élévation dérobèrent à la vue les particularités les plus intéressantes.

Le 15 mars 1848, de 4^h43^m à 5^h20^m du matin, aurore boréale qui aurait été très-remarquable si elle n'avait pas coïncidé avec le commencement du jour. Son étendue de α Persée à γ Lion était de 85 degrés, et sa hauteur jusqu'à λ Dragon de 45 degrés. Son mouvement de translation de l'O. à l'E. était peu rapide. Les rayons de cette aurore boréale avaient en certains moments une couleur rouge pourpre.

Le 19 mars 1848, de 7^h30^m à 11 heures, aurore boréale dont le maximum d'intensité a été de 8 heures à 9 heures. La couleur des segments et rayons était plutôt rouge blanc que rouge pourpre. L'arc avait une étendue de 120 degrés de α Cygne jusque près de l'Éridan. Le sommet de l'arc ne dépassait pas Cassiopée et Persée; il avait 45 degrés d'élévation au-dessus de l'horizon. Cette aurore boréale avait lieu en même temps qu'une éclipse de lune, de sorte qu'on aurait pu croire que la lune, qu'on apercevait à peine, allait se lever au N.-O.

Le 8 août 1848, aurore boréale qui serait devenue très-belle, si elle n'avait pas eu lieu au moment où le jour paraissait, ce qui donnait à ses rayons une teinte plutôt blanche que rouge. Son étendue était de 85 degrés, de la Lyre à la tête de la Grande Ourse; et sa hauteur, de 48 degrés. Le jour était déjà très-grand, qu'on voyait encore très-bien les traces de cette aurore.

Le 15 janvier 1849, aurore boréale de $9^h 45^m$ à $11^h 15^m$. Pendant sa plus grande intensité, l'arc avait en étendue 90 degrés de α Pégase jusqu'au delà de θ Dragon. Son sommet ne dépassait pas 25 degrés, et ses rayons, qui étaient successivement rouges, blancs ou rouges foncés, se transportaient de l'O. à l'E.

Le 18 février 1851, aurore boréale de peu de durée, de $8^h 30^m$ à $8^h 40^m$. Sa hauteur 15 degrés, son étendue 35 degrés, de δ Cygne à υ Hercule. Ses rayons, d'une couleur rouge sang, se mouvaient de l'O.-S.-O. à l'E.-S.-E.

Le 21 février 1852, aurore boréale de 9 heures à $9^h 30^m$. Sa largeur de 60 degrés, de α Andromède jusque sous la tête du Dragon; et sa hauteur, 25 degrés. Le brouillard et les nuages empêchèrent de suivre son développement.

Le 8 avril 1852, aurore boréale de peu de durée, de $8^h 45^m$ à $8^h 53^m$. Son élévation 20 degrés, son étendue 30 degrés, de l'arc Persée à β Cassiopée.

Le 21 avril 1852, aurore boréale de 2 heures à $3^h 15^m$. Son étendue de 45 degrés, et sa hauteur de 15 degrés. Ses rayons, couleur orange, avaient leur mouvement de translation de l'O. à l'E.

Le 10 août 1853, aurore boréale au commencement du jour, peu élevée et d'une apparence de couleur violette.

Le 17 août 1855, à 11^{h}45^m, aurore boréale de peu de durée et très-peu élevée sur l'horizon.

Le 28 décembre 1855, à 7^{h}30^m, aurore boréale de peu de durée; quelques rayons seulement se montrèrent et disparurent.

Depuis que je tiens des registres d'observations, c'est donc un total de 15 aurores boréales apparaissant à toutes les heures de la nuit, que j'ai vues en 3098 heures d'observation, de juillet 1841 au 31 décembre 1855; ce qui donne en moyenne un peu moins de 5 aurores par 1000 heures d'observation, et une aurore boréale en moyenne pour 206^{h}50^m.

Dans les 15 aurores boréales notées, il n'y en a eu qu'une de très-remarquable (*Pl. I, fig. 1*).

On a rattaché l'existence des aurores boréales et australes à bien des causes, et l'on a imaginé bien des hypothèses pour les expliquer. Depuis les exhalaisons terrestres et le fluide magnétique jusqu'à l'électricité, il y a, comme on le voit, de la marge. Leur élévation dans l'espace a occupé bien des observateurs. Le P. Boscovich, célèbre géomètre, a déterminé la hauteur de l'aurore boréale observée à Padoue, le 16 décembre 1737, à 275 lieues. Euler leur donnait une élévation de plusieurs milliers de milles. D'après ces calculs, la région des aurores boréales serait donc extraordinairement élevée; et cependant elle serait encore dans l'atmosphère, puisqu'on reconnaît que le siége des aurores boréales est à son extrême limite.

[illegible] août 1857 à [illegible] 1858 [illegible], [illegible] se [illegible] sud, et très-peu élevée sur l'horizon.

Le 28 décembre 1855, [illegible], [illegible] un peu de chaleur, quelques étoiles [illegible] [illegible] et disparurent.

Depuis que le [illegible] de registres d'observations, il est [illegible] [illegible] [illegible] nombres [illegible] remarques ; à [illegible] les [illegible] de [illegible], qui [illegible] [illegible] [illegible] depuis le [illegible] et [illegible] juillet [illegible] [illegible] au 31 décembre 1855, on a [illegible] en moyenne un peu moins de [illegible] aurores par cinq heures d'observation, et une autre bande en moyenne pour chaque jour.

[illegible] de ces [illegible] [illegible] nettes, il n'y en a [illegible] qu'un [illegible] de [illegible] [illegible] [illegible] [illegible].

On a [illegible] l'[illegible] [illegible] [illegible] [illegible] la [illegible] qu'on [illegible] [illegible] [illegible] de l'[illegible] [illegible] [illegible] d'une manière [illegible], depuis les [illegible] [illegible] [illegible] et la limite magnétique jusqu'à [illegible] [illegible] comme on le voit [illegible] [illegible] leur élévation au-dessus [illegible] a marqué [illegible] des observations [illegible] la [illegible] [illegible] [illegible] [illegible] d'[illegible] [illegible] la [illegible] et de l'[illegible] boréale observée à [illegible], le 18 novembre [illegible] [illegible] nous [illegible] [illegible] [illegible] [illegible] [illegible] [illegible] [illegible] hors de toutes [illegible]. D'après ce [illegible], la [illegible] [illegible] boréales serait donc [illegible] directement à [illegible] et [illegible] pouvait elle-même [illegible] dans l'atmosphère, [illegible] [illegible] [illegible] [illegible] de [illegible] [illegible] à [illegible] [illegible] [illegible].

Fig. 1e

Lith H. Jannin Paris

De mes observations personnelles, il résulte que le siége des aurores boréales se trouve situé entre la zone des cirrus ou nuages les plus élevés, et la région des météores filants. Et la preuve, je puis ajouter, la plus évidente, c'est que jamais un globe filant ou étoile filante n'est apparue au-dessous des rayons des aurores boréales; toujours je les ai vues passer par-dessus. Une autre preuve, ainsi que je l'ai fait remarquer à M. Arago, en présence de M. de Humboldt, en lui remettant un jour une de mes communications à ce sujet, c'est que l'éclat d'une étoile filante se trouvait affaibli au moment de son passage suivant la densité de la matière qui formait ce rayon, comme l'éclat d'une étoile fixe de première grandeur se trouve affaibli par la densité plus ou moins considérable d'un rayon de cirrus qui passe au-dessous.

Quant à la matière qui compose les aurores boréales, je ne puis que dire de nouveau qu'elle est très-diffuse, formée de vapeurs sèches, plus ou moins éclaircies suivant qu'elles se condensent. Jamais le moindre bruit ne s'est fait entendre pour moi, quelle qu'ait été l'agitation de leurs molécules. Les aurores boréales atteignant ou depassant le zénith sont visibles quelquefois jusque dans la partie nord de l'Afrique, et assez loin en Asie. La suite des observations fera voir, on n'en peut douter, à quelle force d'impulsion elles obéissent pour s'élever plus ou moins du N. au S. Si c'est par une impulsion venue du N. que cela a lieu, cela expliquera pourquoi elles sont beaucoup plus rares dans nos régions que vers le pôle.

En effet, en 210 nuits, MM. Lottin, Bravais et Siljerstroëm virent, vers le pôle N., 160 aurores boréales. Il est plus que certain que les mêmes faits se reproduisent de la même manière au pôle austral; seulement là ce serait l'influence du S. qui devrait les rapprocher des contrées plus éloignées du pôle. M. de Tessan, le 20 janvier 1839, en a vu une assez belle par lat. 42° 15′ S., long. 126° 13′ E., formant un arc de cercle lumineux très-apparent et très-bien dessiné; la lumière était blanche, nuancée de vert; le sommet de l'arc n'était élevé que de 14 degrés au-dessus de l'horizon.

L'aurore boréale vue par Cook dans les mers du Sud était des plus brillantes et avait envahi une grande partie du firmament; sa couleur resta toujours bleuâtre.

On conçoit sans peine que le petit arc dont le centre est obscur, ne peut paraître sur l'horizon qu'autant que l'arc supérieur a plus ou moins d'élévation. Il reste aussi bien avéré que la matière qui les constitue ne peut paraitre qu'autant qu'elle est assez condensée; autrement, elle doit, comme la matière qui forme les nuages, les cirrus, demeurer invisible, sans que pour cela elle cesse d'exister. On sait aussi que pendant ces apparitions les aiguilles magnétiques ont des écarts depuis 10 minutes jusqu'à un peu plus de 1 degré. Il restera à savoir si l'écart a lieu du côté de l'E., quand la force impulsive se manifeste des directions de l'O.; ou si au contraire l'écart a lieu du côté de l'O., quand cette force se manifeste du côté de l'E.; ou bien encore si l'écart obéit directement à la force reconnue dominante; ou enfin si l'écart est plus petit, lorsque la force se trouve au S. ou au N.

Il est bien entendu que plus on établira sur des bases certaines l'élévation de la zone des aurores boréales, plus on devra élever la région des étoiles filantes; ce qui nécessairement pourra bien, en fin de compte, mener sur la limite de l'atmosphère assignée par l'astronome Mason, ainsi que je l'ai rappelé ci-dessus, au chapitre Ier.

CHAPITRE V.

Halos, parhélies, parasélènes, couronnes, colonnes lumineuses, nuages irisés, apothéoses, arcs-en-ciel.

Halos, parhélies, parasélènes; leur nature, à quels instants ils peuvent paraître. — Halos des 1er juin 1845, 21 août 1845, 30 octobre 1845, 6 novembre 1845, 9 novembre 1845, 13 novembre 1845, 22 avril 1846, etc., tirés de mes observations personnelles. — Des couronnes; leur composition, leur région. — Des colonnes lumineuses, instants où ce phénomène curieux peut être observé. Colonnes lumineuses des 22 avril 1847, 11 avril 1852, 12 avril 1852, 1er juin 1852, etc., tirées de mes observations. — Des arcs-en-ciel; leur formation, leurs couleurs, disposition de ces couleurs; arcs supplémentaires. Différentes observations faites en 1849, 1850, 1852, etc. — Des nuages irisés; leurs formes, leur région, leurs couleurs; différentes observations de ces nuages.

Les halos sont plus ou moins fortement colorés autour du soleil, et de la lune, suivant les conditions de l'air atmosphérique. Il en est de même des parhélies. Les cirrus seuls, ou la matière qui les forme, plus ou moins condensée, donnent naissance aux halos. Moins les cirrus sont condensés, plus ils sont brillants. Les parhélies paraissent quand il existe, au-dessous des cirrus, des matières ou des vapeurs qui donnent naissance à des nuages allant prendre place entre les cirrus et les nuages de la moyenne région.

Les halos et les parhélies solaires, ou lunaires dits parasélènes, se montrent à toute heure de la journée et de la nuit. Seulement, pour les parhélies et parasélènes, ils sont plus brillants à une certaine hauteur de l'horizon ; et cela se conçoit, puisqu'on les aperçoit à travers les couches obliques de l'atmosphère. Ces phénomènes sont très-communs ; il y a dans toutes les saisons des jours où on les aperçoit à plusieurs reprises. Ce qui est le moins commun, ce sont les halos extraordinaires dont nous allons citer quelques exemples tirés de nos registres d'observations météoriques. Nous le disons dans l'intérêt de la science bien plus que dans l'intérêt de notre vanité : nous sommes assez riche pour puiser tous nos exemples dans notre propre fonds. La plupart des auteurs qui ont travaillé à établir les lois astronomiques, météorologiques ou physiques, ont été très-heureux de se servir des observations et expériences d'autrui : nous ne les en blâmons pas certainement ; mais, quant à nous, pour tous nos résultats, nous avons commencé par observer, soit de jour, soit de nuit, pendant bien des années, et par amasser des matériaux immenses avant d'essayer de construire l'édifice que nous voulions élever à la science.

Voici ce que nous fournissent nos registres relativement aux halos.

Le 1ᵉʳ juin 1845, à 10 heures du matin et de midi à 1 heure du soir, halo et deux parhélies ; le halo seul dura jusqu'au soir : il avait deux arcs tangents.

Le 21 août 1845, à 8^h25^m du matin, à 4 degrés de la partie occidentale de ce halo, il existait, sur une étendue de 7 degrés, comme le commencement d'un double halo parfaitement semblable au halo total (*fig.* 2).

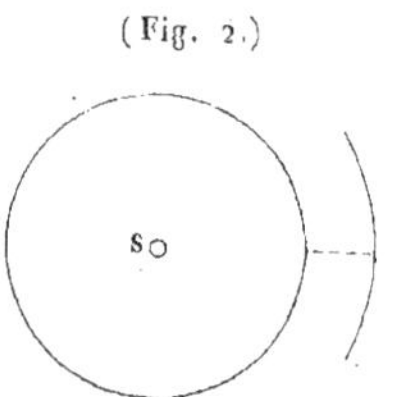

(Fig. 2.)

Le 30 octobre 1845, à 3 heures du soir, halo et parhélies. Ce qu'il y eut de remarquable dans cette apparition, c'est qu'à 10 degrés environ au S. du halo, il existait un arc de cercle d'une étendue de 12 degrés en tout semblable à un arc-en-ciel (*fig.* 3).

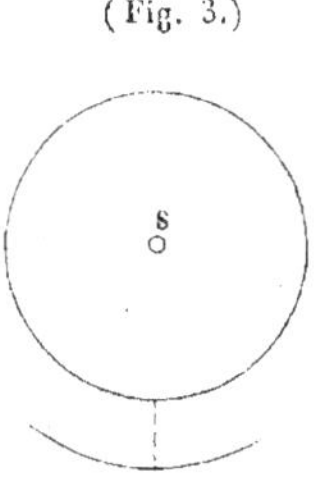

(Fig. 3.)

Le 6 novembre 1845, parhélies de $9^h 30^m$ du matin à midi.

Le 9 novembre 1845, vers 11 heures du matin jusque vers 1 heure du soir, halo et parhélies.

Le 13 novembre 1845, à $8^h 30^m$ du soir, la lune étant

dans son plein, il y eut à la fois halo, parasélène et couronne.

Le 22 avril 1846, de 8ʰ 30ᵐ à 11 heures du matin,
halo elliptique circonscrit, avec parhélies éloignés du
grand cercle d'un peu plus de 1 degré. Ce halo avait deux
fractions d'arcs tangents de 7 à 8 degrés. De plus, à 25 degrés S.-E. de ce halo, se trouvait un arc de cercle, sous-ten-
dant environ 25 à 30 degrés, tout aussi bien coloré qu'un
arc-en-ciel. J'ai montré ce phénomène très-curieux à
M. le comte de Gasparin et à sa famille, dans leur jardin
(*fig.* 4).

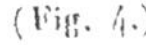

(Fig. 4.)

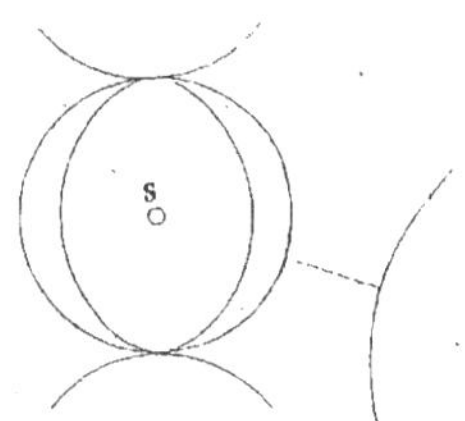

Le 11 août 1846, entre midi et 1 heure du soir, halo et
parhélie.

Le 21 février 1848, à midi, halo très-beau avec des arcs
tangents. A 10 degrés du halo pôle S., parut un arc de
cercle d'une largeur de 2 degrés environ et d'une étendue
de 25 degrés, ayant toutes les couleurs de l'arc-en-ciel,
seulement un peu moins éclatantes. Ce halo dura presque
toute l'après-midi (*fig.* 5).

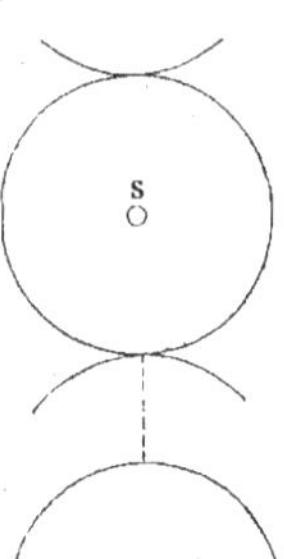

Le 4 mai 1849, du matin à midi, il y eut très-souvent des parhélies et presque toujours un halo.

Le 23 février 1850, de $12^h 30^m$ à 1 heure du soir, halo et parhélie.

Le 25 février 1851, halo et parhélie vers 11 heures du matin.

Le 5 juin 1851, de 9 heures à 10 heures du matin, halo superbe avec des arcs tangents. Les pôles du halo et le milieu de ses arcs étaient presque aussi éclatants que le soleil lui-même.

Le 25 juin 1851, de 3 heures à $3^h 15^m$ du soir, halo extraordinaire, mais incomplet, car il en manquait un quart environ. Ce halo elliptique et circonscrit avait des parhélies dont la partie la plus belle était éloignée du soleil d'environ 5 à 6 degrés, et qui se terminaient par des segments lumineux en lignes courbes. Ils avaient chacun une étendue de plus de 30 degrés ; les parhélies étaient très-brillants. Au soir il n'y eut plus que de simples parhélies (*fig.* 6).

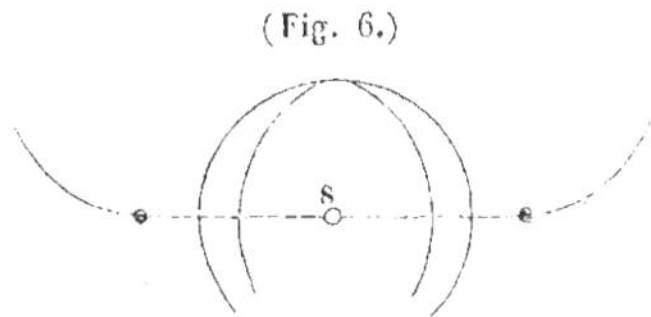

(Fig. 6.)

Le 3 mai 1854, à 11 heures du matin, un halo qui existait déjà depuis quelque temps était dans toute sa beauté. Ce halo elliptique circonscrit avec des arcs tangents avait, comme le précédent, des parhélies dont la partie la plus belle était éloignée du soleil d'environ 6 degrés, et qui se terminaient, comme le précédent, par des segments lumineux en lignes courbes ayant une longueur d'environ 25 degrés. Ce halo magnifique était complet (*fig.* 7).

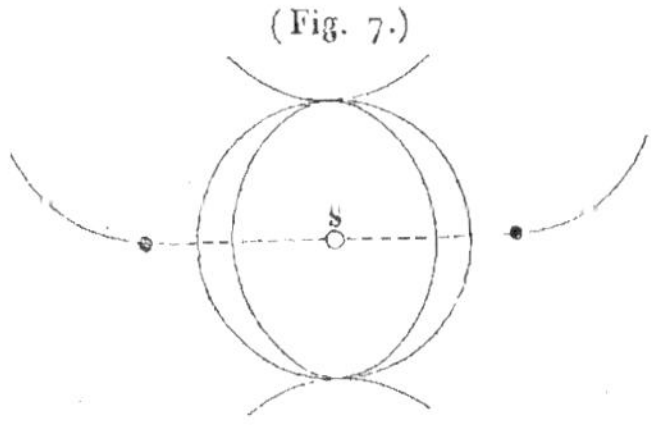

(Fig. 7.)

Le 14 avril 1855, à 7 heures du matin, halo très-remarquable. En effet, le halo ordinaire était aussi peu brillant que le halo tangent était éclatant, surtout dans la partie avoisinant le halo ordinaire (*fig.* 8).

(Fig. 8.)

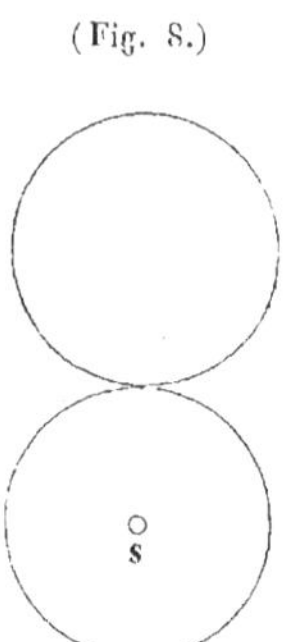

Le 24 avril 1855, à 3ʰ 15ᵐ, halo elliptique circonscrit.
Ce halo, dont la moitié seulement était visible, n'avait pas
d'arcs tangents (*fig.* 9).

(Fig. 9.)

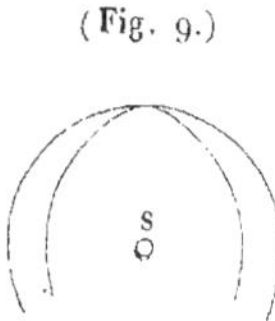

On voit que je n'ai donné ici que des exemples de halos
remarquables et des parhélies qui les ont accompagnés. Si
dans le nombre j'en ai donné quelques-uns qui n'avaient
rien de bien saillant dans leur apparition et dans les
parhélies qui les accompagnaient, c'est principalement
à cause de l'heure où ils ont été vus. J'ai voulu prouver
par là qu'on aperçoit ce genre de phénomène à toute heure
de la journée. On en voit également à toute heure de la
nuit, quand la lune est sur l'horizon ; mais comme leur

Le [illegible] avril 1863, à 3h 1/2, [illegible] et [illegible]
Cordoba, dans la nuit [illegible] plusieurs [illegible]
d'[illegible] [illegible]

[illegible]

[illegible] je n'ai [illegible] que [illegible] de [illegible]
remarques et de particularités qui ont été rapportées. Si
dans le nombre j'en ai donné quelques unes qui n'avaient
[illegible] été [illegible] dans les [illegible]
particulières qu'[illegible] [illegible] principalement
à cause de l'heure où ils ont été vus. Par exemple qu'un
parhélie qu'on aperçoit auprès du [illegible] à toute heure
de la journée. On en voit d'[illegible] debout à toute heure de la
nuit [illegible] le soleil est sur l'horizon, mais qu'on [illegible]

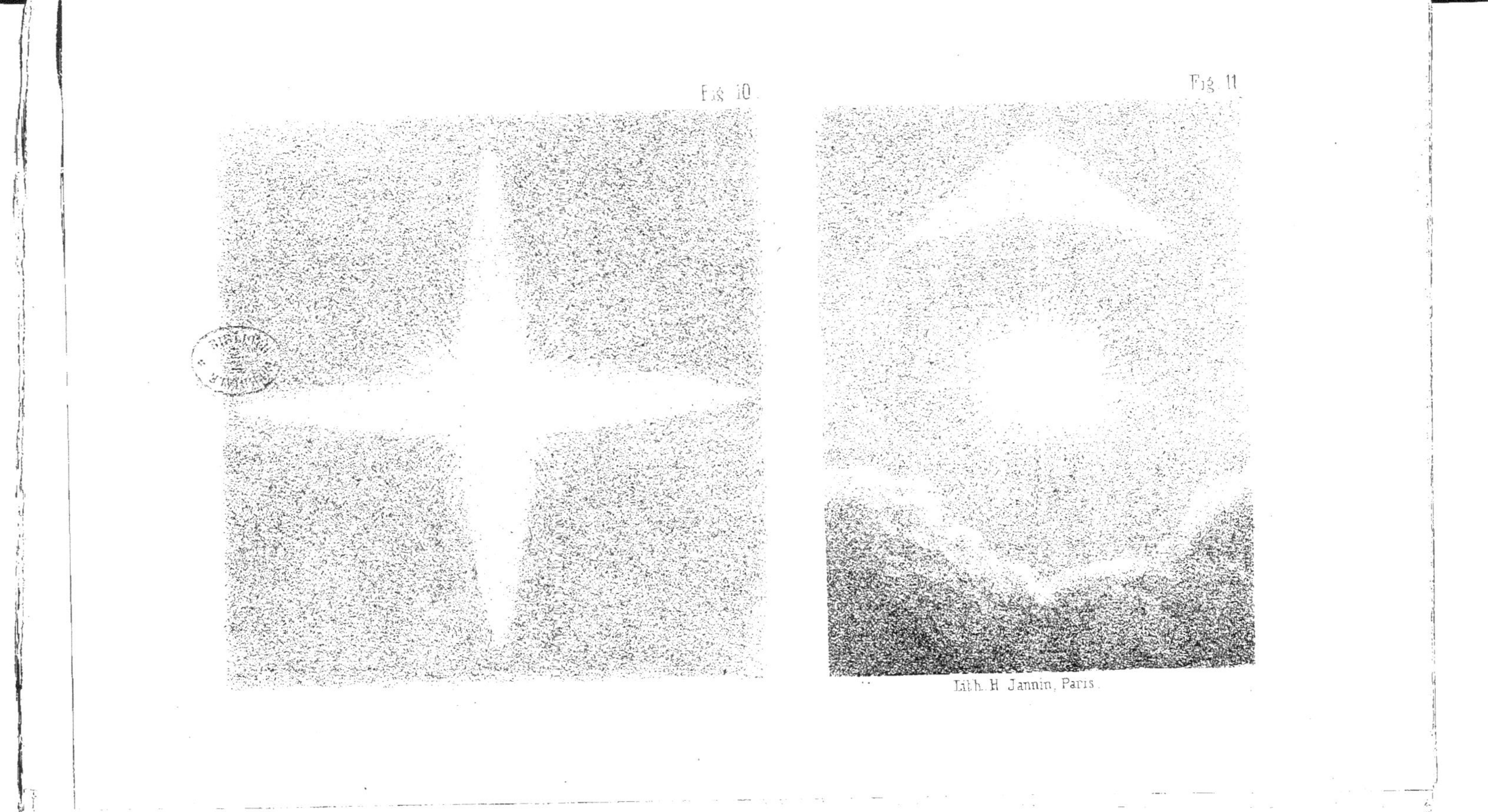

Fig. 10
Fig. 11
Lith. H Jannin, Paris.

éclat est loin d'être aussi beau, je ne me suis pas attaché
à en reproduire.

On remarque aussi assez souvent des couronnes autour
du soleil et de la lune. Il en est des couronnes comme des
halos; la vivacité de leurs couleurs varie avec l'état présent de l'atmosphère. Les couronnes produites par la lune
sont beaucoup plus jolies et de couleurs plus vives que
les couronnes produites par le soleil. La région des couronnes se trouve dans les couches de nuages les plus
rapprochées de nous.

Il y a aussi un phénomène qui est moins rare qu'on ne
le pense généralement, c'est celui qui accompagne les
levers et couchers du soleil et de la lune sous la forme de
colonnes plus ou moins lumineuses, suivant les conditions
atmosphériques. Quelquefois même, les colonnes existent
aux deux pôles de l'astre; quelquefois aussi, mais plus
rarement, il y en a de supplémentaires à ses côtés, O. et
E.; ce qui forme l'appareil d'une croix, le soleil ou la
lune occupant le centre.

Le 22 avril 1847, le soir avant le coucher du soleil, il
existait quatre colonnes lumineuses d'une étendue d'environ 15 degrés chacune, donnant l'apparence d'une croix
dont le soleil occupait le centre. Après le coucher du
soleil, une des quatre colonnes, bien entendu la supérieure, persista encore quelque temps après le coucher
du soleil (*fig.* 10).

Le 11 avril 1852, quinze minutes avant le lever du soleil,
parut une colonne lumineuse d'une étendue de 15 degrés

et d'un peu plus de 1 degré de largeur. Cette colonne avait encore un peu après le lever du soleil une hauteur de 6 degrés.

Le 12 avril 1852, colonnes au lever et au coucher du soleil, tandis que le 18 du même mois il n'y en eut qu'une seule au lever.

Le 1ᵉʳ juin 1852, un moment avant le coucher du soleil, parut une colonne d'une étendue d'environ 15 degrés. Tout en s'abaissant peu à peu sous l'horizon avec le soleil, elle resta néanmoins visible vingt-sept minutes après son coucher.

Je cesse de citer les apparitions de ces colonnes lumineuses, parce que ce serait toujours se répéter. J'ai préféré, comme pour les halos, parler des colonnes qui accompagnent le soleil, parce qu'elles sont plus brillantes que les colonnes qui accompagnent la lune. Seulement, je ferai observer ici que leur base est quelquefois assez large pour leur donner des formes bizarres. Ainsi en 1816, me trouvant près de Festieux, à deux lieues de Laon, les habitants de ce pays, qui comme moi regardaient le lever du soleil (nous étions au mois de septembre), trouvaient qu'au lieu d'une colonne le phénomène représentait tout à fait un tricorne ; aussi ne manquaient-ils pas de dire dans leur simplicité : « Vous voyez bien que Napoléon reviendra » puisque le soleil nous montre son chapeau. » (*Fig. 11.*)

Les arcs-en-ciel sont des arcs de cercle représentant les couleurs du prisme ; ils sont formés, comme Descartes l'a démontré, par la réflexion des rayons solaires sur les

gouttes de pluie. M. de Tessan raconte que le 1ᵉʳ janvier 1837, à 42° 40′ lat. N. et 16° 49′ long. O., il vit
après une chute de grêle se former un arc-en-ciel. Je
puis dire aussi qu'après des grains de grésil et de neige,
j'ai vu quelquefois se former des arcs-en-ciel. Le grésil
et la neige s'étaient-ils transformés en pluie un peu
plus loin? C'est ce que je ne saurais dire; ce que je
puis affirmer, c'est que plusieurs fois le fait s'est passé.
Je n'entretiendrai ici le lecteur que de quelques apparitions extraordinaires.

Le 30 janvier 1849, les vapeurs qui, lorsqu'elles sont
assez condensées, donnent naissance aux nuages, l'étaient
tellement peu, quoique répandues en grande quantité
et par conséquent très-visibles, que cet état atmosphérique
donna naissance à un arc-en-ciel qui dura presque toute
l'après-midi.

Le 15 juin 1849, après-midi, à la suite d'un orage,
il y eut un arc-en-ciel extraordinaire; car outre le grand
arc-en-ciel et le petit, il y avait sur le côté nord du petit
un arc supplémentaire qui se confondait avec le petit arc
à environ 15 degrés du sommet; cet arc supplémentaire
avait la même disposition et la même vivacité de couleurs
que le petit arc (*fig.* 12).

(Fig. 12.)

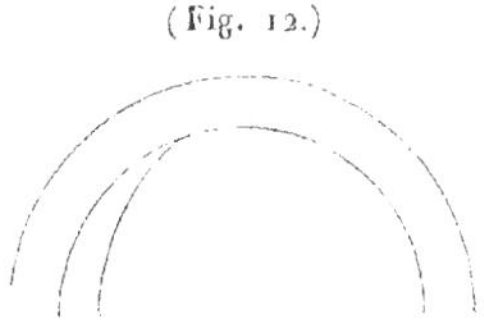

4.

Le 12 octobre 1850, après midi, il y eut un arc-en-ciel
des plus remarquables. Outre le grand arc, qui avait une
grande vivacité de couleurs, le petit arc, qui était éclatant,
se trouvait doublé dans toute son étendue d'un arc supplémentaire dont les couleurs touchaient le petit arc
(*fig.* 13).

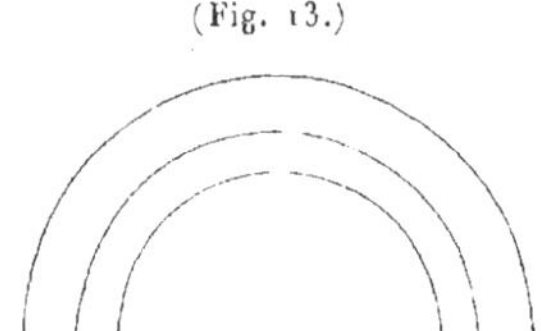

(Fig. 13.)

Le 23 juin 1852, arc-en-ciel très-beau, qui s'était
formé un peu avant le coucher du soleil; ses couleurs pâ-
lirent petit à petit après le coucher de cet astre. Cependant, quoique d'une couleur rougeâtre, il persista encore
assez longtemps après le coucher du soleil.

Le 26 mai 1854, après midi, arc-en-ciel remarquable.
Le grand arc très-brillant; le petit, dont les couleurs
étaient beaucoup plus vives, était doublé aux trois quarts
d'un arc supplémentaire non moins beau (*fig.* 14).

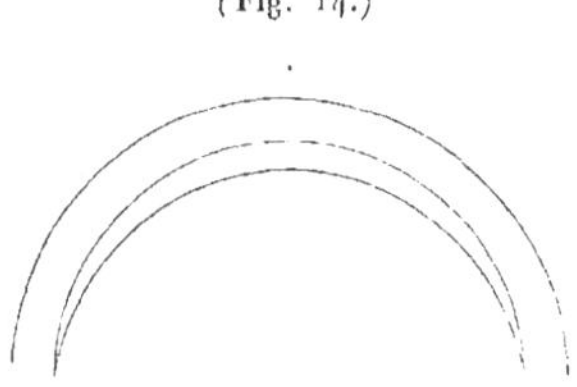

(Fig. 14.)

Il m'est arrivé bien souvent de voir des arcs-en-ciel dans

des brouillards, surtout quand on était peu éloigné de
murailles, de haies ou de petits monticules, ce qui donnait moins d'épaisseur à la couche de brouillard. L'arc-en-
ciel paraissait très-près de l'observateur. Pour qu'un
pareil phénomène ait lieu, il faut que le brouillard donne
passage dans des éclaircies aux rayons solaires. On voit
quelquefois aussi dans ces instants ce qu'on nomme des
apothéoses.

Puisque j'ai été amené à parler de ce fait, je dirai qu'il
n'est pas nécessaire de se transporter comme l'astronome
Bouguer sur les hautes montagnes du Pérou pour jouir du
spectacle de cette particularité; il suffit de s'en aller dans
les champs, surtout au matin par la rosée, regarder principalement sur de la verdure pour voir à l'entour de sa
tête par la diffraction de la lumière une apothéose; pour le
reste du corps, cela n'est pas tout à fait aussi remarquable,
parce que le phénomène est moins concentré. Il y a une
chose singulière dans ce fait, c'est que chaque personne
voit sa propre couronne et ne voit pas celle de son voisin,
de sorte qu'on est porté à croire qu'on jouit à soi seul de
cet heureux privilége. Ceci peut faire voir combien souvent les personnes qui n'ont pour ainsi dire pas quitté le
cabinet, sont ignorantes des choses les plus simples que
le vulgaire connaît.

Il nous reste maintenant à parler des nuages irisés,
phénomène qui arrive aussi assez souvent et est tout différent des couronnes et des arcs-en-ciel, quoique représentant également les couleurs prismatiques. Seulement ici,

comme le phénomène se passe dans les couches de la moyenne région des nuages, il en résulte que dans les belles apparitions on voit les couleurs en bandes horizontales. Je ne donnerai que quelques-unes de ces apparitions avec les figures.

Le 11 septembre 1841, à 1 heure du soir, une bande de nuages de la moyenne région allant du S¹. au N., représentant toutes les couleurs de l'arc-en-ciel en lignes parfaitement rectilignes, passa sur le disque du soleil pendant une durée de deux heures. On ne peut mieux les comparer qu'aux bandes représentées par le polariscope de Savart (*fig.* 15).

(Fig. 15.)

Le 4 avril 1844, vers 6 heures du soir, en même temps qu'il existait deux parhélies à plus de 25 degrés au-dessus du soleil, dans des cirro-cumulus, il y avait des bandes en lignes droites colorées de cinq manières différentes, rouge, vert, couleur de feu, un peu moins coloré, et une autre tirant sur le violet. Le soir du même jour à 10 heures, on voyait des parasélènes (*fig.* 16).

(Fig. 16.)

Le 15 février 1848, à 8ʰ30ᵐ, il parut à une distance
de plus de 20 degrés du soleil au pôle nord, douze bandes
formant le demi-cercle, les bandes bien détachées occupant une largeur d'environ 30 degrés et une étendue de
25 degrés. Ces bandes étaient colorées comme suit: quatre
bandes rouges, quatre bandes jaunes feu, et quatre bandes
vertes (*fig.* 17).

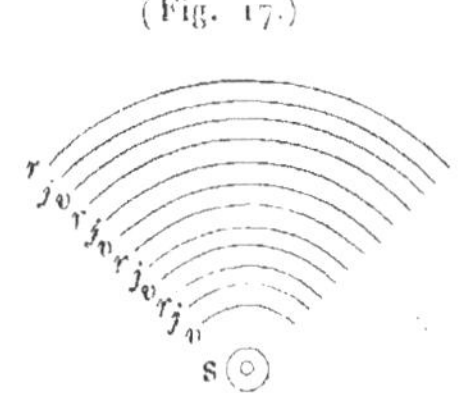

(Fig. 17.)

1. Rouge.   7. Rouge.
2. Jaune.   8. Jaune.
3. Verte.   9. Verte.
4. Rouge.   10. Rouge.
5. Jaune.   11. Jaune.
6. Verte.   12. Verte.

Le 18 février 1848, dans la journée, plusieurs bandes
rectilignes de nuages très-vivement colorés, à 12 degrés
du soleil.

Le 21 février 1848, durant presque toute la journée,
il y eut constamment des bandes de nuages en ligne droite
très-irisés.

Dans bien d'autres cas de nuages irisés, les bandes ne
sont pas toujours en ligne droite; ce sont souvent de petits amas diversement colorés et sans suite. C'est assez,
ce me semble, d'en avoir donné quelques cas pour com-

prendre la beauté du phénomène. Si bien souvent ces cas, avec les halos et les parhélies, sont les avant-coureurs de temps mauvais, dans d'autres, du moins pour nos contrées, leurs indices ne sont pas suffisants ou ne peuvent servir à rien ; car j'en ai remarqué assez souvent dans des périodes de beau temps. Les anciens observateurs avaient déjà reconnu combien ces signes étaient d'ordinaire incertains pour les localités qu'ils habitaient. Les cirrus même ne sont pas toujours accompagnés de halos solaires ou lunaires. Ces halos sont plus brillants quand les cirrus sont moins denses ; cependant on les voit persister, mais avec une lueur bien faible pour l'observateur, à travers les couches très-denses de cirrus.

CHAPITRE VI.

De l'atmosphère divisée en plusieurs zones; de l'air que ces zones contiennent, de ses propriétés; de son mouvement; de la différence de chaleur des couches des montagnes et des plaines.

L'atmosphère divisée en plusieurs zones à partir des régions terrestres. Limites des couches, leur épaisseur. — De l'air que ces zones contiennent; de son mouvement, de ses propriétés. Différentes matières contenues dans chacune de ces zones. Composition de l'air pendant les beaux jours et les mauvais temps. — Probabilités sur la hauteur de la zone où prennent naissance tous les produits météoriques. — Utilité du thermomètre et du baromètre. Température de l'air à la base et au sommet des montagnes. Résultats obtenus par les aéronautes. Précis de diverses ascensions en ballon par MM. Pilastre du Rozier, le marquis d'Arlanges, Garnerin, Forster, Dupuis-Delcourt, Margat, Green, Poitevin, etc. — Différents courants dans l'atmosphère.

Nous avons démontré que l'atmosphère est beaucoup plus élevée qu'on ne le croit généralement, que pour nous sa hauteur est illimitée, puisqu'il ne nous est pas possible par les seules connaissances que nous en avons d'en pouvoir assigner le terme. Bornons-nous donc jusqu'à plus ample informé aux seules données certaines que nous avons sur ce sujet si important.

L'atmosphère se divise par zones bien déterminées, depuis sa base, qui est la terre, jusqu'aux limites les plus reculées où elle peut s'étendre. La première zone va depuis la terre jusqu'aux nuages les moins élevés. La deuxième va des nuages les plus bas jusqu'à l'extrême limite des nuages de la moyenne région. La troisième zone monte jusqu'à la plus grande hauteur des cirrus, que les ballons n'atteignent jamais, même dans sa partie inférieure. La quatrième comprend toute la région où apparaissent les aurores boréales et australes. La cinquième appartient entièrement à la partie de l'atmosphère où s'enflamment tous les météores filants. Est-ce là la dernière zone? Nous n'en savons rien. Cette dernière zone, qui est immense en profondeur, touche-t-elle aux régions éthérées? Nous parviendrons peut-être à le savoir un jour. Ce que nous connaissons de ces subdivisions se réduit à l'apparence des diverses tailles des météores filants qui s'y enflamment, et de la moyenne des courses parcourues par leurs trajectoires.

Cette division des zones atmosphériques qui enveloppent la terre de toutes parts, nous montre que plus ces zones se rapprochent de la terre, plus elles se trouvent resserrées dans d'étroites limites. En effet, si nous voyons d'une part que la première zone a le moins d'élévation, nous sommes certains d'autre part que la zone des météores filants est la plus étendue en amplitude et en altitude. D'où l'on peut conclure, suivant toute probabilité, que l'air contenu dans la première zone est beaucoup plus comprimé que dans les dernières. Une conséquence évidente de ceci, c'est qu'il faut une très-grande somme de forces pour agir sur le mouvement de translation de couches aussi pressées.

L'air où nous vivons, aussi bien que l'air qui occupe l'espace jusqu'aux dernières limites de l'atmosphère, n'est jamais en repos, même lorsque son mouvement est insensible pour nous et que nous le croyons dans un calme parfait. En effet, avec de bonnes lunettes, on voit les ondes aériennes dans une agitation continuelle. Et même sans le secours de lunettes, en été surtout, soit par le miroitement des toits couverts en ardoises, soit sur les champs bien éclairés par le soleil, vous apercevez l'air onduler en tout sens. Donc le calme de l'air n'existe jamais; l'air est seulement plus ou moins en mouvement.

Nous avons maintenant à faire voir, par ce qui se passe en tout temps et en toute saison, que les divers produits naissant dans l'air ou en faisant partie, pondérables ou non, traversent en certains moments, et à partir des hauteurs les plus élevées de l'atmosphère jusqu'à la terre, toutes les tranches des diverses régions et zones atmosphériques, de même que ces produits remontent ensuite de la terre vers le haut pour reprendre la place qui leur est habituelle. Une fois le fait bien acquis, ce mouvement atteste combien est grande la force qui vient d'en haut, et cause toutes les transformations atmosphériques, pour se faire jour à travers tant de résistances accumulées les unes sur les autres et qu'elle doit vaincre.

En effet, ne voyons-nous pas les nuages les plus bas comme les plus élevés, tantôt se condenser assez fortement, tantôt se réduire en vapeurs très-légères et presque imperceptibles pour traverser dans l'un et l'autre

sens toutes les tranches qui les séparent, pour arriver jusqu'à nous ou pour s'élever au plus haut? Et leurs diverses
transformations ne sont-elles pas tout aussi faciles que
celles que subissent, pour arriver aussi jusqu'à nous, la
lumière, la chaleur, le froid, le pluie, la grêle, la neige,
la foudre, les brouillards secs ou humides, etc., etc.?

Il est donc plus que probable que chaque zone, chaque
région et même chaque tranche, renferme en elle-même
des matières organiques qui lui sont essentiellement
propres, mais qui, mélangées avec les atomes et les molécules diverses qui leur arrivent d'autres régions, donnent naissance alors aux productions météoriques de
toutes les espèces.

L'état parfait d'équilibre de la masse d'air composant
l'atmophère doit être celui où tous les éléments, quelque minimes qu'ils soient, qui entrent dans sa composition ou se mêlent avec lui, sont tellement disséminés
entre eux, qu'aucun d'eux en particulier ne puisse déranger en quoi que ce soit l'équilibre de toute la masse.
Suivant toute probabilité, cet équilibre doit produire sur
la terre et sur les objets dont elle est entourée, un état
de calme qui peut durer autant que les circonstances
qui le causent. Cet état d'équilibre doit représenter ce
qu'on peut nommer un *très-beau temps*.

Dans une suite de beaux jours, quel est l'état habituel
du baromètre? La colonne barométrique est très-élevée,
puisqu'elle dépasse quelquefois 775 millimètres; tandis
que si les choses se passent à l'inverse, c'est-à-dire que

nous ayons une suite de mauvais jours, et que ce soit une période de pluies continuelles accompagnées de grands vents et de tempêtes, la colonne barométrique se tiendra aussi quelquefois au-dessous de 730 millimètres. C'est donc entre les deux oscillations extrêmes une différence de près de 40 millimètres. Ceci se rapporte uniquement aux terres peu élevées au-dessus du niveau de la mer.

Faisons mieux : prenons pour base le niveau de la mer ; la preuve n'en sera que plus évidente, puisque les mers occupent à elles seules les trois quarts du globe. Disons donc que, la mer étant la base où touchent tous les éléments qui donnent naissance à des produits météoriques si divers, il est probable que plus on s'élève, plus l'espace contenant tous ces éléments, diminue, et moins l'équilibre doit être parfait, c'est-à-dire doit réunir toutes les conditions requises au niveau de la mer pour amener le baromètre à 775 millimètres et même au delà. Il faut donc s'attendre, et c'est ce qui arrive en effet, à ce que, plus vous aurez soustrait par l'élévation des milliers de mètres de la partie renfermant tous les éléments possibles, plus la colonne barométrique devra s'éloigner du but indiqué au niveau de la mer ; car plus vous vous élevez, plus le contenu diminue.

Il semble résulter de ce qui vient d'être exposé, que l'air, lorsqu'il est dans les conditions normales, doit être plus pesant dans les beaux jours où toutes les matières qui le composent ou qui sont mélangées avec lui, sont tellement disséminées et renfermées dans chaque tranche, région ou zone qu'elles occupent, qu'elles ne semblent plus former qu'un seul corps.

Au contraire, il serait plus léger dans les mauvais temps par la désagrégation des molécules propres à la formation de la pluie, etc., qui se trouvent attirées et rassemblées en un point encore assez élevé au-dessus du niveau des mers.

Est-il probable que la zone contenant l'ensemble des matières propres à la génération de tous les produits météoriques, dépasse la hauteur des cirrus, que les ballons n'atteignent jamais, et qui égale environ 10,000 mètres, soit au-dessous, soit au-dessus? C'est ce qu'il nous est impossible d'affirmer. Seulement, une chose paraît évidente, c'est que toutes les oscillations barométriques sont annoncées à l'avance par les perturbations qu'éprouvent les météores filants. C'est ce qu'on voit surtout par les étoiles filantes dites *mouillées;* nous savons que quand ces étoiles apparaissent, la pluie est très-proche, et qu'elle sera d'autant plus considérable que nous en aurons observé davantage. C'est là un détail qui n'avait pas été assez remarqué, mais qui est de la dernière importance. Il faut espérer que nous approcherons le plus près possible de la vérité en ne négligeant aucune particularité quelle qu'elle soit; aussi, quand nous en serons au chapitre des perturbations des étoiles filantes, cette question spéciale sera reprise et traitée avec la plus scrupuleuse attention. Mais revenons.

L'air se dilate ou se resserre suivant la chaleur à la-

quelle il est soumis. C'est de 10 heures à 3 heures du soir
que la chaleur solaire a le plus d'action sur l'air. Cependant cette chaleur est loin d'être toujours la même. Le
plus fort maximum de la chaleur a lieu dans les mois
d'été, surtout par des vents de l'E. au S.-O. passant par le
S., et quand le temps est plus calme. Dans l'été même,
si les vents règnent de l'O. à l'E. en passant par le N., et
qu'ils aient une certaine force, leur action sur la chaleur
se fait vivement sentir; car la somme de cette chaleur se
trouve diminuée quelquefois de plus de moitié.

Le thermomètre, d'après ce qui vient d'être exposé,
a bien moins d'importance que le baromètre; car par un
très-beau temps, si l'air est vif, il peut faire très-*froid*,
tandis que même par un temps de pluie, surtout s'il y
a des éclaircies et si l'air est calme, il peut faire *étouffant*.

A vrai dire le thermomètre est plutôt un objet de curiosité qu'autre chose, comparativement à l'utilité qu'on
en avait espérée. Sa véritable importance jusqu'ici a été
d'établir des moyennes générales des degrés de chaleur
pour chaque zone du globe. C'est là à mon avis le plus
grand service qu'il ait pu rendre à la science. Nous reviendrons d'ailleurs sur ce sujet, lorsque nous aurons à
nous occuper des degrés de chaleur locale.

Un fait constaté en tous lieux et dans tout l'univers,
c'est la très-grande différence de température de l'air à
la base ou au sommet des montagnes, et du point de départ des ballons à leur élévation la plus grande. On en
a conclu, non sans quelque raison, que plus on s'élevait

dans les couches supérieures de l'atmosphère, plus le
froid devait augmenter. Aussi a-t-on calculé, même jusqu'à des hauteurs immenses, l'affaiblissement graduel
de la température.

Voyons un peu si ce fait des différences de température,
de la base au sommet des montagnes, n'a pas quelque
raison d'être particulière, et si la mesure des différences de
température des couches de l'air atmosphérique, prises à
différentes hauteurs au moyen des ballons, a toujours été
constante.

En adoptant, comme on le doit, le niveau des mers pour
base des couches de l'atmosphère, il en résulte ceci : c'est
que, s'il n'y avait pas d'inégalités sur la terre, la chaleur
serait constante, dans les limites, bien entendu, de la
variation atmosphérique pour chaque zone du globe. Il
est évident que l'air, par des empêchements quelconques,
rencontrant des obstacles à son libre passage d'un endroit
à un autre, doit se resserrer sur lui-même, et par là établir contre des parois qui gênent sa libre expansion, une
pression plus forte qu'il n'en exerce sur de vastes étendues de plaines, de terre ou d'eau. Ce resserrement causé
par les montagnes, cette pression doit communiquer à
l'air ambiant un mouvement continuel d'aspiration à
franchir les obstacles et doit lui faire perdre une grande
partie de la chaleur qu'il avait dans les plaines. C'est là,
ce nous semble, ce qui doit se passer pour l'obstacle
qu'opposent les montagnes à la libre circulation de l'air.
Or, ce qui se passe pour les montagnes peut très-bien

se rencontrer pour les obstacles créés par les contre-courants dans l'atmosphère, et produire des effets analogues, comme aussi donner, suivant les différentes directions des courants, des effets opposés. En parlant de la formation de la grêle, j'aurai plus loin l'occasion de dire quelques mots à ce sujet.

Ce qui vient d'être dit des contre-courants peut être corroboré en quelque sorte par les résultats de diverses ascensions faites en ballon; car si des aéronautes ont trouvé une décroissance uniforme de température, d'autres ont trouvé le contraire. Examinons donc, d'après les connaissances que nous avons acquises sur les diverses couches atmosphériques, ce qu'il peut y avoir de vrai dans l'un et l'autre indice.

J'ai démontré, ce me semble, avec toutes les preuves possibles, comment l'atmosphère était divisée en plusieurs zones, régions et tranches. Il importe maintenant de démontrer comment, sans parler encore des nuages et autres produits météoriques, on peut au moyen des ascensions de ballons constater les différents courants que ces ballons ont rencontrés, et comment, peut-être, ils ont pu en effet trouver des températures plus élevées qu'à leur point de départ, au moment au contraire où les aéronautes s'attendaient à ne trouver qu'une température toujours décroissante.

Il n'y a de doute, je crois, pour personne, que si une ascension a lieu jusqu'à une certaine hauteur au milieu des courants venant de la partie du N., le froid augmentera pour l'aéronaute tant qu'il restera au milieu de parcils courants; tandis que, si des courants du N. il monte dans un courant venant du S., la température, au lieu de décroître, augmentera nécessairement. Ceci est surtout sensible si ce courant de la région S. n'est pas contrarié ou pressé en dessus par des courants opposés du N., qui lui imposeraient alors un vent de soufflet ou comprimé, ce qui lui ôterait sa véritable valeur. On voit que le ballon pourrait traverser ainsi des tranches de chaleur toutes différentes, sans qu'il y eût là rien que de très-naturel. En effet, ce qui se passe sur terre en certaines circonstances en est un indice à peu près certain. Par exemple, un courant du N. arrive obliquement sur nous à travers les couches de l'atmosphère; le thermomètre baisse pour nous suivant que la force de ce courant sera plus ou moins vive ou pressée. Ce courant a rencontré un obstacle en amont; son action s'arrête devant l'obstacle; et jusqu'au moment où il aura pu le renverser, il sera ce qu'on appelle obligé de fuser, c'est-à-dire que devant cette barrière il deviendra plus ou moins O. ou plus ou moins E. Cet obstacle était, je suppose, un courant du S.; aussi, tandis que le thermomètre baissera chez nous par suite de la pression N., il restera au contraire très-élevé dans les contrées exposées aux vents du S. (*fig.* 18).

Dans bien des hivers, nous apprenons que pour des pays peu éloignés de nous, soit au Nord, soit même au Midi, le froid se fait sentir vivement dans la localité, tandis que chez nous nous n'en soupçonnons pas encore l'existence.

Pourquoi voudrait-on que les mêmes effets ne fussent pas sensibles dans les hautes régions de l'atmosphère? Aussi

(Fig. 18.)

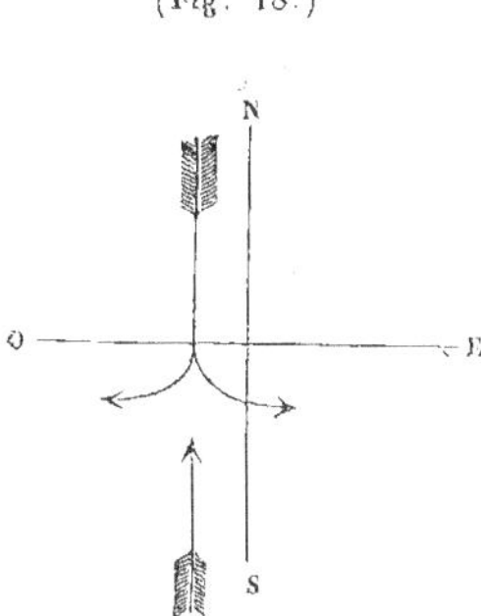

je n'hésite pas à donner ici la relation de quelques ascensions de ballons pour montrer la probabilité très-grande de ce que j'avance en ne faisant que le soupçonner.

L'invention des ballons est due, comme on le sait, aux frères Mongolfier, qui ont lancé le premier ballon dans les airs le 5 juin 1783.

MM. Pilastre du Rozier et le marquis d'Arlanges furent les premiers qui s'aventurèrent à monter dans les nues, le 21 novembre 1783. Ils furent donc aussi les premiers à constater la différence des courants régnant à une grande hauteur. Partis par un vent O.-N.-O., ils rencontrèrent ensuite un vent du S., qui les força à changer de route (*fig.* 19).

A l'époque du couronnement de l'Empereur Napoléon Ier, Garnerin lança dans les airs à 11 heures du soir, le 16 dé-

cembre 1804, un ballon lumineux qui arriva à Rome à la
pointe du jour; c'est-à-dire qu'il mit de Paris à Rome

(Fig. 19.)

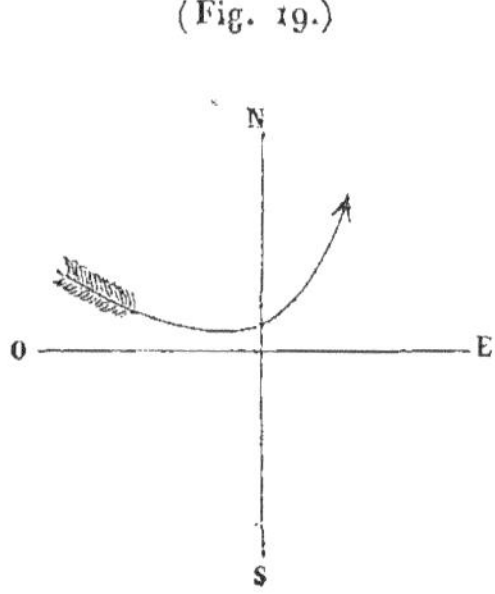

sept heures pour franchir à vol d'oiseau une distance de
327 lieues, ce qui donne une vitesse moyenne de 46 lieues
à l'heure (*fig.* 20).

(Fig. 20.)

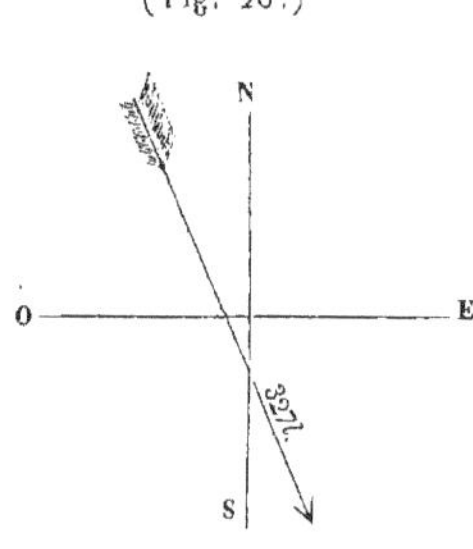

Le samedi 30 avril 1831, le savant physicien M. Forster fit une ascension à Moulsham, près de Londres; il
raconte qu'à peine eut-il quitté la terre, que son ballon
commença à tourner lentement sur son axe et qu'il continua à pirouetter pendant tout le voyage. En même temps

son centre de gravité se prit à décrire une grande spirale qui se rétrécissait régulièrement jusqu'à la plus haute élévation, où il resta à peu près immobile. D'après les calculs de M. Forster, cette spirale ou course circulaire de son ballon avait sur la terre une lieue et demie de diamètre, et son sommet se rencontrait à une élévation de 8000 pieds. Avant que ce mouvement de rotation fût réduit à zéro, l'autre mouvement de rotation du ballon sur lui-même fut extrêmement lent (*fig.* 21).

(Fig. 21.)

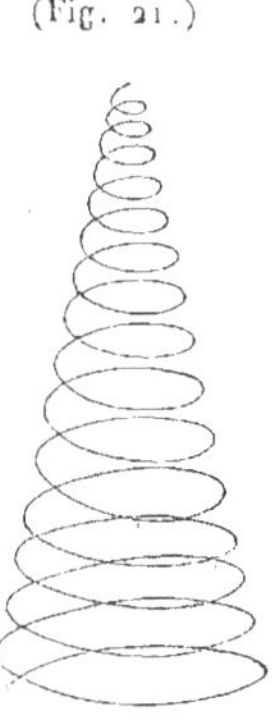

« Les navigateurs mettront peut-être à profit, ajoute
» M. Forster, une remarque que j'ai faite également, c'est
» que les différents courants d'air qui se croisent en *haut*
» descendent dans le même ordre sur la terre, et devien-
» nent le vent indiqué par nos girouettes. »

M. Forster fait encore la remarque qu'il a vu presque tous les ballons tourner sur eux-mêmes de gauche à droite. Nous ajouterons que tout porte à croire que les ballons obéissent comme les nuages, qui tournent aussi souvent sur eux-mêmes, à une force quelconque ou à la résistance de l'air.

Le 18 juin 1842, M. Dupuis-Delcourt fit une ascension à Paris. Au commencement de son départ la température était à terre + 23 degrés. A 671 mètres de hauteur il trouva + 17 degrés; à 825 mètres + 18 degrés; et à 1031 mètres + 19 degrés. La température subissait donc une augmentation de 2 degrés entre 671 et 1031 mètres, c'est-à-dire dans l'intervalle de 360 mètres.

Le 21 juillet 1844, M. Margat partit en ballon du côté de la Bastille dans l'après-midi. Il descendit à Montrouge, après une heure de navigation aérienne qui offrit les particularités de divers changements de courant (*fig.* 22).

(Fig. 22.)

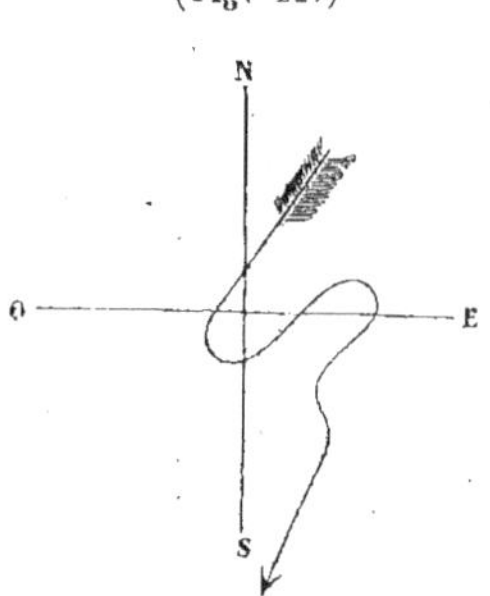

Le 14 novembre 1847, à 4 heures du soir, ascension de M. Green à Paris. On peut voir la marche de son ballon dans la figure ci-jointe (*fig.* 23).

Le 2 juin 1850, à 11 heures du soir, parut à l'horizon un petit ballon lumineux qui, chassé d'abord par un vent de N.-N.-E., changea subitement de direction et marcha

(Fig. 23.)

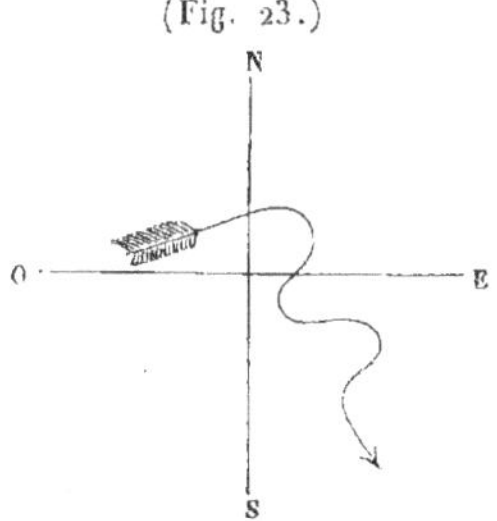

ensuite poussé par un courant de l'E.; treize heures après, le vent d'E. soufflait à terre (*fig.* 24).

(Fig. 24.)

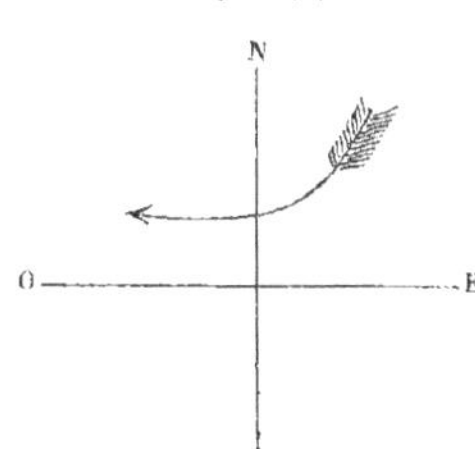

Le 7 juillet 1850, ascension de M. Poitevin vers 6 heures du soir; il était monté sur un cheval (*fig.* 25).

(Fig. 25.)

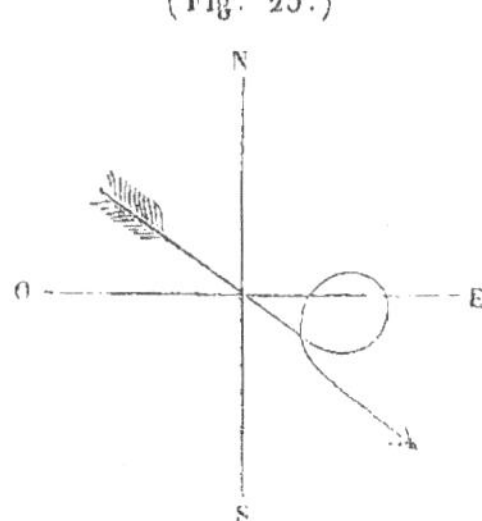

Le 14 juillet, ascension du même (*fig.* 26).

(Fig. 26.)

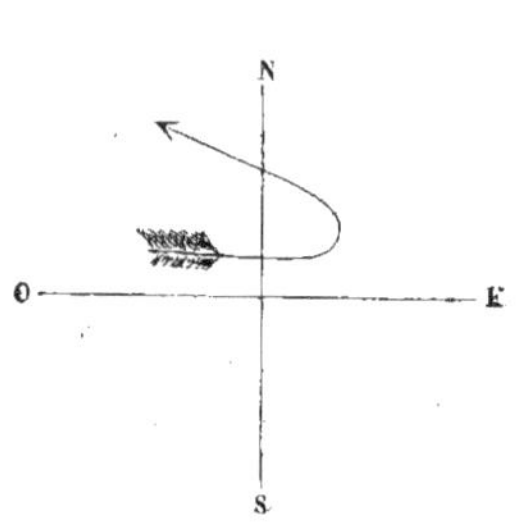

Le 3 octobre 1850, ascension de Poitevin de 5 heures à 6ʰ 15ᵐ du soir. Le ballon marcha d'abord N.-O., puis O.-N.-O., et finit S.-S.-O. (*fig.* 27).

(Fig. 27.)

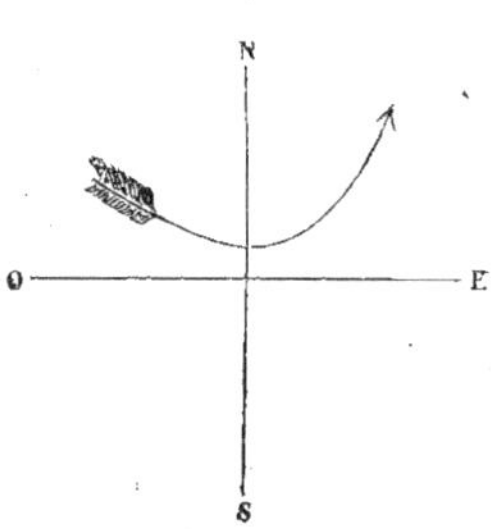

Le 15 juin 1851, ascension presque simultanée de Poitevin et Godard. Poitevin partit du Champ de Mars; et Godard, de l'Hippodrome. Le ballon de Godard suivit toujours le courant de terre, celui de S.-O., tandis que Poitevin, s'étant élevé plus haut, rencontra d'abord un courant d'O., puis N.-O. (*fig.* 28).

Il est à remarquer que le vent à terre était bien S.-O.;

(Fig. 28.)

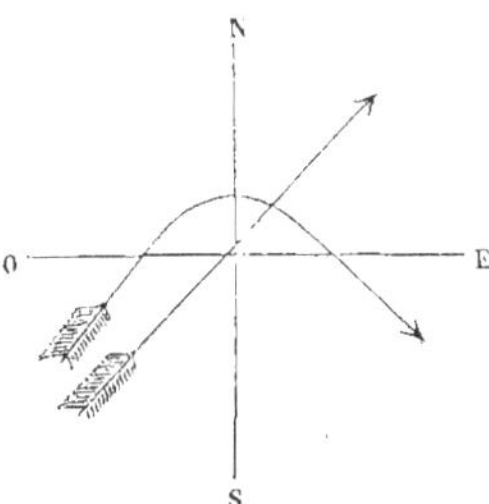

les cirrus au matin N.-N.-O., à midi N.-O. Les nuages et le vent, le 16, O.; et Poitevin, le 17, les rencontra O.-N.-O.

Le 17 juillet 1851, ascension remarquable de Poitevin. Il avait avec lui des voyageurs qui firent des observations thermométriques. Au moment du départ, soufflait, à terre et dans les basses régions de l'air, le vent de N.-N.-E. Il y avait de chaleur 19 degrés. Le ballon au-dessus des premiers nuages rencontra un courant de S.-S.-O., annoncé par les nuages de la moyenne région. Dans ce courant, le thermomètre monta à 25 degrés; ce ne fut que passé 5600 mètres qu'il descendit à 0 degré. Dans la nuit du 18 au 19, le vent de S.-S.-O. descendit à terre (*fig.* 29).

(Fig. 29.)

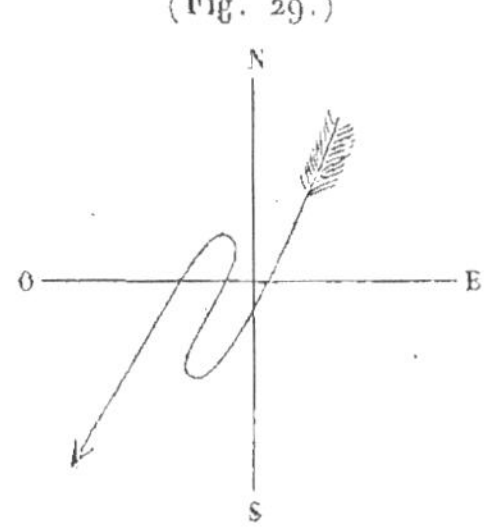

Le 3 août 1851, le ballon de Godard, poussé d'abord par un vent du N., rencontra au-dessus des nuages un courant de S.-E., qu'il suivit quelque temps. Puis étant redescendu, il retrouva le courant du N. Ayant jeté du lest, il remonta et rencontra de nouveau au-dessus des nuages le courant de S.-E. En descendant, il retrouva de nouveau le vent du N. Ce ne fut cependant que le 7 dans l'après-midi que le courant du S.-E. rencontré par Godard, contrarié par son mouvement direct de descente, arriva à terre (*fig.* 3o).

(Fig. 3o.)

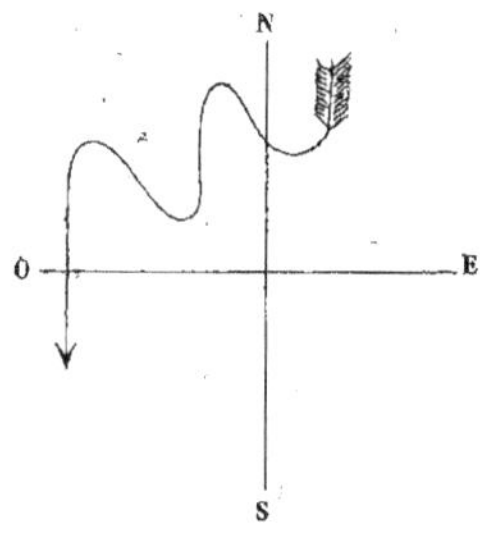

Le 27 octobre 1853, vers 5 heures du soir, deux ballons partirent simultanément des Arènes et de l'Hippodrome, transportés par un vent de S.-E.; puis, arrivés à une grande hauteur, ils rencontrèrent un courant de S.-S.-O. Ce courant annoncé par les ballons n'arriva que le 28 à terre; car le 26 il était seulement S. (*fig.* 31).

Toutes les ascensions de ballons faites depuis 1844 à Paris ont été observées soigneusement par moi dans les sinuosités de leurs trajectoires. Je me suis procuré ces

renseignements par un examen attentif depuis le moment
de l'élévation des ballons jusqu'au moment de leur des-

(Fig. 31.)

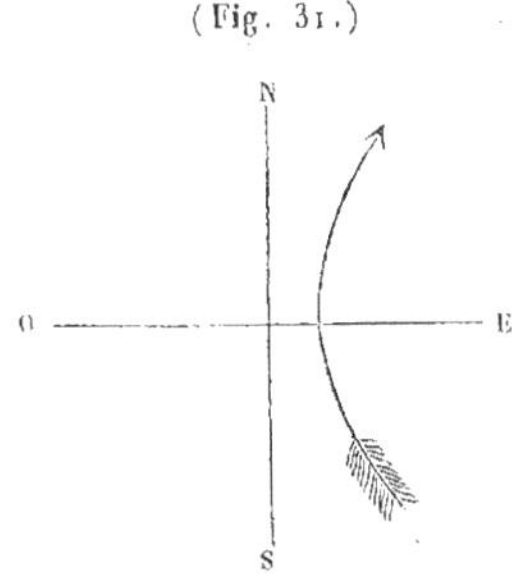

cente, ou lorsqu'ils m'échappaient à l'horizon. De toutes ces
observations réunies, il résulte que les courants contraires
qu'on rencontre dans l'atmosphère viennent à leur tour
plus ou moins vite sur la terre, suivant le degré de résistance qu'ils rencontrent; ou s'ils sont plus ou moins hori-
zontaux, ils viennent prendre la place des courants qui
règnent à terre. Nous reparlerons plus loin de ces résultats pour en tirer quelques conséquences.

Il est facile de voir que les cinq zones générales que nous
avons signalées dans l'atmosphère doivent être divisées
en je ne sais combien de couches ou tranches, et que toutes
les molécules diverses mêlées à l'air qui occupe chacune
de ces tranches se condensent ou se désagrégent dans
une foule d'occasions. Ces molécules, soit en traversant les
couches, soit en montant, soit en descendant, suivant que
l'ordonne la puissance qui réside en haut, ainsi que nous
l'avons vu, donnent naissance par leur mélange aux diffé-

rents produits météoriques que nous observons et qui ne sont que le résultat de leurs diverses combinaisons. Ceci démontre bien que l'atmosphère est un véritable laboratoire toujours en action, composant et décomposant alternativement toutes choses.

Ce qui doit étonner le plus dans cet immense travail toujours en mouvement, c'est que, malgré cette extrême division des couches ou des tranches atmosphériques; c'est que, quoiqu'une partie de leurs molécules contenues dans l'espace, qui est leur véritable domaine, passent alternativement dans les autres par un mouvement descendant ou ascendant; c'est que, quoiqu'elles soient coupées plus ou moins obliquement par un courant descendant, ces couches ou tranches, une fois le moment de l'événement passé, se trouvent toujours occuper le lieu qu'elles avaient primitivement, comme si jamais une partie de l'air qui les occupe n'avait flué dans les autres. Ceci porterait à croire que cet air s'écarte pour donner passage et ne se rejoint qu'au moment où le courant reprend sa marche horizontale dans la couche ou les tranches qu'il a traversées; car jamais on ne voit les météores filants ni les nuages se heurter. On les voit au contraire changer de direction ou disparaître.

Ceci est tellement vrai, qu'aussitôt qu'un courant s'abaisse plus ou moins verticalement vers la terre et qu'il rencontre sur son passage les produits appartenant à la classe des courants qu'il vient remplacer, il leur fait rebrousser chemin; ou bien il les dissipe petit à petit en les réduisant en des gaz ou vapeurs presque moléculaires, et il finit par les faire disparaître entièrement au fur et à mesure qu'il gagne en étendue. Si au contraire le courant qui vient remplacer est tout à fait horizontal, c'est qu'il a pris naissance dans des espaces très-éloignés. Aussi voyons-nous les courants qui sont au-dessus garder encore quelque temps leurs mouvements de translation et les produits qui leur sont propres, jusqu'au moment où le courant a non-seulement gagné en étendue, mais aussi en hauteur par la durée de sa force.

On est généralement dans l'opinion que toutes les surfaces atmosphériques dites de *niveau*, s'emboîtent les unes dans les autres et ne peuvent jamais s'entrecouper. Cependant, d'après les faits que je viens de citer et d'autres qui trouveront leur place aux chapitres des vents, des orages, des trombes et des tempêtes, il est prouvé que toutes ces surfaces se trouvent quelquefois traversées presque à angle droit. Dans d'autres circonstances, le mouvement a lieu plus obliquement, et il est alors plus longtemps à se faire sentir sur terre. Par là on voit sans peine pourquoi une tempête ou un coup de vent et d'autres produits météoriques viennent accabler un point de la terre plutôt qu'un autre ; et pourquoi, lorsqu'une tempête a lieu au loin, les nuages dans une grande étendue ont presque toujours un mouvement oscillatoire, et souvent un mouvement en spirale.

CHAPITRE VII.

Des nuages, de la rosée, du serein, de la gelée blanche, de la lune rousse, des brouillards ordinaires, des brouillards secs, de la pluie, de la neige, du verglas, du grésil et de la grêle.

Opinions des anciens (Anaximène, Platon, Aristote, Sénèque, Pline) sur la composition et la formation des nuages. — Opinions de physiciens plus modernes. — Équilibre des nuages. — De la formation des brouillards. — Formation des nuages tirée de mes observations. — Méthode d'Howard pour la classification des nuages (cirrus, cumulus, stratus, nimbus, cirro-cumulus, cumulus-stratus, nimbus-stratus).—Aspect des cirrus, leur composition, leur direction, leur hauteur. — Forme des cumulus; leur région est la plus électrique. — Composition des nimbus. — De la rosée : opinions des physiciens; du givre, de la gelée blanche, du serein; conditions pour que ces phénomènes puissent être observés. — De la lune rousse, son influence sur les produits météoriques. — A quelle époque de l'année apparaissent les brouillards; différentes espèces de brouillards; des brouillards secs de 1783 et 1831; relations de MM. de Saussure et de Humboldt sur cette espèce de brouillards.—De la fumée d'horizon, appelée en Suisse *hâle*, et *callina* en Espagne. — Opinions sur les brouillards tirées de mes observations. — De la pluie, sa formation; de la bruine, du pluviomètre et de l'udomètre; différentes observations faites au moyen de ces instruments. — Du verglas, de la neige, du grésil; leur formation.

Je ne prétends pas faire l'histoire de la météorologie; mais il faut que j'y touche sur quelques points. Anaximène, Platon et Sénèque pensaient, à ce qu'il semble, que les nuages étaient le produit de l'air condensé, et ils les attribuaient aux vapeurs lancées par le soleil. Aristote, qui a composé un Traité spécial de Météorologie, comme je l'ai déjà dit, les faisait provenir de l'exhalaison de l'eau et de l'air.

Des physiciens plus récents ont pensé que les nuages viennent de la liquéfaction de la vapeur dans les hautes régions de l'atmosphère. Parmi eux, il en est qui croient que les gouttelettes d'eau sont creuses; d'autres pensent au contraire qu'elles sont pleines. Ce qui les a toujours étonnés, et ce qui leur a exercé le plus l'imagination, c'est la suspension des gouttes dans l'air, qu'ils croyaient plus léger qu'elles. Pour expliquer cette énigme, on a dit que les gouttelettes, étant animées de vitesses horizontales, suivaient tout aussi bien le courant d'air que le faisait une poussière légère; ce qui pouvait jusqu'à un certain point faire comprendre leur suspension momentanée.

C'est encore avec le mouvement des gouttelettes qu'on a cru satisfaire à l'explication des nuages en repos. On a pensé que la différence de température arrêtait la chute des gouttes formant les nuages, puisque, sans cette différence de température qui les faisait souvent évaporer, elles ne manqueraient pas de descendre toutes sur la terre; ce qui fait que toutes les fois qu'il existe un nuage il doit y avoir pluie, bien entendu suivant son importance.

L'eau réduite à l'état de vapeur remonte de nouveau vers le nuage pour s'y liquéfier encore, mais souvent en un point différent du point de départ.

L'équilibre d'un nuage est ce qu'on peut appeler une espèce d'équilibre mobile. Par un nuage, on connaît la hauteur de l'atmosphère où la vapeur atteint son maximum de force élastique. Toute vapeur placée entre les nuages et la terre ne peut point arriver à son maximum ; elle s'élève donc, se liquéfie, retombe pour se vaporiser, remonte pour se réduire en goutte, et ainsi de suite indéfiniment. Ceci montre pourquoi les nuages sont parfaitement alignés par leurs faces inférieures et ne peuvent s'accumuler irrégulièrement que par le haut.

La formation des brouillards est expliquée de la même manière. La différence de grosseur des gouttelettes est ce qui permet à la masse qui forme les brouillards de se répandre pour ainsi dire à l'instant, d'un point de l'horizon à un autre, et d'approcher le plus près de la terre.

Enfin, quelque opinion qu'aient les physiciens sur la manière dont se forment les nuages et les brouillards, leur conclusion définitive est que ces phénomènes ne doivent leur origine qu'au brusque passage des molécules de la vapeur, d'un milieu dans un autre milieu où il y a un assez grand abaissement de température.

Essayons de comprendre d'après nos propres observations comment tout cela se passe. Depuis quelques jours, nous avons un ciel magnifique ; aucun cirrus, aucun cumulus, aucun stratus ni nimbus, pas même la plus petite parcelle de brouillard, parce que la température des nuits égale à peu de chose près la température des journées.

D'abord, nous voyons ce ciel si pur parcouru par des colonnes de vapeurs réduites en gaz si légers, qu'ils cessent d'être perceptibles à la distance de 20 à 3o degrés

du soleil, la lumière n'étant plus ailleurs assez intense
pour qu'on puisse les apercevoir. Cette difficulté a été
cause que j'ai pris l'habitude de fixer le soleil à toute
heure de la journée. Une fois, M. Arago, m'ayant vu regarder le soleil fixement, me pria avec une bienveillante
insistance de ne plus recommencer, me prévenant qu'un
beau jour je deviendrais aveugle et que j'aurais une amau-
rose. Ce conseil était très-bon ; mais comment se priver
d'un tel renseignement, surtout quand on a besoin de
connaître comme moi la marche des vapeurs, et de voir
si leur mouvement est d'accord avec les pronostics puisés
dans l'apparition des étoiles filantes ?

Ce mouvement et ce parcours des vapeurs dans l'espace peuvent durer quelques jours et même des semaines
entières, sans apporter pour nous le plus léger changement au beau temps dont on jouit. Seulement, par les
vents des différentes directions qui les entraînent, nous
apercevons vers quelle région de la terre elles se dirigent
avec plus ou moins de vitesse, aidées par la force attractive qui agit sur elles. On verra dans le chapitre consacré
à la formation des orages, comment ils vont chercher au
loin tous les matériaux nécessaires à leur entière formation.

Cependant ce calme de l'air doit avoir une fin. Un jour
vient où d'abord vous voyez poindre dans l'espace des
vapeurs plus abondantes, plus condensées ; puis tout à
coup vous distinguez, à l'extrémité de cette nébuleuse de
vapeurs, un petit point nuageux à peine perceptible et

qui disparaît aussitôt. Ces diverses transformations de vapeurs en nuages et de nuages en vapeurs ne cessent qu'au moment où toutes les conditions nécessaires, soit à leur entière disparition ou à leur formation plus complète, sont réunies. Alors, ce n'est plus un nuage d'un faible volume et souvent presque immobile qui paraît dans l'atmosphère ; c'est au contraire, suivant la nature des produits météoriques qui vont arriver, un ou plusieurs nuages qui paraissent, se développent progressivement et prennent les proportions qui leur sont propres, suivant les produits qu'ils recèlent dans leur sein. Pour un orage et même pour plusieurs de peu d'étendue, il n'est pas nécessaire, comme quelques physiciens le croient, qu'il existe des couches de cirrus. Les nuages de la basse et de la moyenne région suffisent. Les cirrus n'apparaissent que vers le milieu de l'action de cet orage ou de ces orages détachés, ou sur leur fin, ainsi que je le ferai voir dans le chapitre consacré aux orages. Si, au lieu d'orages détachés, c'en est un seul qui tienne une grande étendue, comme il lui faudra réunir et puiser à des distances considérables tous les matériaux dont il aura besoin, les cirrus paraîtront alors bien avant que l'orage soit arrivé à terme. Il en est de même pour les époques de pluies considérables.

Les cirrus couvrent souvent comme les nuages une grande partie du ciel sans que pour cela il y ait la moindre parcelle de pluie, de neige, de grésil ou de grêle.

Lorsque les nuages se forment et se déforment succes-

qui disparaît aussitôt. Ces diverses transformations de vapeurs en nuages et de nuages en vapeurs ne cessent qu'au moment où toutes les conditions nécessaires, soit à leur entière disparition ou à leur formation plus complète, sont réunies. Alors, ce n'est plus un nuage d'un faible volume et souvent presque immobile qui paraît dans l'atmosphère; c'est au contraire, suivant la nature des produits météoriques qui vont arriver, un ou plusieurs nuages qui paraissent, se développent progressivement et prennent les proportions qui leur sont propres, suivant les produits qu'ils recèlent dans leur sein. Pour un orage et même pour plusieurs de peu d'étendue, il n'est pas nécessaire, comme quelques physiciens le croient, qu'il existe des couches de cirrus. Les nuages de la basse et de la moyenne région suffisent. Les cirrus n'apparaissent que vers le milieu de l'action de cet orage ou de ces orages détachés, ou sur leur fin, ainsi que je le ferai voir dans le chapitre consacré aux orages. Si, au lieu d'orages détachés, c'en est un seul, qui tienne une grande étendue, comme il lui faudra réunir et puiser à des distances considérables tous les matériaux dont il aura besoin, les cirrus paraîtront alors bien avant que l'orage soit arrivé à terme. Il en est de même pour les épanchements de pluies considérables.

Les cirrus couvrent souvent comme les nuages une grande partie du ciel sans que pour cela il y ait la moindre parcelle de pluie, de neige, de grésil ou de grêle.

Lorsque les nuages se forment et se déforment sans

Fig. 32.

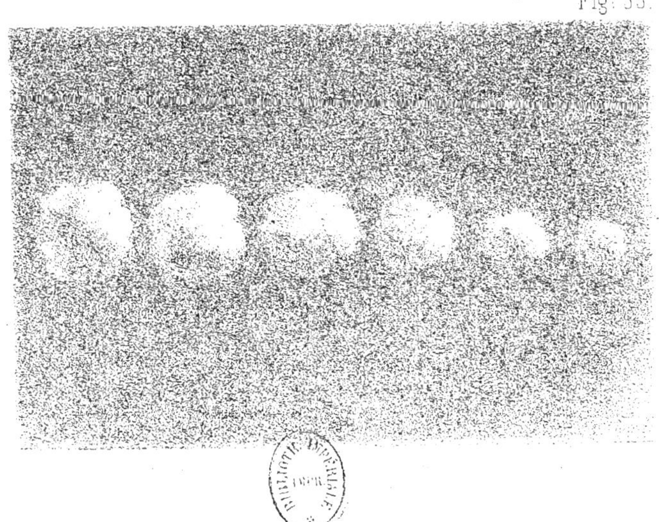

Fig. 33.

sivement dans les couches de vapeurs réduites pour ainsi
dire en gaz presque invisibles, voici comment les choses
se passent pour leur formation (*fig.* 32) et pour leur
dissolution (*fig.* 33).

Howard a classé les différentes espèces de nuages suivant leur forme. Les météorologistes ont adopté sa nomenclature, que voici : 1° les cirrus; 2° les cumulus;
3° les stratus; 4° les nimbus, qu'on a ajoutés depuis à cette
énumération. C'est de là qu'on est parti pour augmenter le nombre de ces différentes espèces de nuages, en faisant un mélange de ces divers éléments; par exemple :
cirro-cumulus, cumulus-stratus, nimbus-stratus, etc.

Les *cirrus* paraissent de bien des manières : en rayons
plus ou moins développés et plus ou moins condensés; en
amas plus ou moins petits de vapeurs amoncelées; tantôt
aussi déliés que des brins d'herbe se courbant et s'entre-
laçant de mille façons; tantôt se montrant aussi en amas
assez denses pour représenter un peu la forme de petits
cumulus, ou de couches planes devenant de plus en plus
denses jusqu'à rendre le ciel uniformément couvert.

De quelque manière qu'ils paraissent, et quoiqu'il y ait
quelquefois trois à quatre couches ou tranches dans
lesquelles paraissent des cirrus, ils n'en sont pas moins
soumis comme les autres nuages à la force des courants qui
entraînent toutes les couches à la fois, ou chacune d'elles
en particulier, vers une direction quelconque, où ils semblent converger. Je dis qu'ils semblent; car cette convergence remarquée par plusieurs observateurs n'est qu'une

illusion, résultant de la configuration de l'horizon par rapport à la forme de la terre. Par exemple, un nuage vient d'une direction quelconque. Est-il nécessaire de se tourner vers le point de départ pour connaître si c'est un courant du S. ou du N. qui le fait mouvoir? Non. Il suffit de regarder le point d'arrivée; c'est là toute la convergence.

Dans les cirrus plus ou moins figurés en amas et qui sont des sortes de nébuleuses compactes, on voit encore assez souvent la pluie qui s'échappe de cette espèce de nuages; les traînées sont plus ou moins rectilignes. Lorsque les cirrus sont en couches planes très-denses, si ces cumulus sont à l'extrémité de l'horizon, cela indique la région où se passent des phénomènes météoriques plus ou moins importants. Quelquefois aussi de cette surface plane qui couvre tout l'horizon, sans que les cirrus soient accompagnés d'aucune autre espèce de nuages, la pluie nous arrive d'une manière douce, uniforme et en assez petite quantité. Si c'est pendant l'hiver, il tombe de la neige très-fine.

Suivant l'opinion des physiciens, les cirrus sont composés de filaments ou de particules glacées, ce qui donne naissance dans cette région aux halos et parhélies. Nous avons déjà dit que c'était par un ciel rempli de vapeurs encore peu condensées et qui devaient donner naissance aux cirrus, que les halos étaient les plus beaux et les plus brillants, comme aussi on remarque assez souvent l'absence de halos, quoiqu'il y ait des cirrus en assez grande

quantité. Il nous a donc semblé que si toujours le phénomène paraissait dans les mêmes conditions, c'est-à-dire
toujours accompagné de particules de glace, les halos
devraient constamment exister, et qu'il était difficile de
comprendre pourquoi il n'en était pas toujours ainsi ; à
moins d'admettre que, comme le constatent les ascensions
en ballon, les courants, suivant leurs différentes directions,
ne soient pas toujours de même température.

Les cirrus, comme les autres espèces de nuages, viennent de toutes les directions, et n'en affectent pas plus
qu'eux de particulières, quoiqu'on ait cru parfois observer
le contraire. D'après l'ascension de M. Gay-Lussac, on a
estimé leur hauteur jusqu'à 12,000 mètres. Ceci n'est pas
étonnant quand on réfléchit qu'il y a quelquefois jusqu'à
quatre couches de cirrus superposées.

Les cumulus existent dans toutes les saisons ; seulement
leurs formes sont plus dessinées de mars à décembre, que
de décembre à mars. Cela tient à l'obliquité des rayons
solaires et des nuages légers des basses régions, qui couvrent souvent l'horizon dans les mois d'hiver.

La région des cumulus est la plus orageuse, par conséquent la plus électrique. Les cirrus seuls ne produisent
ni orage, ni éclairs, tandis que les cumulus seuls ont la
propriété d'en fournir. Cependant, quoiqu'il y ait souvent
des cumulus, il n'y a pas toujours des orages ; au contraire, il y a fréquemment des beaux jours, où se montrent des cumulus. Quand il en est ainsi, il arrive que les
cumulus, après avoir pris en peu de temps un certain vo-

lume, s'arrêtent dans leur formation par des courants qui leur sont contraires. Aussi les voit-on alors rester détachés les uns des autres sans se joindre, ou s'étendre, ou se dissoudre petit à petit en vapeurs moindres, et anéantir ainsi les produits qu'ils recélaient dans leur sein.

Les cumulus se montrent à toutes les heures du jour et de la nuit; néanmoins ils sont plus communs dans la journée. Il n'y a que dans les époques d'orages et de pluies continuelles que l'heure est indifférente.

On a nommé *stratus* de longues bandes horizontales de nuages qu'on voit quelquefois au coucher du soleil; et *nimbus*, une transformation de nuages qui, dans les moments de pluies abondantes, montrent une couche épaisse et presque uniforme d'une couleur plus ou moins foncée.

La rosée, suivant l'opinion émise par tous les physiciens, est le produit du rayonnement calorique des corps vers le ciel serein; ce qui fait que la couche atmosphérique qui repose sur le sol se liquéfie et se dispose en gouttelettes sur la face supérieure des objets. Le givre et la gelée blanche ne sont en quelque sorte que de la rosée congelée, produit d'un plus grand refroidissement de la couche atmosphérique avoisinant la terre. Nous n'avons eu que trop d'exemples qu'une forte rosée blanche peut tuer les plantes les plus délicates.

Le serein est formé de gouttes de pluie fine, qui tombent le soir à l'époque des grandes chaleurs. L'air humide se refroidissant au coucher du soleil, la vapeur d'eau ne peut se maintenir en totalité, et une partie se condense et se précipite.

Suffit-il toujours que le ciel soit clair pour que le produit du rayonnement se convertisse en rosée ou en serein? Non, cela ne suffit pas. En effet, il arrive encore assez souvent, et plusieurs jours de suite, que par un beau ciel il n'y a pas de rosée. Cependant, d'après la théorie, ces exceptions ne devraient pas avoir lieu. Il faut donc en outre autre chose qu'un ciel parfaitement clair, c'est-à-dire un concours de circonstances encore ignorées, pour produire la rosée et le serein.

Si le vent est sec et fort, il n'y a pas de rosée, même l'hiver; et alors il gèle sans qu'il y ait trace de givre. Est-ce à dire qu'alors il y a moins d'humidité dans l'air? Je ne le crois pas. Seulement il est probable qu'il y a un obstacle encore inconnu qui empêche la condensation des vapeurs d'eau. On a remarqué très-souvent qu'à la veille des pluies il n'y a pas de rosée. On en pouvait conclure avec raison que toutes les vapeurs aqueuses se trouvaient attirées et aspirées dans la région des nuages. Cependant là encore il y a exception; et cette exception se produit principalement par les vents de N.-O., tandis que dans les premiers cas, c'est lorsque le vent descend du N. sur le S. par l'E. Dans le cas des vents avoisinant le N.-O, il arrive qu'on a une forte rosée blanche qui est suivie d'une pluie dans les vingt-quatre heures.

De tout ceci, il résulte que pour la production de la rosée, du givre, de la gelée blanche et du serein, il faut que tout soit préparé dans les couches atmosphériques pour donner naissance à ces produits ; et comme nous l'avons indiqué, la théorie dans beaucoup de ces cas n'est pas positivement exacte ou applicable.

Ceci me porte à dire quelques mots sur la lune d'avril ou la lune rousse, et à rechercher s'il est effectivement vrai que cette lune apporte avec elle des produits météoriques contraires aux biens de la terre, et si elle doit causer toutes les appréhensions que l'on en a.

Nous avons déjà reconnu comme un fait constant que, si la lune impressionne l'atmosphère dans la production des divers météores, cette influence est si faible, qu'on ne s'en aperçoit pas. Cependant, quand nous serons arrivés au chapitre des pronostics, tirés de l'apparition des étoiles filantes, on verra que les philosophes, les astronomes et les physiciens qui avaient cru ou qui croient encore aux périodes météoriques lunaires, pouvaient y puiser des motifs pour leur opinion sur la lune rousse ; puisque par les pronostics tirés des météores filants, on voit qu'il y a des périodes météoriques de 24 heures, et de 3 à 4 jours, comme il y en a de 6 à 7 jours.

Supposons qu'une période de 6 à 7 jours annoncée par les étoiles filantes commence au premier jour de l'un des différents quartiers, en finissant à un autre quartier, ne pouvait-on, sans être taxé d'erreur, attribuer les diverses périodes météoriques aux différentes phases de la lune ? Mais revenons à la lune rousse.

A quelle époque de l'année, dans nos climats, une

grande partie des récoltes se trouve-t-elle compromise? C'est pour les années ordinaires, c'est-à-dire les plus nombreuses, du 15 avril au 15 mai. C'est l'époque où tout pousse avec vigueur, où tout se trouve, si je puis m'exprimer ainsi, aussi tendre que la rosée.

Or, précisément cette période d'un mois, principalement vers la fin d'avril, est une époque de transition qui amène déjà en certains jours une chaleur d'été, accompagnée très-souvent d'orages nombreux. Ces orages sont suivis de perturbations atmosphériques assez fréquentes, qui donnent lieu d'un jour à l'autre à un énorme abaissement de température. Le thermomètre peut tomber de + 25 degrés, car on a parfois cette chaleur, à — 4 degrés centigrades au-dessous de zéro. Voilà donc dans ce cas, extraordinaire, je le veux bien, mais qui s'est malheureusement trop souvent présenté, une différence de 29 degrés! Comment des pousses aussi tendres, qui pendant quelques jours s'étaient développées rapidement, ne seraient-elles pas anéanties? Heureusement, elles peuvent résister encore assez souvent, si le thermomètre ne baisse qu'à 0 degré ou à — 1 degré. Les récoltes sont plus exposées quand le vent remonte par le N.-O., parce que l'air est plus humide; tandis qu'elles le sont moins, quand le vent remonte par l'E., l'air étant plus sec, quoique très-froid. S'il n'y avait toutes ces nuances diverses de ciel couvert, d'air plus ou moins humide, etc., il n'y a presque pas d'années où une partie des récoltes ne fût anéantie. Alors il faudrait renoncer dans nos climats à tout ce qui se développe hâtivement, pour se contenter de ce qui peut être exposé aux intempéries des saisons, jusque vers la fin de mai. De combien de produits agricoles et vinicoles ne serions-nous pas privés? Quelles immenses richesses de moins pour notre pays! Heureusement que pendant cette époque si critique, si le ciel est couvert ou l'air très-sec et très-vif, il y a peu de chose à craindre. Il n'y a même aucune inquiétude à concevoir par un ciel des plus sereins, si le vent reste fixé pendant cette période de l'E. au S. par le S.-E. Cet état de choses aurait-il une durée du 15 avril au 20 mai, il n'y aurait aucun danger à courir. C'est donc bien à tort qu'on a fait une si mauvaise réputation à la lune qui accomplit alors comme toujours, sans se déranger en rien de son orbite, les différentes phases de sa révolution mensuelle. Cependant l'appellation populaire est exacte, et si on l'a appelée *rousse*, c'est que toutes les plantes, toutes les feuilles gelées prennent immédiatement une teinte rousse, couleur dont la rancune des cultivateurs a affublé la lune par une sorte de vengeance assez justifiée.

De la lune rousse, je passe aux brouillards. Si la rosée, a-t-on dit, se forme lorsque les corps placés à la surface de la terre se trouvent plus froids que l'air ambiant, les brouillards se montrent au contraire quand la température des eaux et du sol l'emporte sur celle de l'atmosphère. C'est principalement, ajoute-t-on encore, au printemps et en automne, le matin et le soir, que les brouillards sont les plus fréquents. On les rencontre principalement au-dessus des marais, des ruisseaux, des rivières, des fleuves et dans le fond des vallées. Tous les navigateurs parlent des brumes épaisses qui couvrent les mers glaciales. Tout le monde sait que la Suisse et l'Angleterre sont remarquables par la fréquence des brouillards.

Il est vrai qu'il y a différentes espèces de brouillards. Les uns, qui arrivent principalement l'été, ne paraissent jamais que le long des ruisseaux, dans les plaines ou dans les vallées, sur la face des étangs, des marais et des rivières. Il faut pour cela que le temps soit très-calme ; car pour peu qu'il règne à terre des courants un peu vifs, les brouillards ne peuvent se former.

Il est fort curieux de voir ces longues colonnes de vapeurs suspendues à de faibles hauteurs, n'atteignant même pas souvent la cime des arbres qui bordent ces différents cours d'eau. Quoique parfois divisées en plusieurs couches, elles sont toutes parfaitement horizontales. Elles se forment généralement sur place et se dissipent à peu près au même endroit.

C'est un superbe spectacle du fond d'une vallée, quand, au milieu des brouillards, on voit le soleil se lever au-dessus du sommet des collines. C'est un effet vraiment magique et dont le souvenir reste longtemps présent à la mémoire. Arcs-en-ciel, gloires, apothéoses, tout s'y trouve. Les cultivateurs, lorsqu'ils remarquent que ces brouillards n'éprouvent aucune perturbation pendant leur durée, disent avec joie : « Nous aurons une belle journée, calme et chaude. » Mais il arrive encore assez souvent que ces brouillards qui, comme le serein du ciel, comme la rosée, commencent à paraître vers le soir, se trouvent arrêtés dans leur formation et disparaissent tout à coup. C'est qu'alors des courants contraires, qui se trouvaient encore au-dessus d'eux au moment de leur formation, sont arrivés dans leur couche pour les dissoudre et pour remplacer leurs molécules par d'autres molécules de produits contraires. Alors le cultivateur dit, comme pour les rosées blanches : « Gare au changement de temps. »

Il existe des brouillards qui, malgré les conformations diverses des localités, les occupent quelquefois tout entières sur des espaces immenses, au moins jusqu'à la rencontre de courants contraires qui leur barrent le passage ou qui les annulent. Ces brouillards prennent naissance surtout à la fin de l'été et en automne, quelque temps avant l'apparition de l'aurore ou un peu après le lever du soleil ; ils sont poussés principalement par des vents du N.-O. à l'E. par le N. Si pendant leur durée ils changent de direction, empêchés dans leur marche primitive par des courants contraires qui se les assimilent, alors le temps est bientôt changé. C'est ce que les cultivateurs comprennent fort bien en disant : « Le brouillard a remonté ; nous aurons de la pluie. »

Cependant si les brouillards remontent comme ils le font ordinairement, sans avoir changé de courants primitifs, il ne s'ensuit aucune perturbation atmosphérique ; le beau temps continue, parce qu'en disparaissant le brouillard s'est réduit en atomes si légers, qu'il ne laisse place qu'à un beau ciel. C'est une époque heureuse et pour l'agriculteur et pour le vigneron. Le vigneron remarque que cette constitution atmosphérique attendrit la peau du raisin et donne au grain de l'ampleur et du sucre. Il en est de ces brouillards comme de la rosée, comme du serein : si le vent est très-sec, il n'y en a pas; et si la période dure quelque temps dans de pareilles conditions, nos vignerons de Reims disent : « La quantité de vin va diminuer; car nos raisins remutent (terme de la localité). »

Les physiciens, comme nous l'avons déjà dit, reconnaissent que les nuages et les brouillards sont composés de vapeurs condensées dans les froides régions de l'atmosphère; et, quoique ces deux espèces de météores soient considérées comme formées par la vapeur d'eau dépouillée de toute substance étrangère, cependant, pour certaines apparitions, la théorie ne s'accorde pas avec les faits; car un grand nombre de brouillards ont différentes odeurs plus ou moins pénétrantes. A quoi attribuer ces odeurs? Est-ce à l'électricité ou à d'autres substances? On n'en sait rien.

Puisque l'air est plus léger que l'eau, et que les brouillards sont plus élastiques que les nuages, dont les parties aqueuses sont plus condensées, ne doit-il pas sembler que les brouillards devraient plutôt occuper les hautes régions? C'est justement le contraire qui arrive; les nuages sont plus élevés, et les brouillards plus bas.

Ce qui doit nous étonner encore, c'est de voir dans certaines circonstances des brouillards qui d'un côté obscurcissent toute une partie du ciel, et d'un autre côté le laissent parfaitement clair, le tout s'opérant presque sans aucun mouvement de translation. Combien d'autres particularités non moins intéressantes, non moins étonnantes, que la théorie ne peut expliquer d'une manière satisfaisante ! C'est là ce qui prouve combien était judicieuse la remarque de M. Biot, quand il disait dans cette mémorable séance de l'Académie des Sciences consacrée à la discussion de l'établissement des observatoires météorologiques en Algérie : « La science des météores est si peu avancée, qu'on ne sait pas encore ce que c'est qu'un nuage. » Dans certains moments, le brouillard ne s'élève pas plus haut que les maisons dont le faîte les dépasse ; dans d'autres, au contraire, quoique très-denses, ils s'élèvent à une grande hauteur. Outre leur humidité naturelle, ils laissent encore passer à travers leurs molécules la pluie, qui vient des nuages plus élevés. Les anciens astronomes, principalement dans nos climats, avaient donc raison de placer leurs observatoires sur des monuments d'une certaine élévation, ce qui leur permettait de faire un plus grand nombre d'observations ; car ils se trouvaient souvent ainsi au-dessus des brouillards. Maintenant les choses sont changées ; les astronomes de nos jours ont sacrifié ces anciennes habitudes pour obtenir ce qu'ils appellent une extrême précision. On abaisse démesurément les observatoires, et l'on a tort ; on voit moins loin, et l'on n'est pas plus exact. Les modernes, qu'ils me permettent de le leur dire en passant, du train dont vont les choses, ne sauront bientôt plus entre eux à quel degré de précision ils devront s'arrêter. Il est bon d'être précis; mais il ne faut rien exagérer.

Les brouillards secs sont un phénomène sur lequel l'imagination humaine s'est fort exercée. Ce phénomène n'est pas aussi rare qu'on le pensait autrefois. Parmi les faits qui ont le plus intéressé l'observateur, on cite le brouillard sec qui avait obscurci le ciel pendant plusieurs mois l'année de la mort de César; celui de l'an 264 de l'ère chrétienne; celui de 1783; enfin le brouillard sec de 1831.

Le brouillard de 1783 parut vers le milieu de juin, et s'étendit sur toute l'Europe et d'autres parties du monde. Les astronomes et les physiciens attribuèrent l'origine de ce brouillard extraordinaire, les uns au passage de la terre à travers la queue d'une comète, les autres aux exhalaisons terrestres, aux vapeurs, aux fumées des éruptions volcaniques, ou des tourbières, au fluide électrique, etc., etc. D'autres, au contraire, ont pensé que c'étaient des vapeurs élevées et venues d'en haut, comme si elles étaient tombées dans l'atmosphère sans paraître toucher la terre. Ces brouillards, quoique secs et chauds, n'empêchaient nullement les nombreux orages dont se ressentit presque toute l'Europe.

Lorsque ce phénomène se produit, l'azur du ciel est mat, en l'absence même de tout nuage. Le soleil a une teinte rougeâtre; et les objets éloignés sont effacés ou n'apparaissent qu'à travers une vapeur. M. Ch. Martins en distingue quatre espèces différentes, que les météorologistes, d'après ce savant, auraient eu le tort de confondre. Ce sont : 1° les brouillards produits par la fumée résultant des tourbières ; 2° les brouillards généraux produits par des éruptions volcaniques ; 3° les brouillards secs d'origine inconnue ; 4° les brouillards secs proprement dits. Toutefois l'existence de cette dernière espèce ne paraît à M. Ch. Martins nullement démontrée ; il n'en trouve que deux exemples dans les relations des météorologistes ; l'une appartient à M. de Saussure, et l'autre à M. de Humboldt. M. de Saussure s'exprime ainsi : « Le » temps est décidément au beau, l'air n'est pas parfaite- » ment transparent, on y voit nager une vapeur bleuâtre, » qui n'est pas une vapeur aqueuse, puisqu'elle n'af- » fecte pas l'hygromètre, mais dont la nature ne nous » est pas encore connue. » « Au sommet de la Silla, dit » M. de Humboldt, élevé de 2,630 mètres au-dessus de » la mer, je fus frappé de la sécheresse apparente de l'air » à mesure que la brume se formait ; et quoiqu'un peu » plus tard je fusse enveloppé dans un gros nuage qui » me dérobait la vue des objets les plus rapprochés, je » remarquai avec surprise que mes vêtements n'étaient » pas mouillés, et que l'hygromètre marquait le plus » haut degré de sécheresse. »

Sans nous arrêter plus longtemps aux descriptions des différentes espèces de brouillards secs, suivant M. Ch. Martins, nous ne passerons cependant pas sous silence ce qu'il appelle de la fumée d'horizon et qu'on désigne en Suisse sous le nom de *hâle*, et de *callina* en Espagne. Ce météore se montre spécialement dans le midi de l'Europe et dans les pays chauds. En Espagne, suivant Willkomme, il persiste pendant les mois de juin, juillet et août, lorsque le temps est beau. M. de Humboldt en parle comme d'un phénomène habituel sur les côtes occidentales du Mexique. M. de Tessan n'a pas manqué de remarquer qu'entre les tropiques, le ciel, du moins pour ce qui regardait la mer, n'était pas aussi pur qu'on le croyait; car souvent il était si gris, qu'on avait peine à apercevoir les étoiles de 4ᵉ grandeur.

En Suisse, la fumée d'horizon frappe tout le monde, parce qu'elle masque la vue de la chaîne des Alpes, pendant la période de beau temps qui accompagne les vents du N.-N.-E. Son apparence est celle d'une vapeur grise ou rousse qui entoure l'horizon. Au travers de cette fumée, le soleil prend une teinte rougeâtre, et son éclat se trouve très-affaibli.

La *callina* d'Espagne est tout à fait semblable au *hâle* de la Suisse. Elle règne surtout au mois d'août, quand la température atteint son maximum, et elle disparaît sur la fin de septembre.

De nos jours, l'opinion sur l'origine des brouillards secs n'a pas changé; on l'attribue encore aux éruptions volcaniques, aux fumées des tourbières, aux émanations terrestres, aux vapeurs cométaires mêlées à l'atmosphère terrestre. On est revenu aussi à l'opinion émise par

7

Franklin, qu'un immense bolide ou globe filant, en pénétrant dans notre atmosphère, s'y enflamme seulement à demi, et produit dans les hautes régions de l'air des torrents de fumée, qui sont la conséquence de toute combustion imparfaite. Enfin, en laissant de côté toutes les hypothèses dont je viens de parler, quelques astronomes ont trouvé rationnel d'assigner à ces brouillards secs une origine cosmique en dehors de notre planète.

Si ce phénomène a occupé l'attention des savants, surtout depuis les apparitions mémorables de 1783 et de 1831, on peut être certain que je n'y ai pas apporté moins d'attention que les autres; car ce n'est pas seulement en Espagne, en Suisse, en Amérique, etc., etc., qu'on remarque des brouillards secs, mais aussi chez nous, principalement en juin, juillet et août, quelquefois même en hiver. Les jours où les brouillards secs se montrent, le gris du ciel nous prive de la lumière totale du soleil, qui, dans nos climats comme partout ailleurs, prend une teinte plus ou moins rougeâtre, nous efface plus ou moins la vue des collines, et nous prive, ce qui est le plus dur pour nous personnellement, d'une partie des étoiles filantes que nous aurions dû voir, puisque leur taille aussi bien que celle des étoiles fixes s'en trouvent très-affaiblies, suivant l'épaisseur des vapeurs qui rendent le ciel grisâtre. Ces brouillards secs ne parviennent pas toujours jusqu'à la terre; car dans certaines circonstances ils ne dépassent pas les nuages de la moyenne région ou les nuages de la plus basse.

Il est certain que l'apparition de ce gris du ciel ne diminue en rien la chaleur du soleil. Au contraire, quand on commence à en voir quelques parcelles isolées dans les hautes régions, c'est un indice de chaleur; et la chaleur sera plus intense et plus continue proportionnellement à l'étendue et à la persévérance du gris du ciel. Si tous les ans le gris du ciel est visible, il n'est pas toujours constant, et sa durée est souvent très-courte. Mais si sa période doit être plus persistante après avoir paru, puis disparu bientôt après, il prend enfin plus de consistance, devient plus dense, et il s'étend jusqu'en des régions fort éloignées.

Ces brouillards secs n'influent en rien sur les autres météores, principalement sur les orages. Seulement, ils sont cause qu'on n'aperçoit les orages qu'au moment même où ils arrivent presque au zénith, et qu'on ne peut se prémunir convenablement contre leurs suites que si l'on est bien familiarisé avec l'observation de tous les météores. Il nous reste maintenant à examiner si, comme nous le croyons, nous avons pu saisir en effet ce phénomène presque à son origine; c'est ce que nous allons essayer de démontrer.

Nous avons remarqué qu'il est nécessaire, pour que ce météore paraisse dans toute son intensité, qu'il y ait dans l'apparition des étoiles filantes une force presque égale, ou une résultante dérivant des météores filants fournis par le N.-O. et le S.-E. et directions voisines. Autrement, le phénomène paraît peu ou ne paraît pas du tout. Nous avons remarqué de plus qu'au moment de son apparition, la région où se voient les cirrus contenait une plus grande abondance de matières ou gaz qui leur donnent habituellement naissance. Nous avons vu alors ceci, c'est que plus le gris du ciel devenait abondant, moins les cirrus l'étaient. Il y a même plus, c'est que dans les parties du ciel qui renfermaient encore de nombreux cirrus, le gris du ciel n'existait pas encore; ce qui faisait que dans le même ciel, il y avait des parties nébuleuses et des parties claires, tandis que le ciel ne devient très-gris et en totalité qu'après la disparition de tous les cirrus.

Ces faits, qui se sont déjà tant de fois renouvelés devant nous, nous ont porté à penser que ce gris du ciel, ces brouillards secs, avaient leur origine dans les couches élevées de l'atmosphère, par exemple depuis les cirrus, depuis la région des aurores boréales et australes, et peut-être même depuis la région des étoiles filantes, la résultante de leurs apparitions influant sur leur plus ou moins de durée. Nous avons pensé qu'il faudrait aussi peut-être s'élever jusqu'aux régions éthérées. Toujours est-il de toutes ces hypothèses que, du plus haut que la matière commence à descendre vers la terre, elle s'empare probablement, en traversant les zones qui se trouvent sur sa route, de tout ce qui peut lui donner complétement la consistance dont elle a besoin pour paraître sous la forme où nous l'apercevons.

L'éther, nous dit-on, traverse tous les espaces pour arriver à la terre; il se mêle donc plus ou moins, suivant toute probabilité, aux produits météoriques. Si cela est vrai, comme je n'en doute pas, l'éther influant sur la forme des météores ferait donc partie de l'atmosphère; mais c'est là une simple induction que je donne pour ce qu'elle vaut.

Quoi qu'il en soit, nous suivons pas à pas les brouillards secs depuis la terre jusqu'à la région des cirrus; c'est donc déjà à une hauteur de 12,000 mètres environ que nous constatons leur origine, si toutefois elle n'est pas encore plus élevée. Il en résulte qu'au lieu de remonter vers les cieux pour paraître à nos yeux, la matière descendrait pour être visible, et qu'elle ne remonterait au contraire que pour disparaître.

Il est bien vrai, ainsi qu'on l'a remarqué, que cette sorte de brouillards est quelquefois très-électrique; on le sent très-bien par les picotements continuels qu'on éprouve aux paupières. Que ces brouillards secs soient imprégnés de divers gaz probablement impondérables, mais donnant des odeurs de diverses sortes, cela est bien évident, et je n'insiste pas.

Des brouillards secs, je passe à la pluie.

On attribue la formation de la pluie à des courants de diverses températures, qui, condensant toutes les évaporations des mers, des rivières et toutes les vapeurs aqueuses contenues dans le sein de l'atmosphère, finissent par les convertir en une réunion considérable de gouttelettes trop pesantes pour qu'elles puissent se maintenir dans l'air, et qui tombent en pluie. La pluie cesse quand la réunion de toutes ces gouttelettes est épuisée, ou que les nuages qui les recélaient sont emportés par le vent dans des contrées plus éloignées. Il est bien évident que la continuation de la pluie est proportionnelle aux circonstances qui produisent la condensation des vapeurs aqueuses.

La pluie est donnée par toutes les couches de nuages; seulement, comme nous l'avons déjà fait remarquer, la pluie sortant des cirrus n'arrive pas toujours jusqu'à nous. La pluie ordinaire est d'autant plus abondante, que toutes les couches de nuages concourent à sa formation.

Les nuages qui fournissent la pluie se forment d'après les mêmes conditions que les nuages orageux. Seulement, au lieu d'être aussi considérables et aussi concentrés qu'eux, les nuages à pluie occupent une bien plus grande étendue; ils se renouvellent sans cesse, et si la pluie ne tombe pas par masses aussi considérables que dans les orages, elle n'en est pas moins abondante, pourvu qu'elle continue.

On a donné le nom de *bruine* à une pluie extrêmement fine, toute semblable à quelques pluies légères qui traversent les brouillards et qui proviennent de leurs molécules trop condensées.

Comme on a voulu connaître la quantité de pluie tombée en moyenne dans différentes régions, on s'est servi de pluviomètres et d'udomètres pour en apprécier la valeur. On a trouvé que la somme la plus grande appartient aux zones tropicales. Si à Paris la moyenne générale de pluie tombée dans une année est de 57 centimètres de hauteur, on trouve qu'à Matouba, dans la Guadeloupe, il en tombe en moyenne générale 704 centimètres de hauteur. Si Saint-Pétersbourg, Marseille sont sur la même ligne, 46 à 47 centimètres, Bergen dans la Norvége offre un contraste considérable; car là il en tombe en moyenne 225 centimètres.

On a observé que sur deux pluviomètres placés à une différence de hauteur de 28 mètres l'un de l'autre, le pluviomètre le plus élevé reçoit en moins une quantité moyenne de 6 centimètres. En d'autres termes, d'après cette observation, il pleuvrait moins sur les hauteurs que dans le fond des vallées. Nous pensons que cette proportion n'est pas réelle, et que, malgré la quantité d'eau trouvée, il ne pleut pas moins sur les montagnes que dans les plaines. Mais voici d'où vient la différence : la pluie est loin de tomber toujours rectiligne, ses traînées sont d'ordinaire plus ou moins courbes et emportées par un courant plus ou moins vif; par suite, les traînées rencontrent plus d'opposition près de la terre, leur mouvement de translation diminue, et il en entre par conséquent une plus grande quantité dans le pluviomètre qui est en bas que dans celui qui est plus élevé.

La grande différence de la quantité des pluies des zones équatoriales et tropicales comparativement aux pluies des zones tempérées, ne doit surprendre personne, puisque toute l'année ces contrées sont exposées à des orages répétés, tandis que pour nous c'est presque une exception. Dans la suite de ce travail, je ferai voir à combien de mécomptes on se trouverait exposé, si l'on voulait régler entièrement les travaux agricoles et d'autres encore sur les moyennes de quantité de pluies tombées dans une année.

Ce qui arrête toujours les physiciens dans la théorie des pluies, comme ils le disent eux-mêmes, c'est qu'on ne conçoit pas trop bien comment c'est par un temps d'évaporation constante que se rencontrent précisément les saisons les plus sèches. Lorsque nous en serons arrivés aux lois météoriques, nous ferons voir que tout cela n'a rien d'anormal. Je reviendrai alors à la théorie de la pluie; et je passe à la neige.

En général, dans les zones tempérées, on sait que c'est à quelques degrés au-dessus ou au-dessous de zéro que tombe la neige. Dans les contrées du Nord, la neige a lieu par les plus basses températures, et elle recouvre pendant une période assez longue, en couches assez épaisses, des espaces immenses. Les hautes montagnes à la limite des neiges perpétuelles ne sont jamais longtemps sans en recevoir.

On s'aperçoit aisément que la neige prend la température de la couche d'air où elle passe. En effet, si sur le sommet des montagnes, pour une température de quelques degrés au-dessous de zéro, vous rencontrez des averses de neige, plus vous descendez ensuite vers leur base, plus vous vous apercevez que la neige fait place à la pluie. Le phénomène doit arriver quelquefois en sens contraire dans l'air, c'est-à-dire que, tombant d'abord en pluie, l'eau passe à l'état de neige, puis redevient pluie en arrivant à terre. Cela n'a rien que de très-vraisemblable ; il suffit que l'eau rencontre quelques couches de température différente. Le verglas va nous en donner un exemple.

Comment se forme le verglas? Le voici. Depuis plusieurs jours la gelée a été assez forte ; cependant, dans les hautes régions, on voit par ce qui s'y prépare que le vent de la partie du N. va bientôt être remplacé par des vents de la partie du S. Effectivement, quoique peu d'instants auparavant le froid se fît encore vivement sentir et que le thermomètre ne fût pas encore remonté à 0°, cependant les nuages des régions élevées, poussés vivement par un courant de la partie du S., envahissent l'horizon et commencent à donner de la pluie. En ce moment, le vent du N. faiblit peu à peu ; mais il a encore son action très-près de terre. Aussi l'eau qui tombe, arrivée près de la terre, reçoit l'influence de ce vent et celle du refroidissement terrestre ; elle se congèle alors et prend la forme de particules glacées, qui recouvrent quelquefois le sol d'une couche assez épaisse. Si le vent de la région du N. a cessé avant l'arrivée de la pluie, alors, malgré le refroidissement de la terre, il n'y a point de verglas.

La théorie de la formation de la neige, a-t-on répété souvent, est pour ainsi dire ignorée. On a bien reproduit des parcelles de neige sous quarante-huit formes différentes ; il a fallu faire bien des observations pour arriver à cette nombreuse nomenclature. Et cependant, malgré tout cela, on convient qu'on n'est pas plus avancé.

Le grésil qui tombe dans nos contrées, surtout en mars, avril et une partie de mai, est de l'eau congelée composée à l'intérieur de petites aiguilles *entrelacées* que recouvre une enveloppe de gelée assez consistante. Le grésil se forme tout à fait à l'inverse de la grêle. Il en est de même pour la formation de la neige, c'est-à-dire que la neige est d'abord de la pluie ; elle est saisie par le froid au moment où elle traverse l'atmosphère, et elle prend alors la forme qu'elle nous présente en arrivant à nous. Le grésil est semblable d'abord à de la pluie, puis à de la neige qui se resserre sur elle-même, puis il commence à fondre. Ce travail s'accomplit suivant les divers degrés de température que la pluie aura eu à traverser jusqu'à la terre. Enfin, le grésil et la neige se forment en tombant à terre, tandis que la grêle se forme au contraire par l'aspiration ; en d'autres termes, en s'élevant des couches basses dans les couches les plus élevées.

La grêle est un des phénomènes qui ont sans contredit occupé le plus l'attention des physiciens, non-seulement parce que sa formation est très-obscure, mais principalement aussi à cause des ravages qu'elle occasionne. La grêle, comme la neige, comme le grésil, tombe sous bien des apparences. La plus grande fréquence de la grêle a lieu depuis mai jusqu'à la fin de septembre. Malgré toutes les théories émises sur la formation de la grêle par un grand nombre de physiciens, d'ailleurs fort habiles, on est conduit à penser que l'explication de cet important phénomène présentera encore longtemps des difficultés insurmontables.

Sans avoir la prétention d'arriver à une complète explication tant cherchée et tant désirée du phénomène, nous n'en donnerons pas moins une description aussi exacte que possible pour bien constater la manière dont les choses se passent dans le sein des nuages et jusqu'à l'arrivée de la grêle sur nous. Ceci trouvera sa place dans le chapitre consacré spécialement à la formation des orages.

CHAPITRE VIII.

Des vents, ouragans, tempêtes, trombes et tourbillons.

Du vent, son origine. Différentes espèces de vents; trente-deux rumbs de vents. — Tableau contenant la vitesse des différentes espèces de vents. De l'anémomètre. — Des vents périodiques et accidentels. Vents alizés, moussons, brises; époques et régions où ils soufflent. — Opinions des anciens sur l'origine des vents; expériences et opinion de Franklin sur l'origine des vents. — Observations de M. de Tessan pendant son voyage autour du monde. — Opinions des physiciens sur l'origine des vents, tempêtes, tourbillons et trombes.— Résultats tirés de mes observations.

Le vent est une agitation sensible de l'air qui transporte une partie de ce fluide d'un lieu dans un autre, avec une vitesse et une direction déterminée; d'où il suit qu'il y a autant de sortes de vents qu'il y a de degrés autour de l'horizon. Mais comme on a vu qu'il était impossible de les diviser en autant de fractions, la pratique, surtout en marine, s'est contentée de trente-deux rumbs de vents.

Quoique le vent conserve toujours sa dénomination, cependant, d'après la manière dont il souffle, on lui donne différents noms en lui ajoutant un adjectif. Ainsi on dira un vent doux, un vent frais, un vent fort, rapide, violent, etc.

Il est donc facile de voir par ces différentes dénominations que la vitesse des vents, et par conséquent leur puissance, est très-inégale, depuis le doux zéphyr qui ride à peine la surface d'un lac tranquille, jusqu'à l'ouragan qui déracine les arbres, et renverse les édifices. On a calculé à Charlestown la vitesse d'une tempête terrible du N.-E. qui eut lieu en 1802. On trouva cette vitesse de 36 lieues à l'heure.

Voici une table indiquant la vitesse des vents, que je donne telle qu'elle a été dressée et qu'on la trouve dans les Traités de Météorologie.

	VITESSE par seconde	VITESSE PAR HEURE.	
		Mètres.	Lieues.
	m		
Vent à peine sensible............	0,5	1,800	0,45
Vent sensible......................	1,0	3,600	0,90
Vent modéré........	2,0	7,200	1,80
Vent frais ou brise (qui tend bien les voiles).....................	5,2	18,720	4,68
Vent le plus convenable aux moulins.	7,5	27,000	6,75
Vent très-bon pour la marche en mer.	10,0	36,000	9,00
Grand frais (qui fait qu'on serre les hautes voiles).................. ..	15,0	54,000	13,50
Vent impétueux....................	20,0	72,000	18,00
Tempête.	22,5	81,000	20,25
Grande tempête...........	27,0	97,200	24,30
Ouragan....................	36,0	129,600	32,40
Ouragan qui renverse les édifices.....	45,0	162,000	40,50

D'après ce tableau, on voit que les vents ont des vitesses très-différentes. Pour les mesurer, on a construit un instrument connu sous le nom d'*anémomètre*. C'est d'ordinaire par la pression qu'ils exercent contre un ressort de cet instrument qu'on évalue la force des vents.

Tout le monde sait que le vent est loin d'être toujours stable, c'est-à-dire ayant toujours une même direction;

il est au contraire souvent très-variable, puisque dans la
même journée il peut parcourir plusieurs fois ce qu'on
appelle la rose des vents. Cependant il n'est pas rare de le
voir stationner dans une même direction un ou plusieurs
jours de suite. Il peut même, selon les causes météoriques
qui lui donnent naissance, persister et séjourner dans le
même point ou dans des directions voisines des mois en-
tiers. Ce serait bien alors un vent permanent. Les coups
de vent n'arrivent jamais brusquement; on les voit, on les
sent grandir de moment en moment jusqu'à leur maximum. Il y a cependant des circonstances où le vent s'élève
brusquement, c'est quand le temps est à grains; à chaque
grain qui passe, on est sûr d'avoir des *bourrasques*; et
chaque coup de vent de cette espèce se nomme *rafale*.

Dans nos régions, le vent est très-variable, tandis qu'il
paraît d'autant plus constant, qu'on se rapproche des
tropiques vers l'équateur. De là vient qu'on a coutume
de diviser les vents en *périodiques* et en *accidentels* ou
irréguliers. Ceux qui sont les plus importants à connaitre pour les marins, sont les vents alizés, les moussons et les brises.

Les vents alizés règnent la plus grande partie de l'année dans les deux hémisphères jusqu'à 3o degrés de latitude, principalement dans l'Atlantique et le grand
Océan. Leur direction habituelle se trouve de l'E. à l'O.,
et par conséquent l'inverse du mouvement de la terre.
On cherche à expliquer cette direction en disant que des
deux hémisphères, les vents soufflent l'un austral du S.-E.,

l'autre boréal du N.-E., et qu'en se rencontrant à l'équateur, ils suivent la résultante d'impulsion, c'est-à-dire la direction de l'E. Mais cette assertion est loin d'être toujours exacte ; car cette égalité supposée entre les deux hémisphères n'existe pas. Cook et d'autres navigateurs avaient déjà reconnu en effet que, dans la zone torride, la nature s'écarte quelquefois des règles et admet plusieurs exceptions. D'après Bazil Hall, le vent d'O. est presque permanent sur la côte du Mexique. Le même vent d'O. se fait sentir entre les Canaries et les îles du cap Vert, le long de la côte occidentale d'Afrique.

Il est maintenant bien reconnu aussi que non-seulement au-dessus des vents alizés il règne des courants supérieurs qui leur sont très-souvent tout opposés, mais encore que ces vents alizés eux-mêmes sont sujets à d'assez fréquentes perturbations, qu'on cherche à expliquer en les attribuant au voisinage des continents et à la configuration des terres.

L'océan Indien offre les anomalies les plus importantes à connaître et les plus difficiles à expliquer. Dans ces parages, on désigne sous le nom malais de *moussons*, c'est-à-dire saisons, des vents réguliers dont la direction n'est plus celle des vents alizés ; ils soufflent six mois dans un sens, et six mois dans l'autre. Pour l'hémisphère N., la mousson du printemps commence en avril, celle d'automne en octobre. Pour tout ce qui est au N. de l'équateur et ce qui regarde l'Arabie, le Bengale et la Chine, la mousson du printemps est S.-O., et la mousson d'automne N.-E. Entre l'Inde et la Nouvelle-Hollande, c'est-à-dire au S. de l'équateur, la mousson du printemps qui vient en octobre est N.-O., et la mousson d'automne qui vient en avril est S.-E. Si l'on passe aux côtes du Brésil, il y a la mousson du printemps qui est N.-E., et une mousson d'automne qui vient du S.-O. Dans certaines zones, il y a quatre moussons, dont la direction varie suivant les contrées, et d'après des circonstances locales souvent mal déterminées. Les moussons, dans l'hémisphère boréal, sont remplacées vers l'équinoxe du printemps par des calmes et des vents irréguliers alternant avec des ouragans terribles.

Sur la Méditerranée se trouvent aussi des vents périodiques connus anciennement sous le nom de vents *étésiens*. Leur direction vient du N. dans presque tout son bassin, principalement sur les côtes de Provence et d'Afrique. Ils commencent au printemps, et durent, ainsi que le disaient les anciens, jusqu'au lever de la Canicule. Toutefois leur périodicité est loin d'être aussi remarquable que celle des moussons indiennes.

Les brises sont des vents légers qui se font sentir sur les côtes et dans quelques vallées; elles n'ont lieu que par un beau temps. Aussi dans nos climats ne les sent-on que l'été, tandis que dans la zone torride on les a toute l'année. Les marins ont l'habitude de nommer la brise du matin *vent de mer*, et la brise du soir *vent de terre*. On désigne aussi sous le nom de *brises* les vents très-légers qu'on appelle également *zéphyrs*.

L'opinion généralement accréditée est que les vents amènent avec eux les divers degrés de température des directions auxquelles ils appartiennent; c'est-à-dire qu'ils sont chauds s'ils viennent de la région S., tandis qu'ils sont froids s'ils appartiennent à la région du N. Nous ferons connaître dans le cours de cet ouvrage les raisons qui apportent à ceci des exceptions; comme aussi nous dirons pourquoi les vents chauds n'amènent pas toujours de la pluie, de même que les vents froids n'amènent pas toujours des temps secs.

Outre les vents irréguliers, il y a les vents accidentels, qu'on nomme ainsi parce qu'ils n'ont pas la constance des vents alizés, des moussons et des brises. Cependant il est des contrées où certains vents prédominent; ceux du S. à l'O. sont les plus communs en France.

Dans l'Afrique, il sort de l'intérieur des vents secs et chauds qui entraînent avec eux des tourbillons de poussière et de sable. Ces vents se font sentir depuis les côtes de Guinée jusqu'à celles de Nubie. On leur a donné plusieurs noms suivant les divers pays qui les supportent. Sur les côtes de Guinée, on les nomme *harmattan; simoun* en Algérie; *khamsin* en Egypte; et *siroco* en Italie. La chaleur apportée par ces vents monte à 48 degrés centigrades à l'ombre, au Sahara; elle porte au double la vitesse d'évaporation de l'eau. Tout se dessèche, et on éprouve des douleurs cuisantes aux yeux, aux lèvres. Ces vents se font sentir aussi en Arabie, en Perse, en Syrie et jusque dans les steppes de la Russie. Ils font

comme tous les vents du S. baisser le baromètre, et quoiqu'ils aient des époques qu'on peut assigner à l'avance,
cependant on les voit paraître tout à coup à certains jours
de l'année.

Le cercle azimutal étant divisé en 360 degrés, en
comptant du N., si l'on suivait rigoureusement, comme
nous l'avons déjà fait remarquer, la division des vents,
il en faudrait au moins 360, c'est-à-dire autant que de
degrés ; on pourrait même en compter un pour chaque
demi-degré, et il y en aurait 720 espèces. De plus, si
l'on voulait, à la manière des astronomes, pousser l'é-
numération encore plus loin, le nombre en deviendrait
absurde ; aussi c'est ce que nous ne ferons pas, et nous
nous arrêterons aux divisions ordinaires.

Nous nous contenterons donc de prendre une division
raisonnable et qui satisfait à tous les besoins, c'est-à-dire
22° 30′ du cercle azimutal pour chaque direction ; ce
qui nous en donne seize nommées comme il suit : N.,
N.-N.-E., N.-E., E.-N.-E., E., E.-S.-E., S.-E., S.-S.-E.,
S., S.-S.-O., S.-O., O.-S.-O., O., O.-N.-O., N.-O.,
N.-N.-O. De cette manière, le vulgaire, comme le savant,
s'y reconnaîtra parfaitement.

Les anciens philosophes se sont beaucoup occupés des
vents et surtout de leur origine. Tandis que les uns les
faisaient naître du grand mouvement du monde opposé
aux planètes, d'autres au contraire leur donnaient pour
origine les exhalaisons souterraines qui s'échappaient
du sein de la terre par ses nombreuses fissures.

Quoi qu'il en soit de tous les systèmes du passé, on peut affirmer que la théorie des vents est encore loin de satisfaire complétement à l'observation des faits ; car la science sur ce point ne va pas au delà des conjectures. Effectivement, on a dit : « Toute rupture d'équilibre dans l'état de l'atmosphère, de quelque cause qu'elle provienne, donne naissance aux vents. Ainsi, dans la zone comprise entre les tropiques, la température de l'atmosphère est bien plus élevée que dans les régions extratropicales, et l'évaporation doit être d'une énorme activité. Aussi ces circonstances réunies donnent à la masse de l'air qui recouvre ces contrées une bien plus grande hauteur et une légèreté spécifique considérable, par rapport aux masses d'air des régions extratropicales. De là une aspiration constante qui déverse des courants d'air vers les pôles et les remplace par des courants d'air froid venant de ces mêmes régions. De sorte que les courants supérieurs deviennent des courants d'impulsion, et les courants inférieurs des vents d'aspiration ; le phénomène se passant absolument comme de l'air qui entre dans un soufflet quand on le distend, et qui en sort par la compression. » C'est ainsi qu'on a expliqué, en ajoutant l'effet de la rotation de la terre, l'origine des vents alizés et des vents supérieurs marchant dans un sens contraire.

Franklin est venu apporter l'autorité de son nom à cette hypothèse, en signalant une expérience bien simple et qui se renouvelle constamment sous nos yeux. Elle consiste en ceci : si l'on ouvre une porte qui établisse une communication entre deux chambres, l'une froide et l'autre chaude, il se forme aussitôt un double courant, l'un inférieur de la chambre froide à la chambre chaude, l'autre supérieur en sens contraire. On s'assure du fait en plaçant deux bougies, l'une dans le haut et l'autre dans le bas de la porte. On verra alors les deux flammes courbées différemment par le vent. Étendez, dit Franklin, cette expérience au globe tout entier, et vous aurez une explication assez satisfaisante des vents périodiques dans les zones voisines de l'équateur, et en général des vents plus ou moins réguliers des autres contrées. Ainsi la cause première, suivant les physiciens, et la plus puissante, de l'origine des vents, se trouve être le soleil, dont la chaleur raréfie l'atmosphère. Toutes les autres influences réunies, ajoute-t-on, ne peuvent se comparer à celle du soleil.

Cependant, si l'on admet que les changements de température sont la cause productive des vents, les explications que cette théorie fournit aux physiciens sont bien insuffisantes. Elles ne rendent raison, ni de ce qui est, ni de ce qui n'est pas, ni de ce qui devrait exister. En effet, là où règne un vent d'O., la théorie voudrait que ce fût un vent d'E. Ce qu'on ne peut comprendre, c'est qu'il ne s'établisse pas, sans interruption aucune, sans solution de continuité, un courant incessant des pôles à l'équateur; en d'autres termes, de toute région froide à toute région chaude.

Est-ce que sur la terre, ou dans les régions supérieures, la direction des vents se trouve toujours d'accord avec leur température? Les exemples du contraire sont nombreux. L'harmattan, le simoun, le siroco, le khamsin, qui durent des périodes assez longues dans certaines contrées, en Égypte par exemple, rencontrent-ils un souffle d'air froid des contrées boréales qui vient les rafraîchir? Non! Ils tombent peu à peu d'eux-mêmes, quand ils ne sont pas remplacés par d'autres vents. C'est ainsi que les choses se passent pour les autres points du globe. Il en résulte que, pour peu qu'on s'arrête ici sur chaque détail, on voit que tout est contradiction.

En veut-on d'autres exemples? En voici. Tout le monde ne s'accorde-t-il pas à faire naître les vents alizés des différences de température si variées de la surface du globe? Eh bien, pour peu que l'on veuille entrer dans le développement de cette théorie, à tout instant on se heurte contre quelques lois de la mécanique. Si de là vous voulez passer à l'examen détaillé des vents périodiques, quoiqu'il y ait la même apparence pour leur cause générale, vous rencontrez la même incertitude dans la marche du phénomène.

Durant le voyage autour du monde par *la Vénus*, M. de Tessan a trouvé, le 23 janvier 1837, lat. 0° 38′ N., long. 34° 24′ O., qu'à 7 heures du matin il existait trois couches de nuages superposées et un gros groupe de nuages dans le N.-E. Le ciel à l'horizon était gros;

Les nuages de la couche inférieure chassant comme le vent régnant entre le S.-S.-E. et le S.-E.;

Les nuages de la seconde couche (ou région moyenne) chassant de l'E. 12° N.; ils sont légèrement cumulus;

Les nuages de la troisième couche (cirrus ou région supérieure) chassant de l'O.

L'existence de cette couche, située à une grande hauteur et chassant de l'O., c'est-à-dire tournant plus vite que la terre sous l'équateur même, ne peut s'expliquer par la théorie ordinaire des vents alizés de l'O.; car de l'air qui s'élèverait seulement à la hauteur de 1 mille (1800 mètres) sous l'équateur, aurait besoin d'être transporté à plus de 5 degrés vers les pôles pour pouvoir paraître chasser de l'O., en supposant même qu'il possédât, au moment de son élévation, toute la vitesse de rotation, de l'O. vers l'E., de la terre elle-même sous l'équateur.

La même difficulté existe, par conséquent, relativement à l'explication du mouvement de la seconde couche de nuages, pendant les deux ou trois journées qui ont précédé et suivi celle-ci, et qui toutes sont voisines de l'équateur terrestre.

L'étude de cette couche et de son mouvement dans le voisinage de l'équateur ne serait pas sans importance; car si sa présence était constante, s'il était établi que son mouvement est toujours dirigé de l'O. vers l'E. en sens contraire des vents alizés inférieurs, on serait conduit sans doute à admettre que ceux-ci, sous l'équateur, ont, du moins en partie, une existence réelle dans l'atmosphère, et ne sont pas dus uniquement à une simple différence de vitesse de rotation entre la terre et l'atmosphère.

Ce serait au reste, dit M. de Tessan, un travail très-utile et très-curieux que de suivre jusqu'aux formules et aux nombres la théorie des vents alizés, tropicaux et polaires, pour les comparer aux données de l'observation.

Tous les navigateurs sont d'accord pour affirmer que les vents alizés offrent de très-grandes irrégularités; que, si quelquefois on les rencontre à 35° lat. N., dans d'autres circonstances, ce n'est que vers 16 degrés de la même latitude qu'on les trouve. Les mêmes irrégularités existent également pour les vents alizés de l'hémisphère S.

De tous les faits précités, ne semble-t-il pas résulter, que si l'origine de ces vents était due à l'action constante et unique des différences de température combinée avec la rotation de la terre, les différentes directions des vents devraient être constantes quoique variables, et qu'elles devraient se rapporter en tous points au déplacement du soleil, de l'hémisphère austral à l'hémisphère boréal, et *vice versâ?* En d'autres termes, si l'origine des vents était due à ces seules causes, leur mouvement de translation, et leur changement de direction, dans l'étendue du globe de l'hémisphère qui l'entoure, devrait être aussi régulier que le mouvement du soleil lui-même. Puisqu'on reconnaît qu'il n'en est pas tout à fait ainsi, il y a donc autre chose qui est cause de toutes ces irrégularités, de toutes ces perturbations, de tous ces changements de direction.

C'est ce que nous essayerons de faire voir en traitant de toutes les particularités qu'offre l'apparition des étoiles filantes.

En attendant, on peut dire que le résumé de la science, sur l'origine des vents, en est aux questions suivantes. Pourquoi ces calmes momentanés qui viennent troubler subitement les trombes et les ouragans? Pourquoi les vents sont-ils si terribles dans les contrées où ils ne règnent pas périodiquement? D'où vient le vent? où prend-il naissance? A toutes ces questions si graves, peu ou point de réponses, tant la science est peu avancée sur ce point, malgré la fréquence du phénomène. On a peine à comprendre, ce qui est admis généralement depuis Franklin, que les vents se fassent sentir plutôt dans les contrées vers lesquelles ils soufflent que dans celles d'où ils arrivent. Ce qui, dans la théorie physique, reste entièrement inexpliqué, ce sont les tourbillons, les espèces de vents qui viennent de tous les points de l'horizon et qui s'entrechoquent avec furie. Ce qu'on comprend encore moins, s'il est possible, ce sont les temps de calme entre chaque rafale. On espérait que les aéronautes devaient rencontrer, dans les hautes régions, la différence des deux courants chaud et froid signalés par Franklin. On a pu remarquer, par les relations de différentes ascensions que j'ai données, que les faits ne se sont pas vérifiés, et que les aéronautes ont rencontré toutes sortes de courants à toutes les hauteurs possibles; ce qui est loin de confirmer la théorie de Franklin, pour ce qui regarde du moins les différentes zones de l'atmosphère.

Certains physiciens, qui attribuent l'origine de toutes choses à l'électro-magnétisme, ne manquent pas de dire : « Puisqu'on ne peut expliquer tous les phénomènes que présente l'histoire des vents, on ne peut ni les observer, ni les décrire sans penser à une cause génératrice bien autrement puissante que la chaleur et l'électricité. »

Il n'y a qu'une chose sur laquelle ils tombent généralement d'accord, c'est que les tempêtes, ouragans et trombes doivent leur origine à la cause génératrice des vents, au grand moteur de l'air et de la matière. Mais si l'on s'accorde sur cette généralité, dès l'instant où tout le monde veut donner des explications et rechercher la cause, aussitôt on ne s'entend plus, et les opinions divergent de toutes parts.

On remarque, disent les uns, qu'au moment des grandes tempêtes, ouragans et trombes, la pression barométrique éprouve une forte diminution, résultant de la réunion des causes qui influent sur la hausse ou la baisse du baromètre. Aussi, ajoutent-ils, les trombes, les tempêtes, les ouragans, ne paraissent être que des masses d'air, d'eau, de sable, de poussière plus ou moins concentrées, qui portent sur leur passage la terreur et la dévastation. C'est vrai ; mais ce n'est rien expliquer.

D'autres affirment que les ouragans si terribles et si fréquents des Antilles et de la zone torride proviennent des immenses condensations presque instantanées de la vapeur atmosphérique, dont les pluies si abondantes des tropiques sont un exemple.

L'impétuosité des vents est en raison directe des changements de pression qu'occasionnent cette grande accumulation des vapeurs aqueuses dans l'air, et leur chute vers la terre.

Les trombes, comme on le sait, diffèrent des ouragans en ce que l'air y ajoute un mouvement de translation, un mouvement gyratoire des plus rapides, qui est semblable à la rotation et à la translation d'une toupie.

Les trombes de mer, à ce que je crois, ne doivent pas toujours ressembler aux trombes de terre. S'il en est, comme je n'en doute pas, quelques-unes de semblables, d'autres, à mon avis, doivent avoir la même origine que les tourbillons qu'on voit, dans la campagne, par le plus beau temps du monde, surtout par les vents du N. au S. par l'E., se montrer tout à coup par leurs effets, soit qu'ils opèrent sur des terrains très-légers, très-friables, soit sur des terres où les récoltes sont encore en javelles. Alors, sans qu'il y paraisse exister la moindre cause, vous voyez ces tourbillons transporter à des hauteurs considérables, dans leur mouvement de translation et de rotation continuel, des colonnes de poussière ou des brins de paille, de foin ou d'autres matières, quelquefois même des toiles mises à blanchir sur les prés. Ces tourbillons ne sont rompus que par des obstacles plus puissants qu'eux. Plusieurs fois, je me suis mis au milieu de ces tourbillons afin d'éprouver leur force, et je voyais combien leur mouvement de torsion était considérable. Pourquoi voudrait-on que de pareilles trombes, qui n'ont rien de commun que l'apparence avec les trombes orageuses, n'aient pas lieu sur la mer en différents endroits à la fois, mais assez espacés? Ceci explique suffisamment comment il arrive que des navigateurs en aperçoivent plusieurs à la fois sur la vaste étendue qu'ils ont devant eux. Une dernière remarque, c'est que ce genre de trombes ou de tourbillons prend naissance à ras-terre ou sur les ondes pour s'élever dans l'air, et que les trombes orageuses ont leur base dans les nuages et leur sommet vers la terre, tandis que les autres ont leur base à terre et leur sommet dans les airs.

Les partisans de la génération de toutes choses par l'électricité ne manquent pas de dire : « Puisque des feuilles d'arbres se sont trouvées roussies, puisque ces trombes sont principalement accompagnées d'éclairs ou de tonnerres, on ne peut nier qu'elles ne soient le produit de l'électricité. » Nous reviendrons plus loin sur cet important sujet; cependant nous devons dire dès à présent que, quoiqu'on ait reconnu dans les trombes orageuses, comme je le disais tout à l'heure, la présence d'une grande quantité d'électricité, on n'est pas beaucoup plus avancé sur la connaissance de toutes les causes réunies qui leur donnent naissance. On est resté tout à fait, suivant les physiciens eux-mêmes, dans le champ des hypothèses et des conjectures. Ce qui étonne surtout dans les vents et les tempêtes, c'est qu'assez souvent ils sévissent dans l'endroit où ils se dirigent, plutôt que dans les contrées d'où ils viennent. On s'étonne surtout de voir souffler un vent du N. en Algérie, sur la Méditerranée, près de ses côtes, plutôt qu'en Belgique ou dans une grande partie de la France. Je me borne pour le moment à donner quelques explications sur la manière dont les choses se passent dans les basses régions de l'atmosphère, c'est-à-dire dans les zones qui renferment les différentes espèces de nuages, me réservant de parler des régions plus élevées dans la partie de mon ouvrage consacrée aux lois des météores.

Les vents doivent être divisés en vents supérieurs, en vents inférieurs, et même quelquefois en vents d'aspiration. Les vents supérieurs consistent dans la force qui transporte les cirrus, car ici nous ne nous élèverons pas davantage, d'une direction vers une autre. Les vents inférieurs sont ceux qui font mouvoir les nuages de la moyenne et basse région et la masse d'air qui s'appuie sur la terre.

Si les courants supérieurs qu'on reconnaît par les cirrus, arrivent jusqu'à nous, ce n'est pas toujours directement. En effet, les vents nous arrivent plus ou moins vite suivant les obstacles qu'ils rencontrent dans leur traversée. Ces courants, comme les autres, sont plus ou moins calmes. Si nous en voyons passer un en tempête à notre zénith, nous pensons avec raison que la contrée qui ressentira d'abord son effet, sera celle où ce courant, en s'abaissant progressivement, aura enfin touché terre. Si c'est un courant du N. que nous voyons passer à Paris dans la zone des cirrus, nécessairement il ne descendra pas sur nous verticalement. Comme il est obligé de couper toutes les autres couches inférieures ou de leur imprimer son mouvement pour se faire sentir à terre, il opérera, bien entendu, plus ou moins obliquement; sa route sera plus ou moins allongée, suivant les obstacles qu'il aura rencontrés. Ainsi, qu'y a-t-il d'étonnant que ce vent atteigne l'Algérie ou tout autre lieu sur sa route avant Paris? Voici précisément ce qui arrive. Si la durée et la force de ce vent continuent, une fois qu'il aura touché terre, n'importe où, il s'abaissera petit à petit et se fera sentir à terre à Paris aussi bien qu'ailleurs; tandis que si c'est un vent d'une durée très-éphémère ou né d'une simple oscillation, quelques heures après vous l'apercevrez incliner dans la région supérieure soit vers l'E., soit vers l'O. Il n'aura certainement pas alors ni le temps ni la force de se faire sentir jusqu'à vous; le point seul où il aura touché terre le ressentira. Il en est de même pour les vents ou courants de toutes les autres directions. Vous pouvez donc maintenant comprendre facilement comment il se fait que des contrées éloignées de vous à une assez grande distance, éprouvent les atteintes d'une tempête ou d'un coup de vent que vous n'aurez pas ressenti, quoique vous l'ayez vu d'abord par l'effet des courants supérieurs. Vous comprenez enfin comment il arrive encore que, si le courant supérieur a conservé toute sa force et son étendue, vous finissez vous-même par éprouver les atteintes de ce courant.

On peut conclure de tout ce qui précède que, quand une fois un courant annoncé a une force continue, il refoule petit à petit les autres courants qui le gênent dans sa marche. Aussi quand une violente tempête, un ouragan terrible, se fait sentir dans des contrées même très-éloignées, on peut observer que les nuages des couches inférieures aussi bien que le vent qui rase la terre, éprouvent une sorte de va-et-vient continuel et passent successivement d'une direction à une autre.

Si généralement nous voyons poindre les vents dès leur origine, c'est-à-dire du lieu où notre œil peut les saisir dans la couche des cirrus, cependant, comme ce fait peut avoir lieu à de grandes distances de nous, il nous échappe et nous voyons tout à coup, fait qui étonne les personnes qui ne connaissent pas tout le mécanisme de la marche des vents, surgir à terre un vent d'une direction quelconque qui est descendu par une marche plus ou moins oblique. Si sa force est grande, il continuera sa route. Et comme en descendant à terre il n'aura rien perdu des espaces qu'il occupait en amont, il refoulera devant lui tous les obstacles ; et si c'est un vent du N., il réduira en vapeurs les plus légères et les plus ténues les nuages qui seraient des produits des courants du S.; comme aussi il pourra donner naissance à d'autres produits, suivant la direction à laquelle il appartiendra.

Dans une période d'orages amenés par les courants du S., il arrive bien souvent que nous voyons s'élever des courants assez semblables aux vents alizés venant de la région N.-N.-E. Ces courants ont une durée très-éphémère; ils servent à transporter dans la zone occupée par la formation des orages tous les matériaux, si l'on peut s'exprimer ainsi, nécessaires à leur complet achèvement. Ces vapeurs aqueuses et autres sont attirées par les orages de contrées très-éloignées; aussi on peut dire avec raison que ces sortes de vents ne sont que des vents d'aspiration. Je ne cache pas que ce phénomène étrange m'a souvent donné fort à penser, et voici l'idée que je m'en suis faite; je ne la donne, bien entendu, que pour ce qu'elle vaut, et sans plus d'importance. On sait qu'une zone des orages ou des pluies continuelles existe à quelques degrés en deçà et au delà de l'équateur. Ne peut-on pas supposer que, quand il n'y a point de perturbations qui empêchent la continuité de ces orages ou de ces pluies, cette zone doit attirer également, et aspirer, de régions même très-éloignées en allant vers les pôles, des matières qui lui sont nécessaires pour réparer ses pertes immenses et continuelles, et donner par là naissance aux vents alizés des deux hémisphères? Ceci n'est, je le répète, qu'une simple hypothèse; mais elle pourrait cependant bien avoir sa valeur.

Combien de choses n'aurais-je point encore à dire sur l'origine et la marche des vents, des ouragans, des tempêtes et des trombes? Je les réserve pour d'autres parties de cet ouvrage, où elles trouveront leur place. J'ai seulement voulu, par quelques exemples tirés de la région des nuages, montrer comment les choses se passent depuis cette hauteur jusqu'à notre terre.

CHAPITRE IX.

De l'électricité atmosphérique, des orages, de leur formation et de leurs effets.

Recherches des physiciens sur l'électricité des différentes couches atmosphériques au moyen des électroscopes et électromètres. Maximum et minimum d'électricité. A quel instant de la journée on peut les observer. — Diverses origines attribuées à l'électricité. Opinions des anciens. — Formation d'un orage. Observations. — Époque à laquelle les orages sont plus fréquents. — Descriptions de plusieurs orages tirées de mes propres observations. Oscillation de la colonne barométrique. — Élévation présumée des orages. Opinions de MM. de Humboldt, Saussure père et fils, La Condamine et autres physiciens. — Mes observations à ce sujet. — Des orages en dissolution. — Récit d'orages remarquables. — Réflexions diverses.

Tous les physiciens qui se sont occupés de recherches sur l'électricité, ont constaté que toutes les couches de l'air atmosphérique étaient chargées d'électricité. C'est au moyen d'électroscopes qu'on est parvenu à s'en assurer; et par les électromètres, à en mesurer l'intensité. On a reconnu que chaque jour l'électricité atteint deux maximum et deux minimum. Les maximum ont lieu quelques moments après le lever du soleil, et quelques instants après son coucher. L'un des minimum se montre en général vers 2 à 3 heures du soir; l'autre a lieu pendant la nuit. En hiver, l'électricité paraît plus intense que pendant l'été.

Lorsque le ciel est beau, l'électricité est toujours positive, tandis que par un ciel couvert, l'électricité change souvent de signe dans le cours de la journée; sans doute parce que les nuages renferment les uns de l'électricité positive, les autres de l'électricité négative. Les variations électriques sont beaucoup plus considérables en été qu'en hiver. On a trouvé le maximum en janvier, et le minimum au mois de juin. L'*Association Britannique* a fait élever à Kew un observatoire pour constater de deux heures en deux heures le degré et la nature de l'électricité de l'atmosphère.

On sait que tous les corps imprégnés d'humidité deviennent de très-bons conducteurs; il en est de même des nuages.

On n'a pas manqué d'attribuer l'origine de l'électricité à bien des causes, depuis l'évaporation de l'eau, les exhalaisons terrestres jusqu'à la végétation, et au frottement de l'air, à sa compression et à sa dilatation. On a même considéré la terre comme ressemblant à une énorme pile voltaïque, ou comme un appareil thermo-électrique. On a remarqué que l'eau des grandes pluies, aussi bien que le grésil, la neige et la grêle, était plus ou moins électrisée. C'est dans ces moments surtout, a-t-on dit, qu'on voit des étincelles électriques sortir de tous les objets pointus et des tiges métalliques. Quelquefois même, en diverses circonstances, cela se remarque sur une certaine étendue de terrain et sur la surface même d'un lac.

Les anciens avaient observé quelquefois que des lances,

des javelots avaient paru embrasés, et il semble résulter encore d'autres récits qu'ils connaissaient la propriété qu'ont les pointes des tiges de fer d'attirer la foudre. Hérodote et d'autres historiens en citent plusieurs exemples.

De nos jours, les physiciens ont répété en grand toutes les petites expériences des anciens. Les résultats des recherches modernes ont été les paratonnerres, les télégraphes électriques, etc., etc., etc.

Nous ferons remarquer en passant qu'il ne faut nullement s'étonner si les variations électriques sont plus considérables en été qu'en hiver; si l'on a trouvé le maximum en janvier et le minimum au mois de juin, et encore si les maximum ont lieu chaque jour après le lever du soleil et après son coucher.

En effet, dans quelle saison abondent les orages? C'est ordinairement en juin. A quelle heure de la journée commencent-ils à se former? A quelle heure généralement commence-t-on à s'en apercevoir? C'est après 9 heures du matin, si le temps doit être orageux, que les premiers symptômes se manifestent pour cesser ordinairement vers le coucher du soleil, comme aussi ces symptômes reprennent quand la nuit arrive. De ces observations que je viens de citer plus haut, il résulte que les choses se passent absolument comme elles doivent, et qu'on aurait tort de s'en étonner. En effet, on remarque sur la terre les maximum d'électricité avant que les molécules de ce fluide soient attirées et condensées dans la région des nuages, pour venir ensuite, après la dissolution des orages ou des nuages, reprendre la place qu'elles occupaient auparavant. En d'autres termes, les molécules du fluide électrique se rassemblent, se condensent, se dissipent et se désagrégent à la manière des molécules constituant les vapeurs d'eau, qui elles aussi, quand le temps redevient beau, vont reprendre dans la masse de l'air la place qu'elles y occupaient avant la pluie.

Si l'attention de tous les peuples depuis l'origine du monde a été appelée à sonder la profondeur de l'atmosphère, pour connaître même quelques heures à l'avance l'arrivée des vents et des pluies ; à bien plus forte raison il en a été ainsi lorsqu'il était question des orages, puisqu'il s'agissait alors de ce terrible météore igné, qui promène pendant des heures entières la mort, la dévastation, l'incendie, partout où il frappe les objets de ses coups si prompts, quelquefois si distants les uns des autres.

Il est donc arrivé que les philosophes, dès la plus haute antiquité jusqu'aux plus célèbres physiciens de nos jours, ont donné leurs observations sur les orages dont ils ont été les témoins. Passons en revue quelques-unes de leurs opinions.

On a longtemps cru que la foudre était un phénomène dépendant des effervescences chimiques, opérées dans la région des airs. Ce système est très-ancien, car il se perd dans la nuit des temps.

Aujourd'hui on dit : Une nuée orageuse est une nuée surchargée de fluide électrique. L'expérience du cerf-volant a appris que les nuages sont parfois à l'état neutre, mais que le plus souvent ils recèlent les uns de l'électricité vitrée, les autres de l'électricité résineuse. Les nuages chargés de même fluide se repoussent ; s'ils contiennent des fluides contraires, ils s'attirent et bientôt se confondent.

Lorsqu'il se prépare des orages considérables, on voit quelque temps à l'avance les nuages éprouver des mouvements extraordinaires. Au lieu d'obéir au vent qui les emporte, ils semblent tourner sur eux-mêmes, s'étaler, se déchirer et se porter vivement vers des nuages plus considérables qui paraissent les absorber. On ne peut plus douter que les attractions et les répulsions électriques n'agissent en cet instant en opposition avec la force du vent, pour produire ces singulières perturbations. Plus ces phénomènes occupent d'étendue dans le ciel, plus c'est l'indice d'orages violents. C'est ainsi que l'électricité acquiert des tensions considérables, soit que les nuages chargés d'électricité contraire occupent des régions opposées dans la même couche de niveau, soit qu'ils se groupent et s'arrangent à des étages différents. Bientôt, ces attractions électriques sont assez vives pour que les fluides rompent la pression de l'air, se précipitent et se recomposent ; alors on voit briller l'éclair, et l'on entend le premier éclat du tonnerre.

Cependant comme les nuages, quoique bons conducteurs, ne le sont pas encore comme les métaux pour le fluide électrique, il en résulte que déchargés sur un point de leur immense étendue, ils conservent ailleurs leur charge tout entière. Le premier coup de tonnerre, au lieu de rétablir l'équilibre, ne fait, en général, que le troubler davantage ; car la portion du nuage qui a perdu son fluide ne peut pas rester immobile à côté de celle qui a conservé le sien ; il faut donc que les nuages se pelotonnent, se replient sur eux-mêmes, changent de forme sous l'influence des forces électriques, et produisent ainsi des éclairs et des coups de tonnerre répétés, en même temps que des condensations de vapeur, de la pluie, de la neige ou de la grêle, suivant la température et la saison.

On sait aussi que les orages se forment ordinairement de petits nuages qui de tous les points de l'horizon se portent à la rencontre les uns des autres, et sont encore grossis par la précipitation des vapeurs contenues dans l'atmosphère. Les premiers nuages qui se présentent ont l'apparence de *cirrus* ; ils passent rapidement à l'état de *cirro-cumulus*, puis alors présentent bientôt une masse épaisse et compacte de *cumulus-stratus*. La couleur du nuage orageux est le plus fréquemment gris foncé, les bords en sont brusquement arrêtés. La foudre ne sort presque jamais de nuages parfaitement uniformes et réguliers, qui couvrent tout le ciel.

Suivant les uns, il faut la rencontre ou le conflit de deux ou plusieurs nuages pour produire un orage ; d'autres disent le contraire : on soutient aussi qu'ils commencent toujours par les cirrus. On assigne une grande hauteur aux nuages orageux, parce qu'on les voit souvent traverser les sommets des plus hautes montagnes des Alpes, et qu'on a rencontré des vitrifications produites par la foudre depuis 4,868 mètres jusqu'à 2,935.

Dans les hautes latitudes, les orages sont extrêmement rares; ils deviennent plus fréquents à mesure qu'on s'avance vers l'équateur : nulle part, ils n'éclatent aussi souvent et ne montrent une aussi grande violence que sous les tropiques.

Les orages paraissent dus au rapprochement de deux nuages d'électricité différente, comme les pluies au conflit de deux vents opposés. C'est en été, dans les latitudes moyennes, qu'il se forme le plus d'orages; il y en a très-peu en hiver, et un assez petit nombre au printemps et en automne.

Sous les tropiques, le plus grand nombre des orages a lieu pendant la journée; cependant il y en a aussi un bon nombre pendant la nuit. On en a vu quelquefois se prolonger au delà de vingt-quatre heures. C'est également pendant le jour que se montrent le plus grand nombre d'orages dans les moyennes et les hautes latitudes.

Ce que je pourrais ajouter ici en l'empruntant à l'opinion des anciens et des modernes sur les causes des orages, ne serait qu'une répétition sans profit pour la science. Nous allons parler maintenant de nos propres impressions et montrer comment, bien jeune encore, j'avais déjà pris goût à l'observation des changements et perturbations météoriques. En effet, comme n'ayant pas encore cinq ans je m'occupais déjà des mouvements des nuages, et que je cherchais à peu près au même âge à me rendre compte de la formation des orages, de leur marche et de leurs effets, on ne pourra disconvenir qu'il fallait une vocation bien prononcée. Aussi cette vocation, qui me fit suivre sans dégoût les études préliminaires du phénomène, fut cause qu'après quelques années d'attention mes recherches pouvaient déjà être de quelque utilité dans les applications aux besoins de l'agriculture.

Ainsi, entre autres choses, je prouvais montre en main qu'avec un peu d'expérience, on pouvait toujours se mettre à l'abri des orages, n'importe dans quel lieu on se trouvait, pourvu toutefois qu'on fût libre de se transporter où l'on voulait. En effet, si l'orage se forme au zénith, il est rare que ce soit dans le lieu où il se forme qu'on le sente; encore voit-on même alors ses progrès, sa marche, et on se dirige en conséquence. Voilà quelles étaient mes petites observations dès mon plus bas âge. Aussi mon grand-père, qui craignait beaucoup les effets des orages, parce qu'en allant visiter ses ouvriers dans la campagne, il avait vu assez souvent des objets et des chevaux foudroyés à ses côtés, me prenait toujours avec lui, au risque de me faire perdre beaucoup de temps, puisqu'il m'enlevait à mes classes, surtout pendant l'été, croyant ainsi ne plus être exposé à de pareils accidents.

Quoi qu'il en soit, il y avait compensation pour mes études, car si je perdais une partie de mon temps qui aurait dû être consacré à l'école, de l'autre, je me familiarisais de plus en plus avec toutes les transformations du terrible phénomène, et les petits services agricoles que je rendais augmentaient de jour en jour.

Mais je quitte ces souvenirs, et je vais maintenant donner une description de ce terrible et redoutable phénomène; car je veux le montrer dans toutes ses phases et ses transformations.

Nous savons tous que des orages ont lieu dans tous les mois de l'année; mais ce que tout le monde ne sait pas, c'est ce que sont les lois météoriques qui les produisent. Pour qu'un orage ait lieu dans nos contrées, il faut, comme pour la pluie ordinaire, qu'il y ait des courants atmosphériques de l'E.-S.-E. à l'O.-N.-O. en passant par le S. Pour que tout soit complet, il faut bien entendu que les courants inférieurs et supérieurs soient dans les mêmes conditions, c'est-à-dire venant des mêmes directions. C'est donc tout juste la moitié de la circonférence azimutale qui peut amener des pluies ou des orages ou nous en préserver, suivant que les courants atmosphériques viennent de l'une ou l'autre de ces directions comprise entre ces degrés (*fig.* 34).

En d'autres termes, un orage, quoiqu'il nous arrive quelquefois, mais très-rarement des directions comprises dans la zone des directions de l'O.-N.-O. à l'E.-S.-E., en passant par le N., n'est jamais produit directement par l'influence de ces courants. En effet, ou il nous arrive en retour, ou l'orage a été produit par les matières qu'ont portées les directions opposées dans les régions avoisinant le N. ou dans le N. même.

Nous avons déjà parlé, en traitant des vents alizés, de la zone des pluies et des orages continuels. D'après les

(Fig. 34.)

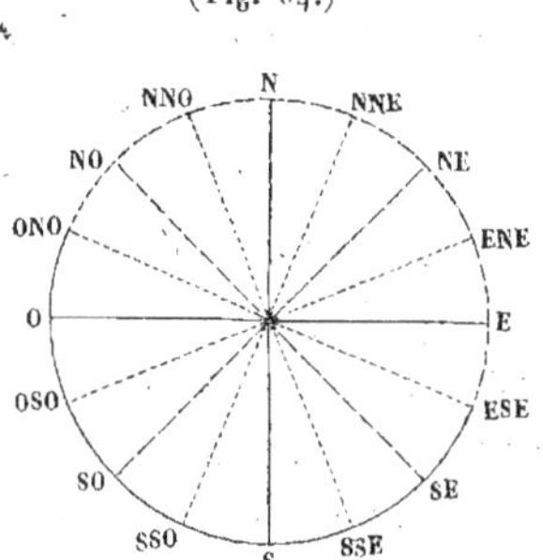

Courants d'E.-S.-E. à l'O.-N.-O. en passant par le S. servant à la composition des pluies et des orages.

récits des voyageurs, il n'est pas un seul jour où dans cette zone le tonnerre ne se fasse entendre. Nous avons fait remarquer que, si pour ces contrées c'était un état normal, ce n'était chez nous que des exceptions.

Lorsque nous avons des orages dans la saison d'hiver, cela vient principalement de la prolongation des vents dans la partie du S., et dans les tempêtes qui durent quelquefois plusieurs jours, surtout lorsque le vent saute la nuit du S. à l'O.-N.-O. pour revenir vers le soir dans la région du S. Alors, il n'est pas rare d'entendre des coups de tonnerre et de voir des éclairs pendant la durée de ces tempêtes.

Il y a encore d'autres circonstances où les orages se produisent: c'est quand, après que les courants atmosphériques ont fait un séjour assez prolongé dans le S., le vent va passer dans la région du N. Alors toutes les matières aqueuses ou autres amenées par le vent du S. se condensent en formant un ou plusieurs orages, qui donnent du grésil ou de la neige. Ces orages marchent généralement d'abord par un vent de O.-S.-O., et finissent par être poussés par le vent qui remonte au N.-O. N.-N.-O.

Au printemps, surtout dans le mois d'avril jusque dans le commencement de mai, il y a des orages d'abord venant des directions du S.-E. au S.-O. Puis d'autres ensuite par des vents de l'O.-S.-O. au N.-O. Cette période est la plus dangereuse; car on voit pendant tout ce temps depuis 10 heures du matin jusque vers le coucher du soleil, rarement au delà, le temps devenir orageux, et ces orages sont accompagnés assez souvent de pluie, de grésil et de neige. Les bandes de nuages qui donnent ces orages passent à peu près toutes les heures à notre zénith. Il fait très-froid par ces orages, et souvent il a gelé blanc le matin. Ces orages sont très-dangereux, surtout au printemps; car, comme nous l'avons fait remarquer, si la perturbation qui nous renseigne sur la marche des courants atmosphériques a passé rapidement de la partie S. à l'O., puis dans la région du N.-N.-O à l'E., on est exposé à avoir d'assez fortes gelées, qui enlèvent toute espérance de récolte, principalement de fruits, de seigle et de vin. En automne, si le raisin n'a pas encore la maturité désirable, la vigne se dépouillant de ses feuilles, le vin n'est pas aussi bon qu'il aurait dû l'être. Ainsi, quand les choses se passent de cette manière, il n'y a souvent que des pertes à appréhender.

Nous voici arrivés à la partie la plus importante du phénomène, je veux dire à celle qui correspond à la dernière moitié du printemps et à la saison d'été. Ici, nous allons procéder avec ordre et passer en revue toutes les transformations qu'éprouvent les orages et leurs divers produits.

Une période de beau temps vient d'avoir lieu; les perturbations et la résultante des étoiles filantes vous annoncent que vous allez entrer dans une longue suite d'orages qui tour à tour se feront sentir sur toute la surface du pays et des contrées environnantes. Les premiers orages que vous apercevez dans la zone de Paris se forment de l'E. au S. Ces orages sont isolés les uns des autres, sans avoir un vif mouvement de translation. En d'autres termes, ils donnent leurs produits dans les seules localités pour ainsi dire où ils se sont formés. Ces orages, dont souvent les sommets ne dépassent pas l'horizon de 10 à 12 degrés, ne sont dangereux pour les pays qui les éprouvent que par quelques rayons isolés de grêle. Voici comment les choses se passent. D'abord vous apercevez un petit point nuageux dans l'azur des cieux, sans qu'il se fasse voir ici le moindre cirrus; puis ce point augmente sensiblement, attirant toutes les vapeurs aqueuses et autres matières qui entrent dans la composition des orages. Quand il a pris des proportions plus grandioses, montrant ses anfractuosités plus ou moins remplies et la base de l'orage unie, le sommet des nuages plus ou moins élevé ou arrondi, les éclairs commencent à le sillonner; les coups de tonnerre se succèdent; la grêle d'abord, puis la pluie, commencent à tomber.

A côté de ce premier orage, il s'en forme un second, quelquefois un troisième. La grêle, qui a commencé à tomber du premier orage, continue à se produire de la même manière dans les parties successives des orages qui finissent par se rattacher au premier. Les désastres ne sont à craindre qu'autant que ces orages se seraient formés très-rapidement. Le premier orage, après un certain laps de temps, se trouve déjà épuisé; toute sa surface devient presque entièrement unie comme des nimbus, et son sommet ressemble alors à un éventail bien tendu et à des cirrus plus ou moins denses.

A côté de ces premiers orages, sur la même ligne, il s'en forme d'autres qui sont détachés, et qui présentent les mêmes caractères; seulement, ces orages restent isolés les uns des autres sans se joindre entre eux. Ils s'épuisent presque au-dessus des localités où ils se sont formés. La nuit, tout rentre dans le calme pour recommencer pendant plusieurs jours de suite. Ils finissent par occuper une ligne d'action qui grandit à mesure que les perturbations et les résultantes portent les courants atmosphériques dans la direction du S.-O.

Passons maintenant aux orages qui nous sont amenés par les courants du S.-E. au S.-O. Dans cette nouvelle période, les orages deviennent plus nombreux, et ce ne sont pas seulement les régions situées plus au S. qui les subissent ; nous commençons à en avoir à notre tour, quoique nous soyons déjà plus au N.

Dès le matin, on voit souvent le ciel couvert de petits cumulus, et les cirrus alors sont nombreux. Peu à peu ces signes précurseurs disparaissent et font place à des nuages isolés. On voit d'abord un amas de vapeurs légères qui devient de plus en plus dense, et occupe un plus grand espace ; puis d'autres cumulus apparaissent en divers endroits, assez souvent du zénith à l'horizon. On voit alors les nuages orageux s'augmenter successivement par des vapeurs, qui en se condensant prennent, au-dessus de la tête du nuage duquel elles vont bientôt faire partie, une forme curviligne (*fig.* 35). Ces portions de cercle formées par ces vapeurs s'approchent du nuage orageux, et l'on voit à l'instant le point le plus saillant de ce nuage traverser cet amas de contours, se l'approprier, recommencer ensuite le même mouvement jusqu'à parfaite formation.

Ce genre d'orages indique qu'ils resteront presque tous isolés les uns des autres. Il n'est pas nécessaire d'aller tout exprès dans l'intérieur de l'Afrique, comme on l'a cru, pour jouir du spectacle de plusieurs orages successifs dans une même journée, puisqu'on en voit aussi dans notre zone, et dans le même laps de temps quelquefois plus de trente en action. Ici ils ne viennent pas par bandes les uns après les autres, comme dans les orages produits par les courants du S.-O. à l'O.-N.-O.

Fig. 35.

Il est très-curieux de voir l'origine d'un orage au moment où la grêle se forme, surtout si l'orage prend naissance dans la verticale. Cet amas de vapeurs que vous apercevez d'abord de la grosseur d'un nid d'oiseau et sans qu'il y ait le moindre cirrus, prend rapidement de l'extension ; toutes les vapeurs qui sont au-dessous de lui, à ses côtés et même à des espaces assez éloignés, deviennent visibles au moment où elles s'approchent de lui, comme s'il les attirait par une vive aspiration ; alors, ce nuage prend un accroissement énorme en peu d'instants. En considérant attentivement, dans le silence le plus absolu, toutes ces évolutions vives et réitérées, vous n'êtes pas peu surpris d'entendre d'abord un bruit presque imperceptible ; puis ce bruit augmente de minute en minute, de seconde en seconde, jusqu'à devenir quelquefois semblable au bruit de plusieurs centaines de tambours. Il semble dans les premiers moments que vous voyez, que vous entendez cette eau produite par une immense quantité de vapeur se congeler en un instant, et prendre place dans l'intérieur du nuage orageux en attendant qu'il les déverse sur la terre. Vous entendez, vous voyez là, la nature opérer ; vous la prenez sur le fait.

A peine le nuage orageux a-t-il acquis un certain développement, qu'un coup de tonnerre précédé d'un éclair se fait entendre. Deux minutes se sont à peine écoulées depuis le premier éclat du tonnerre, que le volume de l'orage est double, et qu'il a pris à sa base cette unité semblable aux nimbus, d'où s'échappent la foudre, la grêle et la pluie (*fig*. 36). Malheur aux récoltes qui se trouveront sur le passage de cet orage! Heureusement que l'action des orages de ce genre se borne à des espaces assez restreints, parce qu'ils se produisent ordinairement dans un temps assez calme, et qu'il n'y a pas, comme nous l'avons déjà dit, dans le moment de la formation de cet orage, la moindre trace de cirrus.

Nous passons maintenant à une espèce d'orages qui est la plus dangereuse de tous, parce qu'elle peut occasionner des désastres immenses sur une étendue de pays considérable. Ici ce ne sont plus des orages isolés; ce sont des multitudes d'orages se reliant les uns aux autres, de manière à ce qu'ils n'en forment plus qu'un seul; et qui peuvent agir à la fois sur toute la longueur ou la largeur de la France, suivant la ligne où ils ont pris naissance, et suivant qu'ils obéissent à tel mouvement d'impulsion ou à tel autre.

Ces orages, qui embrassent une aussi grande étendue dans le ciel, sont beaucoup plus lents à se former, parce que les nuages orageux qui prennent successivement naissance les uns à côté des autres, ne peuvent, comme dans les orages isolés, s'assimiler les produits de nuages ou de vapeurs qui leur arrivent de tous côtés; attendu que les diverses parties de ce grand orage qui ne sont pas encore soudées entre elles, arrêtent au passage une partie de ces produits qui ne tardent pas à augmenter leur volume.

Enfin, cet orage immense a acquis tout son développe-

[illegible]

La grêle [illegible] nuages qui se [illegible] colorage [illegible] l'action [illegible] genre se trouve [illegible] lorsqu'ils se précipitent [illegible] suivant la [illegible] n'a [illegible] pas [illegible] l'état [illegible] saison [illegible] orages [illegible] temps.

[illegible] sphère d'impulsion [illegible] peu [illegible] plus [illegible] à une élévation [illegible] considérable, [illegible] ne sont plus des orages [illegible] vastes citernes d'eau [illegible] effet les [illegible] de la [illegible] que [illegible] à l'état [illegible] à l'aspect de la [illegible].

[illegible]

Ces orages, qui embrassent une aussi grande étendue dans le [illegible] beaucoup plus intense à l'heure [illegible] que les nuages ordinaires [illegible] prennent [illegible] les [illegible] de cet [illegible] je me porte [illegible] ces produits [illegible] le [illegible] pas le [illegible] leur volume.

Enfin, ces orages [illegible] acquis [illegible] son élévation

Fig. 36.

ment, soit du S.-E. au S.-O., soit du S. au N. par l'O. Il est excessivement rare que de pareils faits aient lieu du S. au N. par l'E., ou de l'O. à l'E. par le N.; car ordinairement les orages qui viennent de ces directions sont isolés, ou ils arrivent par des courants contraires qui s'opposent à leur marche première.

Une fois donc que l'orage a pris tout son développement, l'action, si je puis m'exprimer ainsi, la tempête s'engage sur le point qui a fini le premier tous ses préparatifs; puis elle gagne successivement toute l'étendue de ce vaste orage. Les éclairs, le tonnerre, se suivent sans interruption; la grêle d'abord, ensuite des torrents de pluie. L'orage, tout en marchant, acquiert encore plus de volume et occasionne de ces vents impétueux qui, s'ils ont une ressemblance avec les ouragans, n'en ont aucune avec les trombes. Ces vents doivent leur origine à l'immense déplacement des colonnes d'air causé par l'énorme condensation de vapeurs sur un même point.

Cet orage, pendant sa première période, répare à l'instant les forces qu'il perd en avançant, par l'arrivée incessante et subite de matières très-éloignées, qui tout à coup entrent dans le composé de l'orage, et lui fournissent une durée de plusieurs heures. On est bien heureux si l'on n'a à supporter que la largeur de l'orage; mais si, au contraire, on doit le supporter dans toute sa longueur, on est exposé plusieurs fois aux mêmes pertes ou aux mêmes périls.

S'il est toujours curieux d'assister à la naissance des

orages, il ne l'est pas moins d'assister à leur dissolution. En effet, au lieu de voir, comme dans l'origine, toutes les molécules de vapeurs de toutes sortes plus ou moins condensées, accourir de tous les points de l'horizon pour pénétrer dans le sein de l'orage, et former ensuite les nuages qui approchent le plus de la terre et rendent le ciel si obscur ; on voit, au contraire, des nuages très-légers se former des matières sortant alors de l'épaisseur de l'orage, s'en retourner au loin, se dissiper peu à peu pour faire place à d'autres qui se dissolvent à leur tour. Une fois qu'un orage est arrivé à cette période de transformation, il n'est plus à craindre. Les éclairs, le bruit du tonnerre diminuent sensiblement ; il ne reste plus qu'une pluie ordinaire jusqu'au moment où l'orage vous quitte, ou qu'il est dissous entièrement.

Les orages de l'automne, rentrant à peu près dans la catégorie des orages du printemps, nous n'avons plus à nous occuper autrement de cette période.

Nous venons de passer en revue la manière dont se forment tous les orages isolés ou n'en composant qu'un seul par leur réunion ; maintenant, nous allons étudier les obstacles qui, rencontrés par eux dans leur parcours, les font dévier de leur route primitive, donnent naissance aux trombes qui causent d'énormes désastres, ou bien changent leur caractère de résultats positifs en résultats négatifs.

Un orage s'avance du S. au N. pendant un certain temps, sans que rien semble s'opposer à sa marche ; le vent à terre est assez calme. Tout à coup, sans qu'on puisse le prévoir le moins du monde, l'orage rencontre un obstacle dans une de ses parties ; à l'instant, on voit qu'une de ses ailes subit une rapide transformation ; toutes les matières qui la composaient, se reportent sur le centre ou sur l'aile opposée. Tout cela a lieu en quelques minutes. On conçoit facilement que cette agglomération immense de vapeurs de toutes sortes, aqueuses et autres, venant peser de tout son poids sur cette partie de l'orage, doit y apporter une perturbation extrême ; elle dure jusqu'au moment où tout cela a pu trouver à se classer convenablement. Dans cette circonstance, il se forme sur ce point un tornado, tourbillon ou trombe, qui dure un certain espace de temps.

Pendant cette brusque transformation, les localités situées sous le périmètre de l'orage sont abîmées. Les arbres, les maisons renversés, les récoltes hachées assez souvent par une grêle considérable, les vignes, les terres ravinées. Enfin tout est dans la confusion, et il ne resterait pas pierre sur pierre, si heureusement, une fois que le classement des nouvelles matières est terminé, l'orage ne reprenait une nouvelle direction qui lui est imposée par la force du vent descendu à terre.

Ce brusque changement de direction dans un orage a lieu par la rencontre d'un courant opposé qui descend des hautes régions pour arriver à terre. Les personnes qui sont habituées à observer les météores, même sans remonter jusqu'aux étoiles filantes, auraient pu remarquer, même avant l'orage, que les cirrus avaient, dès la veille, un mouvement de translation très-prononcé dans une direction tout opposée. Aussi la transformation dont nous venons de parler, arrive-t-elle aussitôt que ce courant, signalé par les cirrus, atteint le sommet des nuages les plus élevés de l'orage et exerce ensuite son action sur toute son étendue. La dissolution des orages peut arriver également par des courants qui, descendant à terre plus obliquement, viennent de régions plus éloignées, et qui prenant les orages en flanc, au moment où ils les rencontrent, parviennent plus facilement à les dissoudre et sont moins dangereux.

Mais que les orages viennent d'une direction ou d'une autre, cela n'importe pas quant aux résultats, qui sont toujours les mêmes.

Nous arrivons maintenant à un autre genre de perturbation. Les basses régions de l'atmosphère sont encore dans les conditions propres à former des orages, que déjà dans les hautes régions tout est changé. Aussi il arrive que plusieurs fois dans la même journée, il y a des nuages orageux qui prennent un certain volume, et des lignes de vapeurs plus ou moins curvilignes se font remarquer. Malgré tous ces indices d'orage, il n'y en a pas. Pourquoi l'orage avorte-t-il? C'est qu'arrivé à peine à la moitié, ou au quart de sa constitution, les courants placés au-dessus de lui, et qui le touchent de près, commencent à agir sur sa composition. Aussi vous voyez cet orage, de menaçant qu'il était, s'amoindrir petit à petit et se réduire à rien. Quelques coups de tonnerre et un peu de pluie, voilà tout ce qu'il produit. Toutes les vapeurs que vous aperceviez quelques moments auparavant se condenser les unes sur les autres, s'étendent alors en couches très-légères; l'orage perd ainsi son caractère primitif et disparaît.

Les orages qui, arrivant en retour de l'E. à l'O.-N.-O. par le N., sont formés des vapeurs qu'ont portées dans ces régions des courants du S. à l'O. régnant dans les hautes régions de l'atmosphère, ne dépassent jamais le soir. Quelques-uns de ces orages, lorsque le ciel est gris, ne sont visibles qu'au moment même où ils sont au-dessus de nous. Il en est autrement des orages formés et chassés par toutes les forces du S.-E. à l'O.; ils éclatent jusqu'à une heure assez avancée de la nuit; quelquefois même ils n'arrivent que vers le lever du soleil, et ils continuent par exception quelque temps après. C'est qu'alors ils ont franchi de grandes distances; car en admettant, ce qui est vrai, que par une force ordinaire les orages parcourent en ligne droite 35 à 40 lieues à peu près en trois quarts d'heure, ou un peu plus de 13 lieues par quart d'heure, on trouve que, depuis le moment où ils ont commencé à se produire, la distance est bien de 500 à 600 lieues, parcourue en onze heures environ.

On sait que, dans une zone de la largeur de 20 degrés sous l'équateur, il tonne continuellement. Cette disposition orageuse a lieu aussi quelquefois dans nos climats, quand toutes les forces nécessaires à la constitution des orages sont constantes et qu'elles sont assez actives pour réparer les forces qu'elles perdent continuellement. Plusieurs fois, j'ai observé une succession d'orages durer nuit et jour pendant plus de vingt-quatre heures ; j'ai même aussi quelquefois observé le tonnerre grondant sans interruption pendant plus de cinquante heures, soit au zénith, soit à une distance assez rapprochée pour que le bruit continuel me parvînt sans aucune difficulté. Dans ces circonstances, le baromètre oscille très-peu et il devient presque aussi immobile que sous l'équateur. Il sera donc bon de rechercher si la presque immobilité de la colonne mercurielle sous l'équateur n'est pas due à la constance des courants qui produisent cet état orageux permanent.

Je voudrais maintenant essayer de fixer l'élévation des orages dans l'atmosphère. Si nous ouvrons la Notice d'Arago sur le tonnerre, nous trouvons, à l'article sur la hauteur présumée des orages, que MM. de Humboldt, Saussure père et fils, La Condamine, Bouguer et autres physiciens l'ont estimée ainsi qu'il suit :

Au Mexique à plus de.........	4,620 mètres.	
En Suisse...................	4,810	»
Dans nos Pyrénées...........	3,410	»

Voilà pour les pays de montagnes ; passons maintenant aux plaines. Nous trouvons que quatre observations faites à Paris, le 6 juin 1712, par de l'Ysle, donnent, dit Arago, après un calcul convenable, cet énorme résultat

8,030 mètres. En Sibérie, l'abbé Chape trouve à Tobolsk, que le 2 juillet 1761 la hauteur verticale des nuées orageuses était de 3,340 mètres. Le 13 juillet, même année, il trouva une hauteur de 3,470 mètres.

Le célèbre Lambert fit à Berlin, les 25 mai et 17 juin 1773, deux observations sur la hauteur des nuages orageux qui donnèrent :

La première observation...... 1,900 mètres.
La seconde............... 1,600   »

Les observations de de l'Ysle n'étant jamais accompagnées, dit Arago, de l'appréciation de la hauteur angulaire des éclairs, ne peuvent donner que de simples limites.

Voici les moins fortes :

Hauteurs verticales.

En mai, un orage à Paris était à *moins* de..... 2,400 mètres
En juin, un autre était à *moins* de.......... 1,000   »
Le 2 juillet, un troisième était à *moins* de.... 1,400   »
Le 21 du même mois, un quatrième était à *moins* de........................... 1,400   »

Arago ajoute, dans sa Notice, qu'il ne voit aucun moyen de déduire des observations de de l'Ysle, des limites inférieures à celles qu'il vient de rapporter.

Le Gentil, qui séjourna quelque temps à l'Ile de France, à Pondichéry et à Manille, assure, d'après ses propres observations, que sur ces trois points des régions équinoxiales la couche inférieure des nuages dans lesquels s'engendrent les *orages ordinaires*, n'est jamais à plus de

900 mètres d'élévation verticale. Toutefois par une exception, le 28 octobre 1769, à Pondichéry, le foyer de l'orage se trouvait à une hauteur de plus de 3,300 mètres.

Les observations de Tobolsk donnent :

Un cas où le nuage orageux pouvait n'être élevé verticalement que de.................... 214 mètres.
Un second où la hauteur était de............ 292 »
Six cas correspondant à des hauteurs comprises entre........................ 400 et 600 »
Cinq cas enfin à des hauteurs supérieures à.... 800 »

Ces diverses hauteurs, comme on a pu le voir, sont bien dissemblables; car si la plus grande élévation est de 8,030 mètres, la plus faible se trouve réduite entre 200 à 300 mètres. La différence de hauteur est bien considérable. Tâchons de savoir si réellement il y a quelque moyen de fixer la hauteur la plus habituelle de la région atmosphérique où se forment et se rencontrent les nuages orageux.

A Paris comme à Reims, où nous avons fait nos premières observations, la totalité de l'étendue du diamètre du ciel visible des nuages est d'environ 120 lieues; ce qui donne pour la circonférence 360 lieues et 60 lieues de rayon. Nous ne pensons pas qu'excepté dans les régions des hautes montagnes ce résultat soit bien modifié; car il suffit d'un horizon ordinaire pour pouvoir constater ce résultat.

Paris comme Reims est un pays de plaine, qui est seulement borné et sillonné de collines. Eh bien, le cercle azimutal pour Paris, passe à Bruxelles, Gand, Ostende, Douvres, Harfleur, la Hougue, Saint-Hilaire, près d'Angers, Saumur, Argentan, près de Moulins, près d'Autun, Dijon, Langres, Toul, Luxembourg et Namur. De Paris, jusqu'à ces localités, on distingue les sommités des nuages orageux ; et la nuit, pour peu qu'ils soient élevés de 2 à 3 degrés au-dessus de l'horizon, on voit leurs contours assez souvent sillonnés par les éclairs. Lorsqu'ils sont descendus sous l'horizon, ou que les pointes les plus élevées des orages ne l'ont pas encore atteint, on aperçoit déjà la réflexion de la lumière des éclairs sur le ciel. Ainsi un orage qui monte à l'horizon et qui, après un parcours de quelques heures, va disparaitre à l'autre extrémité, a parcouru une distance de 120 lieues. Pendant tout ce long trajet, vous avez pu examiner à loisir tous ses produits et toutes ses transformations.

Pour arriver à cette limite de près de 60 lieues de rayon, il faut seulement une hauteur de 4,500 à 4,600 mètres; c'est presque la hauteur moyenne trouvée pour les pays de montagnes. En plaine, nous trouvons des hauteurs tellement disparates, qu'on ne peut y croire. En effet, quand, de 8,030 mètres, on arrive à un minimum de 200 à 300 mètres, on voit bien que cela ne peut pas être vrai pour l'orage lui-même; cette hauteur ne se rapporte évidemment qu'aux nuages des basses régions, qui ne sont ici que des accompagnements de l'orage. J'excepte, bien entendu, le cas de trombes.

Nous avons donné le rayon visible de tous les nuages

orageux jusqu'à l'extrémité de l'horizon. La dimension de ce rayon se trouve d'accord avec les résultats signalés par plusieurs physiciens, qui, apercevant des éclairs par un ciel sans nuages à l'extrémité de l'horizon, apprirent, par les journaux et les rapports des voyageurs, qu'à plus de 5o lieues du point où ils étaient, et dans la direction des éclairs, il y avait eu des orages considérables. Ce fait a été observé dans toutes les parties du globe. Aussi il en est résulté pour nous la preuve la plus évidente que tout se passe dans tous les pays, toutes choses égales d'ailleurs, comme sous la zone de Paris et de Reims.

Une autre preuve que ces nuages qui se trouvent dans les basses régions ne peuvent compter dans le calcul de la hauteur des orages, c'est que, jusqu'au moment où ces orages entrent en dissolution, et surtout pour peu qu'ils occupent une certaine étendue dans le ciel, on voit constamment les vapeurs aqueuses et autres se condenser au-dessous des nuages principaux qui composent l'orage, acquérir un développement assez considérable en peu de temps, puis, par un mouvement d'aspiration et d'attraction assez vif, faire partie de l'orage principal, ou bien, s'il y a une opposition momentanée, courir et rouler pour ainsi dire le long de l'orage, pour finir par s'y classer ou se dissoudre. Ce sont toujours ces masses qui, se trouvant les plus proches de la terre, l'obscurcissent quelquefois si fort en plein jour, et qui prennent aussi des couleurs si diverses, si fantastiques, suivant l'angle sous lequel le soleil les éclaire et suivant le côté qui lui est opposé.

Il faut mentionner encore les vapeurs légères qu'on voit venir de régions très-éloignées, poussées par des courants contraires et se condenser assez, en approchant de l'orage ou des orages, pour former des nuages dans le genre de ceux dont je viens de parler, et pour aboutir au même but. Ces légers nuages sont, comme les premiers, les plus rapprochés de la terre. Il est donc bien probable que, quand on trouve des distances aussi minimes, on a pris la hauteur de ces nuages pour la hauteur des orages eux-mêmes.

Les orages sont donc situés entre la région des cirrus et la région qui renferme les nuages les plus bas. De là on peut conclure que, suivant leur épaisseur et surtout quand ils sont semblables à l'orage rencontré par MM. Barral et Bixio dans leur ascension aérostatique, ils doivent s'approcher, par leur base, assez près de la région des nuages les plus bas, tandis que leur sommet ne doit pas s'éloigner de la région des cirrus, que même ils atteignent en certaines circonstances très-rares.

Nous ferons remarquer que, si les orages se trouvaient formés dans la seule région des cirrus, le rayon visible des orages serait doublé; car à peine leur sommet aurait atteint la hauteur de 6 à 7 degrés au-dessus de l'horizon, que de Paris on verrait un orage au-dessus de Bordeaux et les éclairs sillonner toutes les têtes d'orages à pareille distance. Il n'en est pas ainsi; car, si dans certaines cir-constances nous voyons qu'il pleut à des distances aussi éloignées que Bordeaux , Rodez, Grenoble , le lac de Constance, jusqu'auprès du cap Finistère, etc., il nous est cependant impossible d'y voir des éclairs ni par conséquent des orages. Seulement, par la densité des cirrus qui augmente sans cesse, nous voyons, et le fait l'a prouvé, qu'il faisait mauvais temps dans ces régions.

Par là, nous comprenons que, si les orages étaient aussi élevés que les cirrus, nous verrions sur une circonférence de 720 lieues tous les produits météoriques. Mais cela n'est pas ; car si, dans certains cas très-rares, les sommités des orages touchent les cirrus et font corps avec eux, le fort de l'orage ne s'en trouve pas moins placé à sa hauteur ordinaire, et les éclairs ne se voient que quand cette partie de l'orage touche l'horizon. Il s'ensuit que, si nous admettons, ce qui est vrai, pour la moyenne générale des hauteurs des orages. . . . . 4,600 mètres ce qui donne un rayon visuel de près de

60 lieues; nous devrons ajouter pour un rayon de 110 lieues au moins, que nous donne l'observation des cirrus. . . 4,500 »

Le total sera donc de. . , ... 9,100 mètres pour la hauteur des cirrus.

Mais comme quelquefois il y a trois ou quatre couches de cirrus qu'on voit s'entre-croiser et passer les unes sur les autres, nous ne parlons ici que de la moyenne générale de leur élévation dans l'atmosphère.

Les têtes d'orages isolés qui se lient encore les uns aux autres, ou qui, après s'être formés, ont commencé à nous

Fig. 37.

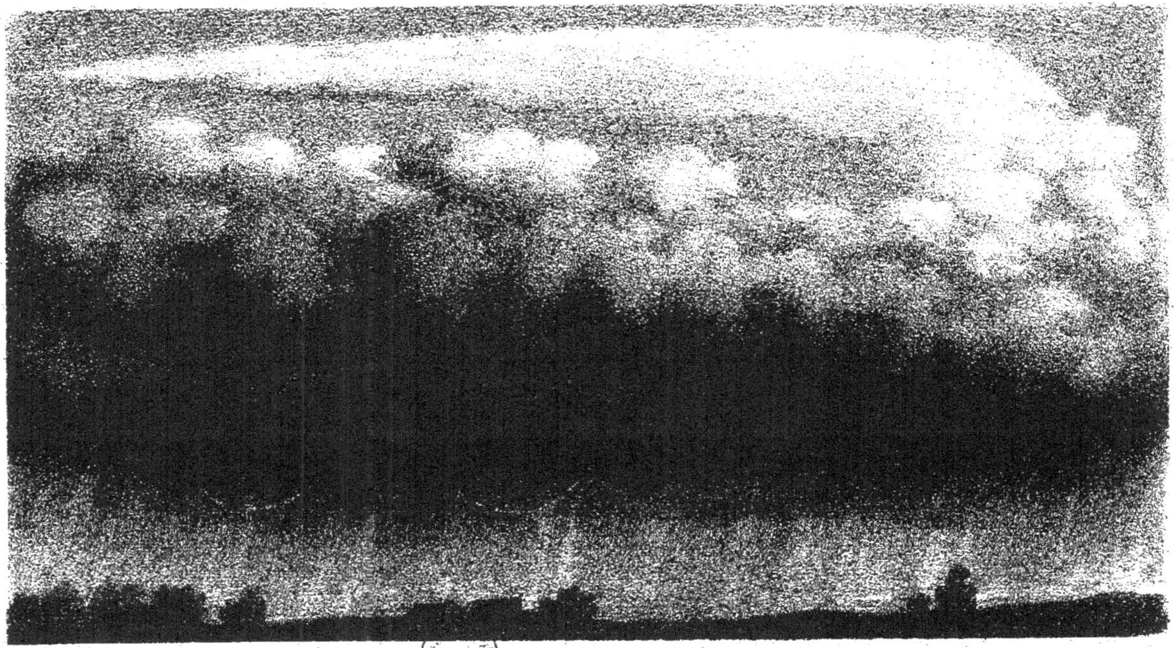

Lith. H. Jannin, Paris

donner leurs produits, prennent alors la forme de cirrus disposés en manière d'éventail, d'enclume ou de trompe ; mais ils n'en ont que la forme et ils n'appartiennent pas à cette région (*fig.* 37).

Lorsque les pluies doivent être à peu près générales et qu'elles s'étendent à de grandes distances, ce sont les cirrus qui commencent d'abord à se condenser de plus en plus ; puis viennent ensuite les nuages des moyennes et basses régions. Les orages qui se forment dans ces conditions, quoique ayant lieu sur une plus grande étendue de pays, sont généralement bien moins dangereux, parce que les courants qui apportent les matières dont ils sont formés, viennent d'une même direction.

Il arrive quelquefois que le temps orageux dure quinze jours, ou même trois semaines, avec un vent assez calme dans les hautes régions. Ces orages marchent en sens contraire du vent qui règne à terre, et qui souffle alors du N.-N.-O. au N.-E. Pendant cette période, nous avons, dans nos climats, comme sous la zone des orages et des pluies continuelles, nos vents alizés de terre, ainsi qu'ils règnent sur mer aux approches de l'équateur. Nous avons déjà fait des réflexions sur cette importante remarque.

On nous permettra de citer ici un fait bien intéressant qui se passa le 11 juin 1842 entre M. Arago et moi dans les jardins de l'Observatoire. Dans cette journée, les nuages qui se formaient sur Paris et aux environs venaient de l'E.-S.-E. au S.-S.-E. ; et nous avons fait voir que le midi de la France principalement avait à souffrir des orages poussés par ces courants. Le vent était à terre E.-N.-E. Dans le moment de notre promenade, des nuages très-légers, poussés rapidement par un courant du S., couraient vers le N. en passant au-dessus de nous. Je demandai à M. Arago ce qu'il pensait de cette situation météorique ; il me répondit qu'il n'y remarquait rien de particulier. « Cependant, lui dis-je, j'aurais su bien volontiers votre opinion à ce sujet. — Il m'est impossible de vous la donner, dit M. Arago, puisque je ne sais pas pourquoi cela est ainsi. — Vous voyez ces nuages, repris-je ; eh bien, ce sont des courriers qui viennent nous apporter la malheureuse nouvelle qu'un grand orage a eu lieu dans le midi de la France ; ils nous disent, ces nuages, que ces orages sont en ce moment en pleine dissolution et qu'ils renvoient, par eux, ce qui ne leur est plus nécessaire, c'est-à-dire les vapeurs que ces orages avaient attirées pour leur formation sous une forme moins dense. — Ce que vous m'annoncez là n'est pas possible, me répondit M. Arago. — Cela est tellement vrai, lui dis-je, que demain ou après, au plus tard, nous ne manquerons pas d'en avoir la confirmation. »

Ce ne fut que trop tôt confirmé : le lendemain soir, les journaux renfermaient une dépêche télégraphique arrivée de Marseille. Elle faisait connaître qu'un épouvantable orage avait éclaté la veille, de 4 à 5 heures du soir, sur la ville de Marseille et sur les contrées environnantes ; que la foudre était tombée plusieurs fois dans la ville ; que le volume d'eau avait été si considérable, que la Canebière se trouvait dépavée ; que des terroirs aux environs se trouvaient ravinés ; qu'une grande partie des récoltes avaient été hachées par la grêle, etc., etc.

Muni de ces tristes renseignements, je me rendis à l'Observatoire, je les montrai à M. Arago, et je lui demandai ce qu'il pensait d'une science qui, à ses débuts, sans télégraphe et sans rien avoir à son service, en était déjà arrivée à de tels résultats. « Si vous étiez venu, il y a trois cents ans, me répondit-il, on vous aurait brûlé comme sorcier ; c'est là toute la récompense qu'on vous aurait accordée. — Vous saurez maintenant, lui dis-je, ce que les orages font des matières qui ont servi à les former, lorsqu'ils sont en pleine dissolution. »

Nous terminerons ce chapitre par quelques exemples d'orages choisis parmi les plus remarquables que nous ayons observés, et qu'aient observés récemment d'autres que nous.

Un orage assez considérable s'avançait sur Reims et les pays voisins, poussé par un vent de S.-O. Cet orage, parvenu à environ 20 degrés de la verticale, éprouva tout à coup un obstacle qui transporta en peu d'instants l'aile droite sur l'aile gauche, et lui fit prendre la direction S.-S.-E., S. Au moment où tout ce qui composait l'aile droite parvint à l'aile gauche, ce fut un chaos terrible pour Saint-Quentin et les lieux environnants ; tout y fut bouleversé, brisé, arraché, haché, raviné ; un bateau vide qui se trouvait sur le canal de Saint-Quentin, fut enlevé du canal et lancé dans les terres. Le désastre n'eut un terme que quand l'orage eut classé toute cette abondance de matières sur une nouvelle ligne. Nous étions plus de vingt personnes qui regardions toute cette transformation, qui s'opéra en moins de dix minutes. Je leur indiquai Saint-Quentin et lieux environnants comme se trouvant justement sous l'aile gauche de l'orage et devant subir toute la violence du météore. Les journaux de la localité vinrent donner raison à ma prédiction.

Au commencement de juillet 1834, à 5 heures du matin, de Reims on voyait un seul nuage orageux situé au-dessus de Pignicourt et Neufchâtel; et entre ces deux points plusieurs coups de tonnerre se font entendre; puis on voit la foudre s'élancer du nuage en zigzag et tomber à terre. Neufchâtel et Pignicourt sont à 4 lieues de Reims; vers midi, on sut qu'une petite fille qui aidait son père à moissonner du foin avait été tuée près de lui par la foudre. Nous avons cité cet exemple pour faire voir que la foudre pouvait tomber d'un seul nuage orageux.

Le 19 août 1843, il y eut à Lille, vers le soir, un orage très-fort. Cet orage, perturbé dans sa marche, change tout à coup de direction. La trombe qui en fut la suite enlevait les toits des maisons et déracinait les arbres en les tordant, surtout le long de la route de Lille à Roubaix.

Le 9 juin 1844, un orage à Paris s'avançait du S.-O.; tout à coup un courant de N.-O transporta l'aile gauche de l'orage sur l'aile droite. Le Palais de l'Industrie souffrit considérablement de cette brusque transformation.

Le 18 août 1845, les cirrus O.-S.-O. étaient déjà en tempête, et leur mouvement de translation s'augmentait de plus en plus. Le 19, vers midi, un orage se dirigeait du S. au N.; l'air était encore très-calme à terre. Ensuite, vers 1 heure, on vit du pont des Arts, à Paris, passer le long de l'orage des nuages formés avec la matière de l'aile gauche de cet orage. Voici ce qui avait lieu à cette même heure de l'autre côté de Rouen. Le vent O.-S.-O. signalé dès le 18 en tempête par les cirrus, se fit sentir violemment sur l'aile gauche de l'orage, la replia sur le centre pour lui imprimer ensuite une nouvelle direction. Le choc en fut si prompt et si terrible, qu'à l'instant eut lieu, dans la vallée de Deville, le tornado ou trombe qui causa tant de ruines de choses et de pertes de personnes.

Nous ferons remarquer ici que, comme dans tous les cas semblables, une fois que l'orage fut forcé de suivre la nouvelle direction qui lui était imposée par la violence du courant O.-S.-O., signalé dès la veille par les cirrus, il n'y eut plus que les dégâts ordinaires que causent les grands vents et les tempêtes. Ainsi, à Paris, le grand vent se fit sentir après midi; il y eut des arbres cassés, des toits et des cheminées d'endommagés. Ce jour-là aussi, il y eut une trombe à Velley (Côte-d'Or).

Les physiciens se sont trouvés presque tous d'accord pour attribuer au rôle que joue l'électricité dans les orages la cause des trombes ou tornado. Nul doute que l'électricité ne joue un rôle dans les orages, puisque sans sa présence nous n'aurions ni éclairs, ni tonnerres. Ce n'est cependant pas à l'électricité que sont dues les trombes, mais bien à la force des perturbations que rencontrent les orages et qui les font dévier de leur route pour en suivre une autre. Sans doute les éclairs, les tonnerres sont plus considérables par les trombes que dans les orages ordinaires; mais cela tient principalement à l'énorme masse de matières inhérentes à l'orage, rassemblée et pressée dans un étroit espace jusqu'au moment où le tout a trouvé jour à se développer de nouveau pour se caser convenablement ou se dissoudre. L'électricité a donc son rôle dans les orages; mais, comme nous l'avons fait remarquer, ce n'est pas elle qui les fait changer de direction et qui leur imprime des perturbations semblables à celles que produisent les courants violents qui descendent de haut en bas et qui donnent aux objets qu'ils rencontrent le mouvement d'une toupie.

Le 25 juillet 1845, il y eut près de Dijon (Côte-d'Or) une trombe. Un orage s'avançait du S. au N.; tout à coup il rencontra un courant descendant de l'O., qui fit changer à l'instant la direction primitive de l'orage en repliant l'aile gauche et rejetant l'orage sur le N.-E. Cette trombe occasionna de grands dégâts; des maisons furent endommagées, des arbres cassés, tordus, déracinés, et un grand nombre de récoltes ravagées par la grêle.

Le 3 juin 1849, cirrus au matin S.-S.-E., nuages de la moyenne région ou petits cumulus S. et S.-S.-O.; les nuages de la basse région ou légers N.; halo dans la ma-

tinée. Le baromètre baissa de 4 millimètres depuis le matin jusqu'au moment de la formation de l'orage, qui commença avant midi dans le S.-O. A 1 heure du soir, des
vapeurs aqueuses se condensent au-devant de l'orage; et,
au lieu (comme on aurait pu le croire et comme cela
arrive fréquemment) de faire partie de l'orage déjà formé,
ce qui aurait augmenté son volume, ces vapeurs se dirigent assez vivement du S.-S.-O. au N.-N.-E., laissant
seulement à découvert dans le ciel de l'E. au S.-E. un
espace de 10 à 12 degrés de hauteur depuis l'horizon.

Ces vapeurs, d'abord assez légères, sont à peine parve-
nues au N., qu'elles se condensent de plus en plus, et en
s'élevant dans la moyenne région forment de tous côtés et
très-rapidement de petits orages partiels. Ces divers orages, après deux ou trois coups de tonnerre au plus et un
peu de pluie, prennent un plus grand développement, se
relient entre eux et se soudent finalement à l'orage primitif formé dans le S.-O. Une demi-heure est à peine
écoulée, que l'orage occupe une grande surface. On vit
alors des nuages de la région la plus basse poussés vivement par le vent du N., s'arrêter une fois arrivés sous
l'orage, être attirés jusqu'à lui et en faire partie. Cet
orage dura jusque dans la soirée; car à 9 heures du soir
on entendait encore quelques coups de tonnerre éloigné.

Le 26 juin 1850, le ciel resta gris jusqu'à 10 heures
du matin. A cette heure les cumulus se condensèrent de
plus en plus au S.-O., et le gris du ciel disparaissait à
mesure que les nuages orageux prenaient plus de con-

sistance. Le vent, d'abord à l'E., passa successivement au S.-E., S., S.-O., O., puis le soir, après l'orage, N.-O. Dans tous ces mouvements atmosphériques, le baromètre ne descendit que de 1 millimètre.

A $7^h 26^m$ du soir, nous étions au plus fort de l'orage, et la foudre tomba pour une partie de son contenu sur le paratonnerre du pavillon de l'Horloge donnant sur le jardin du palais du Luxembourg. Voyez la description de ce coup de foudre au chapitre consacré aux éclairs.

Ce premier orage venant du S.-O. fut suivi d'un second, qui arriva sur nous deux heures après, poussé alors par le vent qui était déjà passé à l'O. Le cours de cet orage fut subitement changé par un vent très-fort du N.-O., qui rejeta violemment l'aile gauche sur l'aile droite. Ce ne fut plus qu'une longue suite de coups de vent impétueux et de bourrasques.

Le 7 août 1851, après midi, une trombe terrible s'est abattue sur la commune de Haute-Rivière, département du Rhône, et y a exercé d'épouvantables ravages; la vallée de Chivat a le plus souffert. C'est à 2 heures après midi que, précédée d'un bruit effrayant, la trombe est arrivée sur le sol, renversant et détruisant tout sur son passage. Arbres arrachés, tordus, brisés et jetés au loin; la toiture des maisons enlevée et dispersée. Il ne resta plus de vestiges de récoltes; des gerbes ont été retrouvées à 3 kilomètres du lieu du sinistre.

A Paris, il y eut ce jour-là après midi un orage poussé par un vent d'E.; pendant tout ce temps, on entendit des coups de tonnerre qui durèrent plus d'une minute. Le vent pendant l'orage même passa au S.-O., puis successivement au N., à l'E., puis au S.-E., où il est resté ainsi que les nuages. La nuit, tout était au S.-S.-E., S.

Comme les détails manquent sur la trombe de Haute-Rivière, on ne peut dire sur quelle partie de l'orage le vent descendant a agi ; mais si l'on juge par ce qui s'est passé à Paris, on reste parfaitement convaincu que la trombe du département du Rhône fut le produit, comme toujours, de forces contraires très-actives qui agissaient dans l'atmosphère, et qui furent plus puissantes que le courant qui faisait marcher primitivement l'orage.

Pendant la nuit du 9 au 10 juillet 1852, il éclaira toute la nuit au S.-E. à l'extrémité de l'horizon. Le 10 juillet au matin, on voyait dans l'O. des restants d'orages de la nuit ; le vent N., les cirrus S., S.-S.-O., les nuages E.-S.-E. Peu à peu le ciel devint très-brumeux, les nuages orageux étaient presque sans cours.

A $2^h 10^m$ du soir, il se forma successivement des orages détachés qui ne tardèrent pas à se souder les uns les autres, depuis entre O., O.-N.-O. par le N. jusqu'entre E.-N.-E. et E. Les sommités de tous ces orages s'élevaient seulement au-dessus de l'horizon à 15 degrés. Peu à peu un autre se forma entre l'E.-S.-E. et le S.-E., qui ne tarda pas à se lier avec les précédents, et un autre qui se forma près du S.

Ensuite, au zénith, des vapeurs aqueuses et autres se condensèrent de plus en plus et ne tardèrent pas à donner naissance à de petits orages qui se mirent peu à peu en communication avec les précédents. Ces derniers étaient composés de nuages bien moins denses que les premiers; car dans la nuit on aurait vu les étoiles à travers un grand nombre d'entre eux. Ils s'unirent cependant à leur surface inférieure; mais leurs sommets, quoique restés séparés et déchiquetés, faisaient retentir l'air de coups de tonnerre incessants. Le baromètre baissa seulement de 1 millimètre pendant tous ces orages détachés. Il plut très-peu au Luxembourg; mais les gouttes de pluie étaient larges comme des écus de trois francs. Le vent sauta tour à tour à plusieurs directions.

Ce qui se passa dans cette journée, et dans bien d'autres semblables, démontre jusqu'à la dernière évidence que les mêmes circonstances atmosphériques produisent, en France comme en Éthiopie, les mêmes faits météoriques. En effet, on pouvait compter à Paris, tout comme en Éthiopie, plus de quarante orages sur toute la surface visible de l'horizon. On aurait pu nommer aussi tous ces petits orages détachés des nuages à la *torpille*, puisque les décharges électriques étaient presque égales.

Le 27 mai 1853, les cirrus E.-N.-E., les nuages et le vent S., S.-S.-O. Dans la matinée, il plut un peu. Après-midi, il y eut plusieurs orages du N.-O. au N.-E. en passant par le N.; le bruit du tonnerre ne discontinua pas de toute l'après-midi.

A 3 heures du soir, un orage qui marchait du S.-O. au N.-E. s'arrêta tout à coup dans son mouvement de translation par la force E.-N.-E., représentée le matin par les cirrus. On vit alors la matière de cet orage sortir de son centre, formée en nuages légers, et aller se reporter sur l'une et l'autre des ailes de cet orage. Heureusement ici que la force perturbatrice ne fut pas assez considérable pour replier violemment une partie de l'orage; car, au lieu d'un orage avorté et dissous, nous aurions eu une de ces trombes qui ne laissent après elles que des désastres. Le baromètre monta de 1 millimètre pendant cet orage.

Le 28 juin 1853, quelques petits cumulus venant ainsi que le vent S.-S.-O., S.-O. Ces nuages, jusqu'après midi, disparaissaient aussitôt qu'ils étaient formés; mais après 2 heures du soir, ils devinrent plus denses; la chaleur devint très-grande. On vit peu à peu des têtes d'orages du N.-O. au N.; et, jusqu'entre 11 heures et minuit, il éclaira constamment du N.-N.-E. jusqu'entre le N.-E. et l'E.-N.-E. Les sommités de l'orage qui étaient arrivées vers ces directions, à cette heure de la nuit, dépassaient 8 degrés au-dessus de l'horizon.

De 12 heures à $12^h 30^m$, il éclaira aussi à l'extrémité de l'horizon dans la région du S.

Dans le S., Périgueux et autres localités avaient leurs orages. Dans le N., un orage terrible éclatait sur Valenciennes et environs; pluie torrentielle; grêlons d'une grosseur extraordinaire; toitures et vitres brisées; éclairs et tonnerres incessants; épouvante des habitants surpris dans leur premier sommeil. Valenciennes est, comme on le sait, à près de 53 lieues N.-E. de Paris, et le sommet de l'orage était encore élevé au-dessus de l'horizon de 8 degrés.

Dans la nuit du 29 au 30 juin 1853, il éclaira aussi constamment du S.-O. à l'E. à l'extrémité de l'horizon. Aussi la Meuse, le Bas-Rhin, la Côte-d'Or, Saône-et-Loire, eurent à souffrir des ravages de la foudre et de la grêle.

De tout ceci, il résulte que le rayon visuel est maintenant bien établi; aussi nous ne reviendrons plus sur ce sujet.

Le 27 juillet 1853, les cirrus S., les nuages S.-O., le vent S.-E., E.-S.-E., S.-E; la journée fut chaude et belle. Cependant à 3 heures après midi, les cirrus, alors S.-S.-O., commencèrent à devenir de plus en plus denses dans la région de l'O. Fraction de halo; puis à $5^h 15^m$ du soir, halo complet. Cet orage, qui prenait un double accroissement, et par la matière des cirrus et par celle des nuages, commença à sévir dans l'O., O.-N.-O., N.-O.; le vent toujours E.-S.-E., S.-E et les nuages et les cirrus S.-O. Le baromètre descendit de 5 millimètres, de 5 heures du matin à 8 heures du soir.

A 6 heures du soir, des orages détachés se formèrent sur toute la circonférence du S. au N. par l'O. A 7 heures, éclairs au loin; à 8 heures, éclairs et tonnerres presque au zénith.

Les nuages orageux qui se formaient tour à tour et qui, jusque-là, se dissolvaient à partir du zénith en approchant de l'E., cessèrent de se dissoudre. En ce moment, tous ces orages continuèrent leur mouvement de translation assez vif du S.-O., O.-S.-O., sur toute l'étendue de l'horizon. Ce fut de 9 heures à $12^h 30^m$ que le moment de l'action engagée par ces orages fut des plus remarquables; tout le ciel était livré à la permanence des éclairs et du bruit plus ou moins rapproché du tonnerre. J'ai donné une description de cet orage au chapitre des éclairs et coups de foudre.

On peut dire, avec vérité, que dans certains moments il n'y avait pas un espace, si petit qu'il fût, qui n'eût son orage et ne fût parsemé d'éclairs. Si quelques départements, comme la Seine-Inférieure, le Pas-de-Calais, la Somme et d'autres, ont souffert de ces orages, nous, à Paris, nous n'en avons admiré que les beautés.

Le 15 juillet 1854, au matin, le vent variait sans cesse de l'E. au S.; les nuages d'abord S.-S.-E. Après 9 heures du matin, l'orage se forma dans le S., et il s'étendit successivement jusqu'au N. par l'O. A 11 heures du matin, cet orage attirait à lui toutes les vapeurs qui se formaient dans l'E.; puis tout à coup des nuages légers se formèrent dans les basses régions au-dessous de l'orage sur toute la ligne; le vent souffla alors du N.-O., et imprima sa force à ces nuages. Aussi il arriva que l'orage rencontra une grande résistance à suivre sa route primitive; et, pour y parvenir, il fit sortir de ses flancs une grande masse de vapeurs qui se formèrent aussi en nuages légers et furent poussées, comme les premières, par le vent du N.-O. au N. dans le S.-E. L'aile gauche, dégarnie par la résistance qu'elle rencontrait, et portée sur un autre point, devint l'aile droite de cet orage. Il arriva alors dans ce lieu qu'aussitôt la transformation opérée, les coups de tonnerre devinrent incessants et la pluie tomba par torrents.

Le soir, un autre orage moins considérable s'étant formé, répéta en petit tous les mouvements du premier.

Le baromètre, pendant ces orages, remonta de 2 millimètres, du matin à 3 heures du soir.

Le 26 juillet 1854, vent et brouillard le matin, variant du N. au S., les nuages S.-S.-O.; ciel couvert jusqu'à 2 heures du soir. A 2 heures, quelques petites éclaircies, la chaleur considérable. Les nuages de la moyenne et de la basse région toujours S.-S.-O., avec un mouvement de translation très-lent; là était le germe de l'orage qui allait se former.

A 4 heures du soir, l'orage montra déjà, du N. au S.-E. par l'E., trois parties principales qui chacune, l'une après l'autre, prirent un grand accroissement. La première partie fut d'abord la plus considérable; elle passa rapidement vers le S. et s'arrêta au S.-E. De Maisons-Lafitte où je me trouvais, j'entendis les premiers coups de tonnerre et vis la pluie tomber; il en fut de même, un peu après, du second noyau du N. sur l'O. Les matériaux qui entraient dans la composition de cet orage arrivaient de tous les points du ciel avec la rapidité des brouillards. Aussitôt que toute l'étendue du S.-E. au N., en passant par l'O., ne laissa plus de vide, l'orage changea de direction, l'aile gauche en s'appuyant sur le N.-O, le centre sur le S.-O. et l'aile droite sur le S.-E. Tout marcha alors avec ensemble sur l'E., toutes les parties étant bien soudées et ne formant plus qu'un seul orage. La pluie tomba par torrents, et elle était mêlée d'une assez grande quantité de grêle et accompagnée de coups de vent. Comme toutes les localités comprises dans son périmètre, Paris se trouva pendant un moment, pour ainsi dire, enseveli sous les eaux ; car des rues entières étaient interceptées, des caves remplies d'eau ; dans certains quartiers, les rez-de-chaussée étaient envahis.

De 7 à 8 heures du soir, l'orage perdit de sa force ; il commença à entrer en dissolution. Aussi, on vit bientôt des nuages très-légers, formés de la matière de l'orage, prendre un mouvement rapide du N.-N.-E. et diminuer petit à petit le volume de l'orage.

Le coucher du soleil était ravissant ; la couleur purpurine des cirrus et des nuages de la moyenne région faisait ressortir la couleur des nuages légers ou des plus bas, qui étaient d'un gris argenté. Le baromètre oscilla seulement de $\frac{1}{2}$ millimètre dans cette grande tourmente atmosphérique ; ce qui prouve, une fois de plus, à combien de dangers on est exposé par des perturbations qui sont assez fortes pour changer la direction primitive d'un orage, en le rejetant en grande partie à des distances assez éloignées de son point de départ. Heureusement que, dans cette circonstance, le déplacement et l'attraction de l'aile gauche dans le S.-E., qui devint ensuite l'aile droite de l'orage, eut lieu dans le commencement de sa formation; autrement, les désastres auraient encore été bien plus grands.

Le 27 juillet 1854, Paris eut le bonheur d'échapper à une répétition des phénomènes météoriques de la veille. Le matin, les nuages, le vent et le brouillard avaient passé par toutes les directions azimutales dans une même heure; ciel gris et forte chaleur.

Après midi, les nuages du S.-O. devinrent orageux, le vent N.-E. De 4 à 5 heures du soir, l'orage commença à se former. Je ne parle ici que de l'orage qui se fit sentir jusqu'à Paris; car auparavant j'avais déjà remarqué des têtes d'orages dans le N.

Cet orage prit naissance de l'O.-N.-O. au S.-O.; puis peu à peu, en prenant de l'accroissement, il s'étendit jusqu'à l'E.-S.-E. Il tirait les produits qui servaient à sa composition, comme l'orage de la veille, de tous les points de l'horizon. Une fois formé, il marcha lentement sur l'E. et s'éleva un peu vers le N. Aussi, à la fin de l'orage, il plut un peu à Paris; heureusement que dans le moment où l'orage allait atteindre le zénith, il entra en pleine dissolution, arrêté dans sa marche par un vent de N.-N.-O. De sa masse sortit une quantité très-grande de nuages légers, qui furent emportés par le vent, et l'orage diminua; aussi les coups de tonnerre, d'incessants qu'ils étaient, devinrent plus rares. Le baromètre remonta de 1 millimètre du matin au soir.

J'aurais pu multiplier, autant que je l'eusse voulu, les citations sur la formation et la déformation des orages;

mais ces détails auraient tenu plus d'un volume ; aussi je me suis contenté de parler de quelques-uns seulement pour qu'on puisse se faire une idée claire et nette de la manière dont la nature opère dans ces sortes de produits. Il y a loin, je le sais, de ces simples descriptions d'orages à celles que nous voyons dans tant d'articles qu'on leur a consacrés ; mais ici je ne parle que de faits qui sont tout à fait inhérents et essentiels aux orages. Je puis ajouter que ces observations, qui déjà depuis un demi-siècle ont été faites par les mêmes yeux, m'ont donné, on le pense bien, en ces sortes de matières, une expérience peu commune.

Qu'on me permette encore une réflexion personnelle. Voyez à quoi tiennent les choses en ce monde ! A Reims, ma ville natale, tous les remparts, qui étaient fort élevés, sont détruits aujourd'hui, et il ne reste plus de leurs débris que l'arc de triomphe élevé en l'honneur de Jules César, comme je l'ai déjà dit dans ma Préface.

Le rempart, de ce côté de la ville, était de niveau avec l'arc de triomphe ; de ce lieu élevé, je découvrais tout l'horizon borné par des montagnes du N. au S. par l'O. Aussi, toutes les fois que je voyais un nuage se former, n'importe dans quelle partie du ciel, je gravissais à l'instant la montée du rempart pour observer. Ces courses et ces observations incessantes, je les pratiquais de jour et de nuit.

Supposons maintenant que je fusse né un demi-siècle plus tard, c'est-à-dire après la destruction de ces remparts qui formaient mon observatoire : pense-t-on que les mêmes résultats se fussent produits pour moi, même en me supposant mes dispositions naturelles et irrésistibles d'observateur quand même? Je ne le pense pas. Dans d'autres conditions, je n'aurais pu observer que très-imparfaitement, je n'aurais saisi les météores qu'à leur passage près du zénith, je n'aurais eu sur leur formation et leur dissolution que des données très-vagues et bien insuffisantes pour me révéler tous les détours d'un pareil labyrinthe; aussi il est assez probable que je n'en serais jamais sorti.

Je dois donc rendre grâce à la Providence de m'avoir doté dans ma jeunesse de moyens d'observation dont cinquante ans plus tard j'aurais été privé. On conçoit, sans peine, que je n'aie pas vu, sans une douleur bien amère, disparaître ces remparts que je regardais comme le plus bel ornement de la ville et dont une partie m'avait été si nécessaire et si utile.

Mais revenant à notre sujet, nous finirons ce chapitre, comme nous l'avons commencé, par dire encore quelques mots sur l'électricité, afin de résumer notre pensée. Non, à mon avis, l'électricité ne forme ni ne dissout les orages. Ils ne sont dus qu'à des courants atmosphériques qui, placés dans une certaine position, apportent tous les matériaux nécessaires à leur composition; comme d'autres courants, placés dans des conditions opposées, apportent avec eux ce qui est nécessaire à leur dissolution. Il est seulement ici bien évident que, dans des masses de vapeurs d'eau, aussi énormes et aussi condensées qu'elles le sont dans un orage, les molécules électriques entraînées avec toutes les vapeurs de régions éloignées et amassées aussi en grande quantité avec tout ce qui peut leur donner la vie, si je puis m'exprimer ainsi, agissent alors dans le sein de l'orage comme dans les piles que nous voyons tous les jours; et elles ne finissent leur action, comme dans celles-ci, que lorsque la force d'ensemble qui leur imprimait une action plus ou moins continue est disparue avec les causes qui l'avaient produite.

CHAPITRE X.

Tonnerre, éclairs et coups de foudre.

Définition du tonnerre, de la foudre. Hauteur des orages calculée sur le
temps que le bruit du tonnerre emploie pour arriver jusqu'à nous. —
Définition de l'éclair. Classification des éclairs par couleurs. Directions,
points d'émanation et manière dont ils se terminent. — Différents autres
aspects d'éclairs s'échappant des nuées orageuses. — Des éclairs en
boule. Opinion de quelques physiciens. — Récit d'un orage tiré de mes
observations. — Des éclairs qui s'échappent par le haut des orages. —
Des différentes manières dont le bruit du tonnerre frappe notre oreille.
— Observations de quelques éclairs et coups de foudre. — Des substances chimiques contenues dans l'eau provenant des pluies d'orages.

Dans le chapitre précédent, nous nous sommes occupé
spécialement de la formation des orages, de leur dissolution et des perturbations qu'ils provoquent ou subissent
pendant leur courte existence. Nous nous sommes aussi
spécialement attaché aux terribles effets de la grêle, et des
trombes, dont nos récoltes et nos maisons ne sentent que
trop les effets. Maintenant, nous arrivons à la description
d'effets non moins terribles et surtout très-souvent irréparables dans leurs conséquences, puisque la vie des
hommes peut y être en jeu. Dans de pareilles circonstances, rien ne peut compenser le mal, et rien ne pouvait, en quelque sorte, le prévenir.

On entend par *tonnerre*, le bruit éclatant causé par l'explosion des nuées électriques.

« On nomme *foudre*, le feu du ciel, la matière électrique qui, lorsqu'elle s'échappe de la nue, produit une vive lumière et une violente détonation. » C'est ainsi que le nouveau Dictionnaire de l'Académie s'exprime. Toute définition à part, il résulte des faits que le tonnerre se fait entendre le plus souvent après l'apparition d'un jet subit de lumière; car il est rare qu'on n'aperçoive pas l'éclair avant que le bruit se produise. Le bruit du tonnerre se fait entendre de différentes manières, probablement suivant la disposition des nuages, suivant le parcours de l'éclair et suivant les résistances qu'il a dû rencontrer. Quelquefois la durée du bruit est très-courte, tandis que d'autres fois, et principalement dans les roulements, il dure plus d'une minute.

On estime la hauteur des orages d'après le temps que met le bruit du tonnerre à arriver jusqu'à nous. Mais cette mesure n'est peut-être pas fort exacte. Nous pensons qu'il ne faut pas toujours s'arrêter à la durée du bruit, parce qu'on pourrait commettre d'assez graves erreurs. En effet, quand la foudre atteint des objets sur la terre, le bruit s'entend à l'instant même où l'objet est frappé; aussi quand cet accident se produit, il n'est personne qui ne s'écrie : La foudre ou le tonnerre vient de tomber. On confond alors le bruit du tonnerre avec la foudre, quoique l'un soit parfaitement distinct de l'autre. Mais quoi qu'il en soit, l'opinion qu'on s'est formée sur la simultanéité du bruit et de l'éclair est unanime. Et l'opinion a raison.

Ici, peut-on dire que l'orage est seulement à quelques mètres ou bien qu'il est à quelques centaines de mètres au-dessus de notre tête? Non, on ne peut pas le dire, parce que le fait n'est pas. Ce qui est vrai, le voici. Le bruit du tonnerre arrive plus ou moins vite à nos oreilles, suivant que l'éclair, qui n'est que la foudre elle-même, approche plus ou moins de la terre en traversant l'air, qu'il frappe, comme un coup de fouet, de sa lanière si puissante et si terrible. Il en résulte qu'on ne peut vraiment prendre la distance qui sépare la vue de l'éclair et la production du bruit du tonnerre pour la hauteur présumée des orages dans l'atmosphère; aussi nous ne nous arrêterons pas plus longtemps sur ce sujet. Il y a des questions si simples, qu'il suffit de les poser pour les résoudre.

Ainsi, pour nous résumer en quelques mots, nous dirons : les éclairs ne sont que des coups de foudre qui heureusement ne parviennent pas toujours jusqu'aux objets terrestres. Le tonnerre, qui par son bruit éclatant épouvante souvent plus que l'éclair, n'en est cependant que la suite.

Nous dirons en outre que les éclairs, tels que nos observations nous les ont toujours montrés, se divisent comme il suit :

Éclairs blancs ;

Éclairs violacés ;

Éclairs purpurins ;

Éclairs roses ;

Éclairs serpentants ;

Éclairs en zigzags très-prononcés ;

Éclairs en losanges ;

Éclairs se rejoignant d'un bout à l'autre de l'orage, aurait-il 200 lieues d'étendue, descendant à terre ou s'évanouissant auparavant ;

Éclairs faisant l'effet d'un pilon dans un mortier ;

Éclairs sillonnant toutes les sommités des orages et représentant parfaitement l'effet d'une illumination générale ;

Éclairs s'échappant par les sommités de l'orage ;

Éclairs ayant lieu dans l'intérieur de l'orage et simulant un fleuve de feu ;

Éclairs terminés en forme de flèche ;

Éclairs terminés par une boule plus ou moins grosse ;

Éclairs faisant uniquement l'effet de ce qu'on appelle, dans les feux d'artifice, des *pots à feu ;*

Enfin, éclairs se bifurquant par un obstacle quelconque rencontré sur le trajet.

Les éclairs peuvent se faire voir dans une partie quelconque de l'orage, au sommet, à la base, au centre ou aux extrémités. Seulement l'éclair, qui est, comme nous l'avons dit, la foudre, ne peut frapper les objets terrestres que dans la verticale de l'orage, c'est-à-dire dans le milieu qui se trouve à la base de l'orage par où tombe la pluie ou la grêle, et qui s'élargit en proportion des dimensions de l'orage. En dehors de cette ligne verticale plus ou moins prolongée, jamais l'éclair ou la foudre ne peut atteindre la terre. Ce fait est très-important; aussi, dès que mes observations m'eurent fait connaître ce point capital pour la sûreté de l'observateur, je profitai de cette découverte pour examiner de plus près, et à l'abri des effets, la manière dont tout le phénomène se passait. En d'autres termes, j'attendais pour cesser mes observations en plein air, que ce milieu, que je viens de signaler, fût arrivé presque au zénith au-dessus de moi, et je les reprenais aussitôt que ce milieu avait dépassé le zénith de quelques degrés. De cette manière, j'acquis, sans autre danger que celui que tout le monde peut courir dans un appartement quelconque, une expérience peu commune et qui me met à même de donner les renseignements qui vont suivre.

Ainsi que nous l'avons déjà fait remarquer pour les orages isolés, il n'est pas nécessaire qu'il y ait des cirrus et que le nuage orageux soit très-considérable pour produire des éclairs, et par conséquent des coups de foudre. Après le premier coup de tonnerre, ce nuage prendra un accroissement considérable s'il est seul, ou bien, s'il est voisin d'un orage plus étendu, il cédera peu à peu à l'attraction de cet orage. Il se réduira en vapeurs très-légères pour aller faire partie de l'orage qui l'aura attiré à lui; ou bien, si cet orage est assez proche, il se liera tout simplement à lui.

Nous dirons encore une fois que la dissolution des

orages, comme la dissolution de tous les nuages possibles, a lieu de deux manières : ou par la pluie, ou par la désagrégation des matières, qui, devenant extrèmement ténues, vont reprendre dans les différentes couches de l'air la place qu'elles occupaient auparavant.

La couleur blanche est ordinairement celle de l'éclair. Cependant, suivant que l'éclair s'échappe plus ou moins librement du nuage orageux, ou que ce nuage réfléchit la lumière de différents côtés, la couleur de l'éclair devient plus ou moins rouge, rose ou violacée.

L'éclair produit par un orage venant du N.-O. est plus souvent rougeâtre que par d'autres directions; et la foudre qui vient de ce côté frappe plus souvent, proportion gardée, les objets terrestres que dans les orages venant directement du S. En effet, il est facile de remarquer que les éclairs et les coups de tonnerre étant plus nombreux dans les orages du S. que dans les orages du N.-O., la foudre frappe moins généralement. En d'autres termes, les coups de foudre par les orages méridionaux ne sont point en proportion des éclairs.

Dans la nuit, comme on le sait, les orages viennent du S.-S.-E. à l'O. La couleur des éclairs est plutôt blanche qu'autrement, et s'il y a exception, c'est dans l'apparition de certains éclairs qui simulent des rivières de feu; alors ils ont quelquefois une teinte un peu verdâtre. Ainsi, le changement de couleur des éclairs dépend dans beaucoup de circonstances de la réflexion de la lumière en un point quelconque de l'orage.

Les éclairs serpentants sont à leur origine comme un globe de feu ; puis ce globe s'allonge, et l'éclair serpente rapidement en parcourant une assez grande étendue du nuage orageux. Si le mouvement s'opère directement, la foudre vient jusqu'à terre, tandis que, si l'éclair serpente dans la largeur et dans la longueur de l'orage, la foudre ne peut plus atteindre aucun objet sur la terre.

Quelquefois cette boule de feu, au lieu de s'allonger, se partage dès son début en plusieurs fractions qui produisent autant de petits serpenteaux. Ces serpenteaux sillonnent plus ou moins l'orage, mais ne sont nullement dangereux.

Les éclairs en zigzag sont ordinairement moins dangereux que les éclairs serpentants ; car on les voit moins souvent descendre jusqu'à terre, leur mouvement de va-et-vient s'opérant presque toujours sur les matières qui forment l'orage. Au contraire, les éclairs serpentants terminés par une boule ou par une flèche, frappent assez souvent plusieurs objets en sautant de l'un à l'autre très-vivement ; mais il faut que tous ces objets soient peu éloignés les uns des autres.

Les éclairs qui parcourent les orages sous forme de losange sont bien autrement dangereux ; ils parcourent des distances énormes, puisqu'il y a des orages qui ont en étendue plus de 100 lieues, comme il y en a aussi de 25 à 30 et même de plus petits. Ces éclairs, dans les orages qui ont le plus d'étendue, franchissent quelquefois des distances de 20 à 30 lieues.

Les éclairs en forme de losange dégénèrent toujours

en coups de foudre; ils commencent assez souvent par la partie de l'orage qui a été la dernière à se former, c'est-à-dire en amont. Par la longueur de son parcours, cet éclair ou bien la foudre peut frapper du même coup plusieurs objets très-éloignés les uns des autres. On est vraiment effrayé, quand on pense que sur une même ligne comprenant un espace aussi étendu, le même coup de foudre peut produire d'aussi grands désastres, d'aussi grands malheurs, puisqu'ici il peut tuer, là renverser, et plus loin incendier.

On a beaucoup parlé d'éclairs en boule. L'attention des physiciens a été d'autant plus attirée sur ce phénomène, que l'opinion générale leur attribue une propriété que n'ont pas les autres, à savoir d'être insensibles à l'action des paratonnerres; en d'autres termes, les paratonnerres ne peuvent protéger aucun édifice des effets des coups de foudre en forme de boule. Cette opinion n'est point exacte de tous points; car des éclairs serpentants ou en losange et même des éclairs en ligne droite sont assez souvent terminés par une boule; mais ils sont d'une moins grande dimension que ceux dont je vais parler. On a aussi raconté que ces éclairs en forme de boule restaient presque stationnaires dans leur apparition, et même qu'ils éclataient parfois après quelques instants d'une immobilité complète.

Nous pensons qu'on a beaucoup exagéré les choses dans ces diverses descriptions, et que l'imagination vivement impressionnée par la peur a fait comme pour les globes filants des récits plus ou moins fantastiques. En effet, on peut se rappeler tous les récits exagérés que l'imagination enfante, troublée par l'apparition inattendue d'un météore qui se meut dans des régions si élevées par rapport à ceux qui le voient; à bien plus forte raison l'imagination a dû être émue par des objets tels que la foudre qui vous entoure et qui vous touche. Quoi qu'il en soit, nous allons donner la description des éclairs en boule, qui le plus souvent ressemblent pour la grosseur apparente à des boulets de 12.

Les éclairs qui produisent la véritable foudre en boule ont lieu de cette manière. De deux points opposés de l'orage, on voit deux éclairs paraître en même temps; avec la rapidité qui leur est propre, ces éclairs se rejoignent en un point quelconque de l'orage : au moment du contact, la matière qui compose les deux éclairs se réunit, et c'est alors seulement que la foudre en boule, d'un calibre variant suivant le volume de la matière apportée d'aussi grandes distances, tombe, et arrive en droite ligne sur un objet quelconque placé à la surface de la terre, ou s'évanouit un peu auparavant en faisant explosion. Voilà, depuis bientôt un demi-siècle, comment j'ai vu toujours les faits se passer.

On comprend aisément qu'une aussi grande quantité d'électricité réunie, venant à tomber directement sur un point quelconque, ne soit pas soumise à l'action des paratonnerres et qu'elle écrase dans sa chute tous les objets, quelque grands qu'ils soient, qu'elle rencontre sur son passage. Indépendamment de tous les coups de foudre de ce genre que j'ai vus se produire de près ou de loin, pendant mes nombreuses observations, j'ai été moi-même frappé plus d'une fois, non par la foudre elle-même, mais par ce qu'on appelle un *choc en retour*.

Le 13 juillet 1829, à 3 heures du soir, j'étais sur la route de Reims à Laon, dans la voiture qui transportait les dépêches; nous étions trois voyageurs dans cette voiture, j'occupais la place du milieu; les rideaux étaient tirés pour nous garantir autant que possible de la pluie qui tombait par torrents. Cependant, afin d'examiner tous les détails de cet orage qui était considérable, je tenais les rideaux d'une main et les écartais un peu de l'autre pour avoir la moitié de la figure en dehors. Tout à coup, deux éclairs se dirigeant des deux extrémités en un point de l'orage, la matière électrique qui les formait se réunit, et aussitôt la foudre, en forme de globe, tombe sur le pavé à environ vingt pas du cheval. Le coup de tonnerre fut des plus violents, la foudre rebondit avec impétuosité sur le pavé avant de faire explosion, et puis tout rentra dans le calme. Cependant, par l'effet de la commotion et du refoulement de l'air, le cheval et la voiture reculèrent, et moi, je reçus le plus violent soufflet; ma joue droite qui eut à le supporter resta rouge pendant plus de quinze jours. Les deux autres voyageurs, garantis par les rideaux de cuir, n'éprouvèrent d'autre mal que la peur.

Quoi qu'il en soit, jamais jusqu'à présent nous n'avons vu, pour notre part, les coups de foudre en boule tom-ber doucement ou se promener sur la terre. Si cela

est véritablement arrivé, comme on l'a prétendu, ces cas
ne rentrent nullement dans l'espèce de coup de foudre
dont nous venons de parler; car au moment où la foudre
quitte les nues pour descendre sur la terre, elle ressemble à une immense colonne de feu terminée par une boule.

Voici maintenant un tout autre genre d'éclairs ou
coups de foudre en boule. Dans quelques orages, on voit
tout à coup paraître une assez forte quantité d'électricité
réunie aussi en forme de boule, et descendant à terre sous
forme de colonnes de feu; ces éclairs ou coups de foudre
font l'effet du mouton qu'on monte et qu'on lâche pour
enfoncer un pieu. Cet effet de va-et-vient perpendicu-
laire se répète quelquefois jusqu'à cinq ou six fois de
suite. Ce phénomène est très-curieux à observer.

Il y a des éclairs qui s'échappent par le sommet des
nuages orageux et qui parcourent tour à tour toutes les
anfractuosités de ces nuages, représentant parfaitement
dans leur splendide trajet tous les effets d'une brillante
illumination. Ces éclairs ne sont pas plus dangereux
qu'une autre espèce d'éclairs qui s'échappent aussi par le
haut des orages, mais sans en parcourir tous les contours;
car ni les uns ni les autres ne viennent jamais raser la
terre, et jamais non plus ils ne laissent après eux aucun
bruit de tonnerre, tandis que le contraire arrive pour
tous les éclairs qui s'échappent par le bas des orages.

Tout le monde a remarqué que le bruit du tonnerre
diffère souvent d'une manière bien sensible. Les orages
apportés par les courants du S. rendent le bruit du ton-

nerre beaucoup plus grave et les roulements plus pro-
longés. Lorsque les coups sont dans toute leur force, les
maisons en paraissent ébranlées. Il n'en est pas de même
pour les orages apportés par les courants de l'O. ou
du N.; les coups de tonnerre sont tout à fait différents :
on dirait quelque corps qui se brise en éclats; ils ont
aussi assez souvent le bruit de ferraille. La durée du bruit
n'est jamais non plus aussi prolongée que dans les autres
genres d'orages.

On voit un bon nombre d'éclairs qui simulent dans leur
apparition des rivières de feu ; ce phénomène a lieu lorsque les éclairs s'enflamment au sein des nuages mêmes
sans se montrer au dehors. Les vapeurs aqueuses éclairées
soudainement par cette lumière donnent naissance alors
à ce beau phénomène, au travers duquel le ciel parait s'en-
tr'ouvrir. Les éclairs de ce genre sont aussi très-inoffensifs.

Nous avons déjà parlé des éclairs qui se terminent en
forme de petites boules ou de flèches; nous n'avons donc
plus à nous arrêter longtemps sur cette forme. Ils appartiennent autant aux éclairs serpentants qu'aux éclairs en
droite ligne, et ils sont tout aussi dangereux les uns que
les autres. Seulement les éclairs directs ne peuvent frapper que très-peu d'objets, tandis que les éclairs serpentants et en zigzag en frappent un plus grand nombre en
sautant d'un de ces objets à un autre.

Certains éclairs prennent naissance au centre d'un
nuage orageux. Ces éclairs brûlent pour ainsi dire sur
place sans avoir presque aucun mouvement de transla-

tion. Aussi les avons-nous considérés comme des pièces d'artifice qu'on nomme *pots à feu*. Ces éclairs non plus ne font jamais de mal.

Il y a aussi des éclairs qui, comme les globes filants, se brisent en plusieurs fragments, sans doute par la rencontre d'un obstacle ou d'une attraction quelconque qui leur soutire une partie de la matière qui les compose. Seulement les fragments des globes filants s'éteignent après quelques degrés de course, tandis que les fragments des éclairs deviennent autant de nouveaux coups de foudre, qui, chacun isolément, peuvent faire autant de mal que le tout réuni.

Ainsi un de ces éclairs, soit attiré, soit repoussé par une cause quelconque, peut se briser en deux ou trois fragments et aller foudroyer des objets assez distants les uns des autres, quoique cette distance ne puisse pour ce genre d'éclairs entrer en comparaison avec les éclairs ou coups de foudre en losange.

Nous n'avons pas l'intention de faire ici, comme M. Arago à un autre point de vue, une histoire des coups de foudre et de leurs résultats tant en France qu'à l'étranger ; mais avec les faits que nous avons notés personnellement depuis vingt ans, nous aurions de quoi remplir un volume. Nous nous contenterons de quelques exemples de coups de foudre et d'apparitions d'éclairs, pour qu'on puisse se faire une juste idée de la manière dont ce phénomène se passe. Tous ces exemples rentreront dans la nomenclature des éclairs que nous avons donnée un peu plus haut.

Dans la nuit du 18 au 19 juillet 1847, à 1ʰ 15ᵐ, parut une étoile filante S.-E., 2ᵉ grandeur à γ Céphée, 20 degrés de course. Pendant cette nuit, éclairs incessants du N.-O. à l'E.-N.-E. par le N. Au moment où ce météore filant pénétrait dans la partie occupée par l'orage, un brillant éclair se réfléchit sur le météore, dont la lumière, au lieu de s'affaiblir, devint au contraire plus éclatante.

Le 26 juin 1850, à 7ʰ 26ᵐ du soir, un coup de foudre, arrivant en ligne directe, vint toucher le paratonnerre du pavillon de l'Horloge du Luxembourg donnant sur le jardin. Une partie seulement du fluide électrique attiré par le paratonnerre descendit autour de lui en forme de spirale, tandis que l'autre partie du fluide, qui s'était

(Fig. 38.)

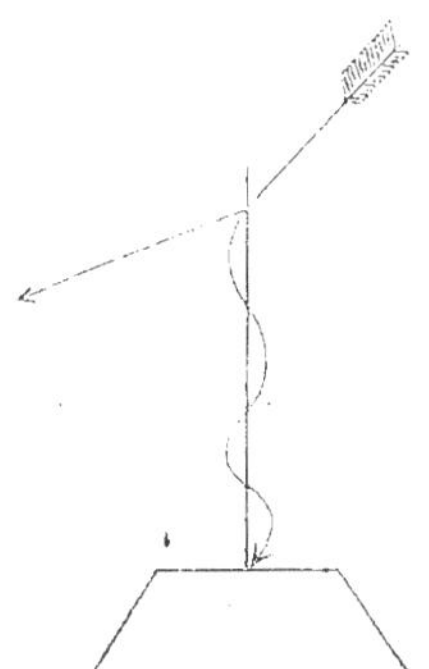

détachée de la masse, continua sa route pour se perdre ensuite dans l'air (*fig.* 38). Le tout se passa comme dans l'apparition des éclairs qui se bifurquent ou se partagent en plusieurs fragments.

Au moment de ce coup de foudre partagé, je regardais par une fenêtre de mon appartement les paratonnerres exposés à ma vue, afin d'examiner s'il n'y aurait pas quelques aigrettes lumineuses à leur extrémité. Non-seulement je n'ai rien vu de semblable dans cette circonstance, mais encore je suis obligé de dire que, de jour comme de nuit, je n'ai jamais été assez heureux, à Reims comme à Paris, pour être témoin d'un pareil phénomène.

Voici seulement ce que j'ai remarqué en tous lieux, mais plus souvent au palais du Luxembourg que partout ailleurs; car là j'ai sous les yeux, tant au petit qu'au grand Luxembourg, seize paratonnerres. Lorsqu'il vient de pleuvoir et que le soleil est à 20 ou 30 degrés de l'horizon, on voit la réflexion de sa lumière sur le platine, et tous les paratonnerres paraissent avoir en même temps chacun une aigrette lumineuse. En dehors de cette circonstance, je puis affirmer de nouveau, quant à moi, n'avoir jamais pendant les orages aperçu d'aigrette lumineuse.

Dans un orage qui eut lieu dans l'après-midi, le 27 mai 1852, s'étendant de l'E. jusqu'à l'O.-N.-O. en passant par le S., on vit au commencement les éclairs, quoique incessants, s'échapper par les sommités des nuages orageux; ce fut seulement ensuite qu'on les vit s'élancer par le bas : alors les coups de tonnerre furent presque aussi communs que les éclairs.

C'est bien à tort que des physiciens et des astronomes

ont rangé les éclairs en boule dans la troisième classe de ces météores; car s'ils avaient observé le phénomène aussi souvent que j'ai pu le faire, ils n'auraient pas manqué de lui assigner la première place qui lui appartient, puisque ce genre d'éclairs est celui qui tout ensemble offre le plus de volume et qui parcourt les plus grandes distances. M. Petit de Toulouse lui accorde pour maximum de parcours 17,000 mètres. Je crois, d'après cette seule évaluation, devoir penser qu'il n'en a pas pu observer un grand nombre; car il aurait certainement remarqué que ce chiffre de 17,000 mètres n'était qu'une bien minime fraction du trajet que ces éclairs accomplissent quelquefois. L'orage aurait-il 200 lieues d'étendue, ce qui s'est vu assez souvent, des éclairs s'échappant de ses deux extrémités se joignent en un point quelconque de l'orage, et ensuite arrivent jusqu'à la terre, où ils se dissolvent par une explosion à peu de distance de l'orage; ce qui est la terminaison la plus rare.

Peu de moments avant que l'orage du 24 juin 1853 parvint à notre zénith, je vis à une petite distance l'un de l'autre deux coups de foudre, l'un en zigzag qui toucha la terre, puis un autre sous la forme d'une grosse boule. Le coup de foudre en boule fut formé de deux courants électriques, partant l'un du S. et l'autre du N. de l'orage, et qui se rencontrèrent comme toujours en un certain point. Après la réunion de ces deux courants si opposés, la foudre tomba verticalement en grosse boule couleur rouge-feu ; elle simulait une forte colonne lumineuse en arrivant à terre.

Il y eut encore ceci de remarquable pendant la durée de cet orage, qu'un coup de foudre manqua de toucher le paratonnerre de l'un des pavillons de l'Est du palais du Luxembourg donnant sur le jardin ; mais au moment où la foudre n'était plus qu'à 1 mètre de distance, par un ricochet elle remonta en décrivant un demi-cercle .(*fig.* 39).

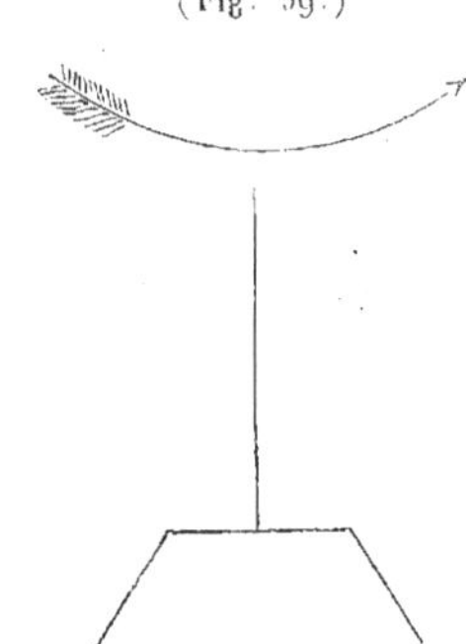

(Fig. 39.)

Cet orage me convainquit de nouveau que le bruit du tonnerre s'entend de plus loin qu'on ne le pense généralement, surtout quand l'orage suit le vent régnant et que ce vent est assez calme. Ainsi, pour cet orage, c'est à $4^h 45^m$ du soir qu'on commença à entendre au loin le bruit du tonnerre, et l'on ne voyait alors la partie de l'orage où la pluie tombait qu'à une simple élévation de 3 degrés au-dessus de l'horizon. Ce ne fut qu'à $6^h 45^m$ seulement que la pluie commença à tomber pour nous, au

moment où cette partie de l'orage arrivait à notre zénith.
Par ce fait que nous venons de rapporter, et ce cas n'est
pas rare, on voit que pendant deux heures avant l'arrivée
de cet orage à notre zénith, on entendit le bruit du ton—
nerre.

La nuit du 27 au 28 juillet 1853 fut extrêmement curieuse
par la multiplicité des éclairs et des coups de foudre, surtout de 9 heures du soir à 12ʰ 30ᵐ. Tout le ciel était éclairé
par la permanence des éclairs; il n'y avait pas un espace
si petit qu'il fût qui n'en eût sa part. Plusieurs coups de
foudre se produisirent dans la forme accoutumée. Un coup
de foudre entre autres a accompli *six fois* le mouvement
ascendant et descendant au même endroit de l'orage où
il avait son origine (*fig.* 40). D'autres coups en *losange*

(Fig. 40.)

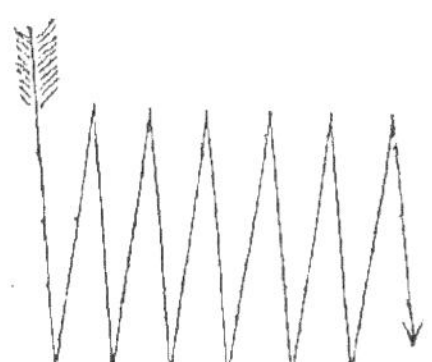

remontaient également de la terre vers les nuages orageux
pour les toucher de nouveau jusqu'à quatre et cinq fois; et
puis ils redescendaient pour aller frapper tour à tour des
objets très-distants les uns des autres.

Cet orage eut encore ceci de très-remarquable, que, se
trouvant au S.-E. presque à notre zénith, la plupart des
éclairs remontaient par les sommités des nuages orageux

et illuminaient chacun de leurs nombreux contours. Bien souvent aussi le même éclair partait d'un de leurs cônes pour aller atteindre le cône voisin d'un autre nuage ; et une fois arrivé là, prenant pour ainsi dire une nouvelle force, il illuminait à son tour tous les contours de ce nuage.

Une autre particularité non moins intéressante s'est produite plus de douze fois pendant la durée de cet orage. Une partie de l'orage était un peu plus élevée que les sommets des contours des nuages dont je viens de parler, et ces nuages, étant seulement dans leur mouvement de croissance, ne pouvaient encore entrer dans la partie unie et solidifiée de l'orage principal arrivé à sa troisième période de transformation. Une masse électrique sortant du principal orage se bifurquait en tous sens pour arriver sur toutes les sommités, les cônes et les anfractuosités des derniers nuages à peine formés. Ceci, comme on peut le croire, produisait un effet des plus curieux ; car nous avons déjà fait remarquer cette sorte d'éclairs qui, tendant à s'échapper par les sommités des nuages orageux, ne produisent aucun bruit de tonnerre. On peut donc affirmer que ces éclairs ne sont que curieux à voir et qu'ils ne sont jamais dangereux.

Vers minuit, une lumière électrique artificielle servant à des expériences et placée sur le côté de Notre-Dame, se faisait remarquer à travers les éclairs. Mais cette comparaison n'a pas été favorable à la lumière électrique terrestre, qui faisait très-peu d'effet à côté de la lumière électrique céleste. On aurait pu dire que c'était une chandelle brillant à côté du soleil, le ridicule à côté du sublime.

Il n'y avait pas plus d'aigrettes lumineuses à l'extrémité des paratonnerres que les autres jours, malgré cette immense quantité d'électricité en action. Seulement, comme toujours, le platine était vu au moment de la réflexion de la lumière de chaque éclair; puis, tout retombait à l'instant dans la plus complète obscurité.

Le 30 juin 1850, à 4ʰ 10ᵐ du soir, la foudre tomba sur le paratonnerre du pavillon de l'Est donnant sur le jardin du palais du Luxembourg. La masse électrique était assez considérable; une fois que la foudre eut touché l'extrémité du paratonnerre, elle le parcourut en spirale, et ensuite roula sur une partie de la chaine, où on la perdit de vue. Ce fait a été vu par mademoiselle Eugénie Coulvier-Gravier, maintenant madame Chapelas, et par M. Chartiaux (*fig.* 41). Quelques instants après, madame Chapelas

(Fig. 41.)

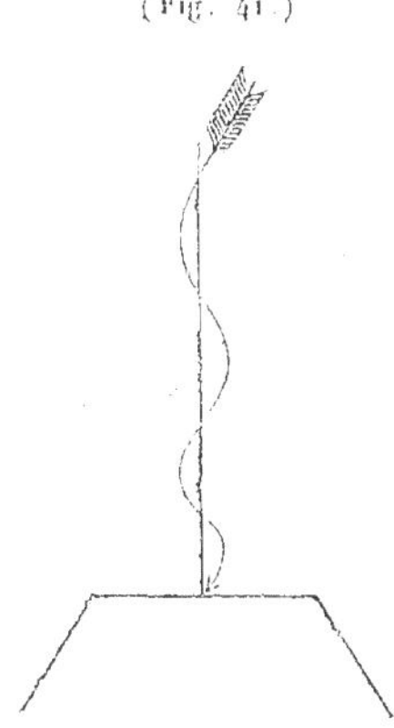

13.

vit également la foudre tomber sur le Panthéon. Ce fait
a été observé également par M. Ernest Grimonpré, fils
de M. le secrétaire-trésorier du XIIe arrondissement.

Au moment où la partie O., qui était la droite de
l'orage, donnait le plus fort, j'étais auprès du Ministère
des Travaux publics. Tout en marchant dans la rue, je
vis tomber la foudre trois fois en peu d'instants : une fois
directement vers le Palais de l'Industrie; une seconde
fois, en serpentant vers le même lieu; puis une troisième
fois, aussi en serpentant dans la direction du Ministère
de l'Intérieur. Beaucoup d'autres cas ont été également
signalés ce jour-là dans Paris, surtout depuis la rue des
Noyers jusqu'à Bercy.

Heureusement qu'au Ministère de l'Intérieur, au commencement de l'orage, l'employé attaché au service des
télégraphes électriques, avait eu la précaution de *mettre*,
comme on dit, *en terre*. Sans cette attention, le fluide
qui s'est écoulé tranquillement, aurait pu occasionner de
nombreux dégâts. Aux Champs-Élysées, un homme a été
foudroyé. Cet orage, formé dans le N.-O, puis s'étendant
par le N. sur l'E., est un exemple des coups de foudre
nombreux qui nous viennent par ce genre d'orages.

Pendant l'orage du 27 juillet 1854, qui eut lieu vers
le soir, je remarquai parmi les coups de foudre un coup
en boule qui vint frapper la terre (*fig.* 42), puis un
coup en losange qui monta et descendit cinq fois, pour
foudroyer ainsi du même coup des objets très-distants
les uns des autres (*fig.* 43).

(Fig. 42.)

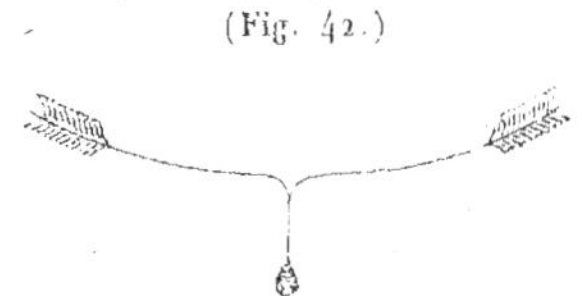

Dans l'orage de la nuit du 31 juillet au 1ᵉʳ août 1854,

(Fig. 43.)

je vis deux coups de foudre en zigzag (*fig.* 44), plu-

(Fig. 44.)

sieurs serpentants et terminés en flèche (*fig.* 45); d'autres serpentants et terminés par une petite boule

(Fig. 45.)

(*fig.* 46), puis un coup en boule remarquable par sa

(Fig. 46.)

grosseur. Je vis aussi des éclairs au loin illuminant
des sommités d'orages dans des contrées plus éloignées. L'observateur qui ne serait pas au fait de la manière dont les orages sont formés et dont la pluie tombe,
prendrait certainement ce dernier genre d'éclairs pour

des éclairs remontant de terre vers les nuages orageux. Il faut ajouter que les éclairs en losange et les coups de foudre qui agissent comme un pilon dans un mortier, simulent également le même effet. Il n'est donc pas surprenant que tant de personnes aient cru voir un aussi grand nombre de coups de foudre sortir du sein de la terre.

Je vis en outre durant cet orage une quantité assez notable d'éclairs simulant des fleuves de feu.

Comme je l'ai fait remarquer un peu plus haut, je n'ai pas voulu rassembler, ainsi que l'a fait M. Arago dans sa Notice consacrée aux tonnerres et aux coups de foudre, tous les faits isolés sur cette matière importante. Ce que j'ai voulu seulement, c'est de montrer comment les choses se passent dans le sein des orages jusqu'au moment où la matière foudroyante arrive à terre ; ce que j'ai dit suffit pour qu'on puisse se faire une idée exacte de toutes les transformations de ce terrible et redoutable phénomène.

Nous savons que chacun des courants d'électricité, au moins quelques-uns de ceux qui sont très-voisins, apportent des produits qui leur sont particuliers. Aussi ne nous paraît-il pas étonnant que dans un grand orage, il paraisse exister quelquefois tant de variétés de couleur dans les éclairs ; quelles que soient les théories déjà présentées sur ce sujet, il semble évident que ces diverses matières doivent aussi contribuer à donner différentes teintes aux éclairs. Nous savons encore que l'eau qui tombe des orages renferme des matières qui diffèrent

sensiblement de l'eau ordinaire des pluies; je me suis
aperçu, étant encore bien jeune, de cette diversité, et
j'avais remarqué que nos chevaux ne voulaient jamais
boire de l'eau de pluie recueillie pendant les forts orages.
Il n'est donc pas étonnant qu'on y ait trouvé non-seulement de l'acide nitrique, mais aussi d'autres substances
chimiques étrangères aux pluies ordinaires.

SECONDE PARTIE.

CHAPITRE PREMIER.

Considérations préliminaires.

But principal que nous avons cherché à atteindre dans cet ouvrage. — Résultats obtenus jusqu'ici en météorologie. Système Lamarck. — Application des télégraphes électriques. — Opinion de M. Regnault sur les observations météoriques et astronomiques. — Quelques réflexions sur mes travaux et sur les résultats que j'ai obtenus. Comète de 1811. Commencement de mes recherches.

Dans la première partie de cet ouvrage, nous avons suivi à peu près la méthode employée dans tous les Traités de Météorologie. Nous avons laissé de côté la question de la déclinaison et de l'inclinaison de l'aiguille magnétique, parce que nous pensons comme M. Regnault que ce n'est point une question qui rentre dans la météorologie; elle doit plutôt faire partie des observations astronomiques. En effet, c'est à l'astronomie de s'occuper spécialement des variations quotidiennes, petites ou grandes, qu'opère le mouvement diurne apparent des astres autour de la terre. L'étude de l'aiguille magnétique rentre sans nul doute dans cette catégorie de variations minimes, puisque ses plus grandes perturbations ne s'élèvent qu'à des minutes, quelquefois à 1 degré dans les cas extraordinaires. Il n'appartient donc nullement à la météorologie de s'en occuper; elle doit s'appliquer bien plutôt à observer des changements tout autrement sensibles, puisque dans une journée les vents et les nuages parcourent quelquefois ce qu'on appelle la rose des vents ou le cercle azimutal de 360 degrés.

Nous avons passé légèrement sur les oscillations du baromètre et autres instruments météorologiques, parce que nous avons réservé ces questions pour la partie que nous allons traiter. Mais avant de les aborder, nous ferons quelques réflexions.

Dans la première partie de cet ouvrage, nous avons tâché de ne négliger aucun des phénomènes principaux qui regardent la météorologie et qui sont exposés fort au long dans tous les ouvrages météorologiques. En effet, rien n'a été oublié par nous, à ce que nous croyons, depuis l'air atmosphérique qui touche la terre, jusqu'aux aurores boréales qui terminaient, on le supposait du moins, la couche atmosphérique.

Tout en conservant dans cette partie de notre ouvrage le cadre tracé par les météorologistes anciens et modernes, nous avons pu cependant, à l'aide de nos observations personnelles dans ce genre de recherches, redresser les erreurs assez nombreuses où l'on était tombé. N'aurions-nous fait que cela, peut-être aurions-nous déjà le droit de dire que nous avons rendu un grand service à la science météorologique, puisque nous l'avons dégagée, ce nous semble, d'une foule d'entraves qui la gênaient.

Il nous reste maintenant une autre tâche à remplir bien autrement importante, puisqu'il s'agit d'exposer les bases mêmes de la météorologie, c'est-à-dire d'expliquer les causes, autant que nous avons pu les saisir, qui produisent, qui engendrent, qui arrêtent et qui détruisent toutes les transformations atmosphériques, transformations qui, comme on le sait, donnent naissance à tous les produits météoriques.

Dans la météorologie, qu'a-t-on fait jusqu'à présent? Sans remonter à ce qui se pratiquait avant la découverte du baromètre, du thermomètre et des autres instruments météorologiques, et seulement depuis cette époque, on a patiemment recueilli des masses d'observations barométriques, thermométriques, sur tous les points du globe. Suivant le système mis en pratique par Lamarck au commencement de ce siècle, on a réuni à des centres principaux tout le faisceau de ces observations. L'Allemagne, la Russie, la Belgique, les États-Unis d'Amérique et d'autres contrées, ont établi à grands frais des stations, des observatoires météorologiques fournis d'instruments et d'agents de toute sorte. Les télégraphes électriques, au lieu des correspondances ordinaires et au lieu des télégraphes anciens, sont venus apporter leur contingent si rapide. Qu'a-t-on obtenu? Rien, ou à peu près, je ne crains pas de le dire. Pouvait-on obtenir quelque succès? Non, puisque l'attention des physiciens, des astronomes et des météorologistes ne s'est portée que dans des régions où nous savons qu'on ne peut point saisir l'origine des variations atmosphériques. C'est que, comme je le répète d'après M. Biot, on a pris la météorologie par *en bas* au lieu de la prendre par *en haut*.

C'était toujours le système renouvelé de Lamarck, qui, lui, l'avait pris des anciennes sociétés météorologiques préexistantes. La seule amélioration due à Lamarck, c'est qu'il avait fait adopter le système de la concentration des observations en un lieu principal. Mais, parce qu'on a la télégraphie électrique à ses ordres, croit-on qu'on obtiendra de meilleurs résultats? Comme si en discutant les faits arrivés aujourd'hui sur une certaine étendue de pays, ou en les discutant demain ou quelques jours après, les résultats ne devaient pas être les mêmes! En effet, quels renseignements dans l'un et l'autre cas avez-vous puisés à toutes ces stations, quelque nombreuses qu'elles soient? Ici il pleut, là il fait beau; ici le vent est à l'O., là il est à l'E.; ici il est au N., là au contraire il est au S. Ici il y a 6 degrés de chaleur, et là il y a 4 degrés au-dessous de zéro. Ainsi de suite, pour tous les autres renseignements qui sont toujours les mêmes à peu près, et toujours sans résultats.

Mais les causes qui ont produit tous ces faits, où sont-elles? Il faut bien le dire, quelque soin qu'on prenne pour enregistrer, fût-ce même tous les quarts d'heure, les oscillations thermométriques, barométriques et celles des autres instruments météorologiques et tous les changemenls de vents quelconques sur un espace immense ou limité ; tout cela ne peut conduire au résultat tant désiré, c'est-à-dire, comme nous l'avons indiqué, à connaître à l'avance les causes qui engendrent les météores, les arrêtent et les détruisent.

La connaissance de toutes les observations météorologiques faites terre à terre, sur tous les points du globe, ne sera véritablement utile dans la pratique que lorsque les observateurs connaîtront parfaitement ce qui a pu donner lieu aux transformations météoriques.

C'est cette conviction bien profonde, acquise par un demi-siècle de recherches et d'observations suivies avec persévérance, qui m'a engagé à refuser de me charger des observations météorologiques de l'Observatoire impérial de Paris. En effet, que voulait-on que j'y fisse? Continuer la série d'observations qui ont coûté déjà tant de dépenses sans résultat appréciable et sans progrès réel pour la science, ainsi que l'a si bien fait remarquer M. Regnault? En m'en chargeant, j'aurais craint de ne pas répondre à la confiance du gouvernement et de dépenser l'argent de l'État en pure perte.

Je suis heureux de me trouver de l'avis de M. Regnault, qui pense avec raison que les observatoires astronomiques et météoriques doivent être séparés les uns des autres et obéir à des directions différentes, puisque les moyens de recueillir les observations et la manière de les faire et même de les discuter diffèrent totalement. Mêler mes travaux à ceux d'autrui, c'était s'exposer à nuire à l'une des deux sciences, et peut-être même à toutes deux; car l'une de ces deux sciences, par ses attraits toujours nouveaux, pourrait détourner un observateur de sa véritable mission. Une autre raison non moins péremptoire est celle-ci : Je crois avoir créé une nouvelle science, la science météorique; et c'est aux dépens de ma santé, de ma fortune et de bien d'autres sacrifices. Ma science a fait toutes ses études à ses frais; elle n'attend plus pour marcher et donner les résultats que j'en espère, que des compléments de recherches, ajournées faute de moyens d'exécution, d'ailleurs bien simples et peu onéreux à la fortune publique. Je ne puis donc, sous peine de voir détruire cette science, que je crois si pleine d'avenir, la placer sous la direction de qui que ce soit, surtout de personnes qui n'en adoptent pas les premiers éléments tels que je les conçois; c'est-à-dire que je n'accepterai jamais la direction d'autrui, puisqu'à mon avis individuel je puis joindre celui de tous les personnages considérables qui m'ont fait l'honneur de suivre les progrès de tout ce que j'ai fait jusqu'ici. Celui-là seul qui a trouvé la route, qui l'a tracée, doit se charger de la terminer, s'il le peut, ou du moins il doit la rendre assez commode et assez facile pour que d'autres, dans la suite des temps, la complètent de tout ce qui y manquera, malgré les efforts de celui qui d'abord l'aura découverte.

Dans cet état de choses, je ne puis donc, ainsi que je l'ai dit, accepter la domination de qui que ce soit; mais nous pouvons accepter bien volontiers les conseils et la collaboration des amis de la science, ce qui est tout à fait différent. En d'autres termes, l'observatoire météorique que je constitue doit être tout à fait étranger à d'autres établissements scientifiques du même genre, et les élèves qu'il formera seront appelés successivement pour le besoin du service dans les quatre autres observatoires auxiliaires, qui dépendront peut-être un jour de l'observatoire principal.

Puisqu'il est avéré que, malgré toutes les études et toutes les recherches exécutées jusqu'aujourd'hui sur toutes les couches visibles de l'atmosphère, on n'a pu arriver à un progrès réel en météorologie, il faut bien alors que nous tentions un autre ordre d'idées et de faits, afin de démontrer par la discussion de ces faits les résultats positifs qui ont enfin créé la science des météores.

Nous étions loin de croire, quand nous commençâmes à observer, que l'apparition de la belle comète de 1811 allait enfin, non par elle-même, mais indirectement, révéler la véritable voie qui doit conduire à la découverte de tant de mystères ensevelis jusqu'ici dans les ténèbres les plus épaisses, quoique parfois la lueur de quelques éclairs les ait pour ainsi dire transpercées.

Voici comment nous pouvons dire que c'est à cause de la comète de 1811 que nous sommes entré dans la bonne route. En effet, on racontait alors que cette comète vers le milieu de la nuit lançait des feux dans diverses directions. Ce récit excita ma curiosité, et je résolus aussitôt de passer une partie des nuits pour examiner la vérité d'un fait qui me paraissait si extraordinaire. Plusieurs nuits passées assidûment me convainquirent bientôt de l'inexactitude du fait annoncé; car j'avais seulement remarqué en divers instants une ondulation un peu plus lumineuse le long de la queue de la comète. Certes, si je n'avais pas porté également mon attention sur tout l'hémisphère visible du ciel, je ne me serais pas arrêté aux apparitions d'étoiles filantes qui surgissaient tout à coup, tantôt dans une partie du ciel, tantôt dans une autre.

J'ai dit plus haut combien, tout jeune encore, j'avais observé la formation des nuages et des orages; on ne peut donc mettre en doute avec quelle ardeur et quelle joie je saisis ce nouveau champ d'exploration des phénomènes célestes si différents du premier. J'étais loin de soupçonner alors la corrélation qui pouvait exister entre les météores ignés et les météores aqueux, etc. On pense bien que là où d'abord je n'avais attaché qu'une satisfaction de simple curiosité, je mis bientôt au service de cette nouvelle exploration tout ce que j'avais de force, d'activité et de persévérance; mes regards se portèrent surtout dans les hautes régions où se tenait la comète.

N'y a-t-il pas lieu de s'étonner que ce soit précisément dans des régions qu'on croyait tout à fait privées d'air atmosphérique, que se rencontrent au contraire tous les signes précurseurs des divers produits météoriques? J'en fus bientôt convaincu par mes premières observations, que guidait le hasard au début, et qui devinrent peu à peu plus réfléchies. Une fois ces faits bien acquis, nous avons été certain que c'est toujours dans les hautes régions qu'il faut aller chercher les prévisions météoriques, et non dans les régions habitées par les nuages de toute espèce soumis à la pression, et par conséquent, on peut presque dire, à la volonté de ces hautes régions.

Nous faisions remarquer tout à l'heure que parfois la lueur des prévisions météoriques avait manqué traverser les épaisses ténèbres qui les tenaient cachées aux yeux des observateurs. En effet, dans les temps les plus reculés, l'apparition plus ou moins nombreuse des météores filants avait parfois attiré l'attention des philosophes et des marins. Plusieurs d'entre eux avaient auguré, d'après leur nombre et leurs trajectoires, la venue plus ou moins prochaine des grands vents ou des tempêtes, et même des tremblements de terre. Mais une fois le danger passé, on ne s'inquiétait plus de l'apparition du phénomène, et toutes ces remarques isolées n'avaient pu conduire à aucun résultat; on n'avait pu formuler la moindre loi tant astronomique que physique des météores filants.

Ces lois tant désirées et tant cherchées, nous les avons obtenues, c'est une affirmation que nous pouvons nous permettre; car nous avons déjà fait connaître quelques-unes de ces lois dans notre *Introduction historique*, et dans diverses communications à l'Académie des Sciences. Pour le moment, nous ne nous étendrons pas longuement sur la partie des lois astronomiques du phénomène; nous n'en donnerons qu'un aperçu très-sommaire, nous réservant de les reprendre une à une pour les discuter comme il convient de le faire dans la partie de notre ouvrage qui leur sera spécialement consacrée. En attendant nous allons dans ce volume de nos annales nous occuper plus spécialement des lois physiques des météores filants.

CHAPITRE II.

Questions diverses à résoudre, d'après les particularités que présente l'apparition des étoiles filantes, pour connaître à l'avance les variations atmosphériques dans la zone des étoiles filantes. — Sommaire de quelques lois astronomiques du phénomène.

Définition du mot *zone des étoiles filantes*. — Loi suivant laquelle croissent : 1° le nombre des météores filants, 2° leurs trajectoires, 3° leur nombre horaire. — Calcul de la moyenne générale de la course des globes filants par grandeur. — Marche de la résultante des globes filants. Résultats analogues pour les six grandeurs d'étoiles filantes. — Tableau et figure représentant le résumé général des nombres horaires corrigés de l'état du ciel pour le premier semestre, le deuxième semestre et l'année totale (non compris les 9, 10 et 11 août) de la période 1846-1857. Tableaux et figures représentant la marche du phénomène d'août pendant cette même période. — Marche du phénomène d'août, depuis 1800 jusqu'à nos jours. Manière d'établir cette courbe. — Aperçu de l'apparition des étoiles filantes pour tout le ciel visible, compris et non compris les 9, 10 et 11 août. — Courbe générale représentant la marche du phénomène pour la moyenne de douze années. — Les maximums n'arrivent jamais sans s'être fait annoncer. — Réflexions sur le maximum de novembre. — Tableau représentant la décroissance géométrique du parcours de diverses trajectoires dans l'espace.

Du moment que nous avons été convaincu que c'est dans l'apparition des étoiles filantes, et principalement dans les diverses particularités qu'offre le parcours de leurs trajectoires, que se trouvent les signes précurseurs de toutes les variations de l'atmosphère donnant naissance, comme tout le monde le sait, aux divers produits météoriques, nous avons dû nous bien poser les diverses questions que nous aurions à résoudre suivant la manière dont ces étoiles nous apparaissent. Nous nous sommes donc demandé :

Est-ce par les étoiles filantes en elles-mêmes?

Est-ce par leur nombre?

Est-ce par leur couleur?

Est-ce par leur changement de direction?

Est-ce par leur grandeur apparente?

Est-ce par leurs traînées?

Est-ce par la vitesse plus ou moins grande du parcours de leurs trajectoires?

Est-ce enfin par les divers obstacles que leurs trajectoires paraissent quelquefois rencontrer, qu'il faut juger du phénomène et de ses conséquences?

Avant d'aborder toutes ces questions, nous devons d'abord bien définir ce que signifie le mot de *zone des étoiles filantes*. Il est bien connu que l'atmosphère se divise, comme nous croyons l'avoir établi dans la première partie, en deux vastes régions, divisées à leur tour en un grand nombre de couches ayant chacune leurs attributions et leurs produits spéciaux, quoique, toutes à la fois, elles concourent à l'ensemble des produits météoriques.

La première région qui nous touche, on peut le dire à la lettre, commence par conséquent à la terre, et finit aux dernières limites de la couche où apparaissent les aurores boréales. La deuxième région commence après la couche qui contient les aurores boréales et australes, et elle s'élève dans des espaces dont on ne peut au juste savoir le terme, puisqu'on ne connaît pas encore la limite extrême où cesse l'apparition des étoiles filantes. En effet, nous avons signalé les résultats étonnants qu'a obtenus l'astronome Mason en Amérique, et qui donnent à l'atmosphère une élévation déjà bien considérable. Mais, ainsi que nous l'avons fait remarquer, ni lui, ni nous, nous n'avons pu affirmer que c'était là l'extrême limite de l'atmosphère. Tout ce que nous savons, c'est que le nombre des météores filants croît en sens inverse de leur grandeur, et qu'il est probable que, s'il en existe de 15e et de 16e grandeur, comme il est constaté qu'il y en a de 12e grandeur, leur nombre doit être immense.

On sait maintenant que la puissance vient d'en haut; on ne peut donc se demander : A quelle extrême limite s'arrête-t-elle? C'est une question tout à fait insoluble pour le moment; car tout ce qu'on avancerait sur cet important sujet ne pourrait s'appuyer que sur des hypothèses plus ou moins hasardeuses. Aussi, pour le moment, nous bornerons-nous à rester dans les couches de cette région qui renferment les trois grandeurs des globes filants et les six grandeurs d'étoiles filantes, le tout visible à l'œil nu, remettant à une autre époque à nous occuper des couches qui leur sont superposées.

Le nombre des globes filants croît également en raison inverse de leur taille, et leurs trajectoires, au contraire, augmentent en longueur suivant leur distance la plus rapprochée de la terre. Leur nombre horaire croît aussi comme celui des étoiles filantes du soir au matin. On trouve que la moyenne générale de la course des globes filants de la

$$1^{re} \text{ grandeur est de} \dots\dots\dots\dots\dots\dots 42^{\circ},4$$
$$\text{Course moyenne de la } 2^e \text{ grandeur} \dots\dots 27,9$$
$$\text{Course moyenne de la } 3^e \text{ grandeur} \dots\dots 22,7$$

Quant à leur nombre, si l'on admet cent globes pour minuit, on trouvera :

	Heure moyenne.	Nombre de globes.
De 6 à 10 heures..	8 heures du soir.	71
De 10 à 2 heures..	Minuit.	100
De 2 à 6 heures...	4 heures du matin.	158

La résultante des globes filants marche du soir au matin de l'E. sur l'O.

Les six grandeurs d'étoiles filantes sont assujetties aux mêmes lois que les globes filants ; car si la moyenne générale des courses est pour la

$$1^{re} \text{ grandeur} \dots\dots 26^{\circ},2$$
$$2^e \text{ grandeur} \dots\dots 21,1$$
$$3^e \text{ grandeur} \dots\dots 17,0$$
$$4^e \text{ grandeur} \dots\dots 14,0$$
$$5^e \text{ grandeur} \dots\dots 11,1$$
$$6^e \text{ grandeur} \dots\dots 9,7$$

la moyenne générale des courses de toutes les grandeurs d'étoiles filantes, y compris les globes, est de $13^{\circ},9$.

Si nous passons au résumé général des nombres horaires moyens des étoiles filantes, nous trouvons pour le premier semestre, le second semestre et pour l'année entière les résultats qui suivent, nous réservant, comme nous l'avons dit, de revenir dans un prochain volume sur toutes ces questions.

Dans notre *Introduction historique* (pages 171, 172), nous avions déjà donné un aperçu de la *variation* des nombres horaires pour les observations faites jusque-là. Dans les tableaux et les figures qui vont suivre, sont représentés les nombres appartenant aux années 1846, 1847, 1848, 1849, 1850, 1851, 1852, 1853, 1854, 1855, 1856, 1857. Ceci suffira tout d'abord à donner une juste idée du phénomène et à en faire connaitre les points les plus saillants.

Voici le résumé général des nombres horaires moyens corrigés de l'état du ciel, en d'autres termes, ramenés à un ciel serein, pour le premier semestre des années ci-dessus dénommées.

Premier semestre.

		Nombre horaire moyen.
De 5 à 6 du soir........		8,5 étoiles.
6 à 7...............		3,1
7 à 8..............		3,4
8 à 9		2,7
9 à 10.............		3,2
10 à 11.............		3,1
11 à 12.............		4,1
12 à 1 du matin.....		5,2
1 à 2...............		6,6
2 à 3...............		8,1
3 à 4...............		6,7
4 à 5...............		6,2
5 à 6...............		6,8
6 à 7...............		6,1

(Fig. 47.)

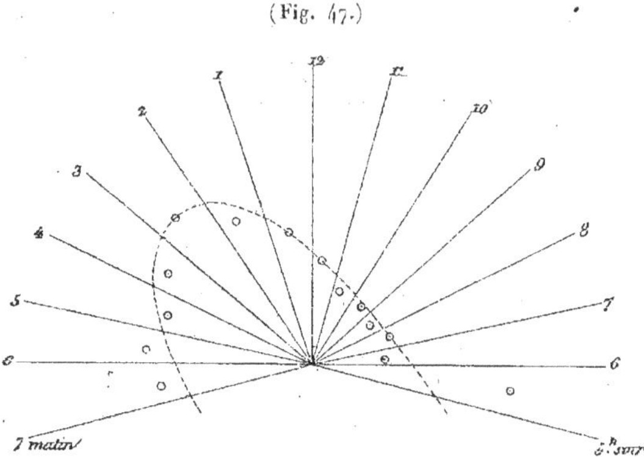

Les nombres horaires étant dans ce semestre très-faibles, nous avons été obligé de prendre 3 millimètres par étoile pour rendre la figure plus étendue. La moyenne générale de toutes les heures du premier semestre, en ayant ramené toutes les observations à un ciel serein, est de 5,2 étoiles. Si on prend pour nombre horaire moyen le relevé de la courbe, la marche est encore plus régulière.

Les observations étant impossibles dans la journée, si l'on veut connaître le nombre horaire moyen pour chaque heure de la journée, soit pour chaque semestre, l'année entière ou les 9, 10, 11 août, on achève les courbes qui ont alors la forme d'ellipses, et on a les nombres horaires de la journée comme si on les avait observés.

Si nous passons au second semestre, nous trouvons pour nombre horaire moyen des étoiles filantes les nombres suivants :

Second semestre.

			Nombre horaire moyen.
De 5 à	6 du soir. ...		7,0 étoiles.
6 à	7............		6,5
7 à	8............		8,5
8 à	9............		8,4
9 à	10		11,0
10 à	11..........		12,1
11 à	12...........		13,3
12 à	1 du matin....		14,5
1 à	2............		17,0
2 à	3............		20,4
3 à	4............		18,7
4 à	5............		18,4
5 à	6............		18,4
6 à	7............		17,2

(Fig. 48)

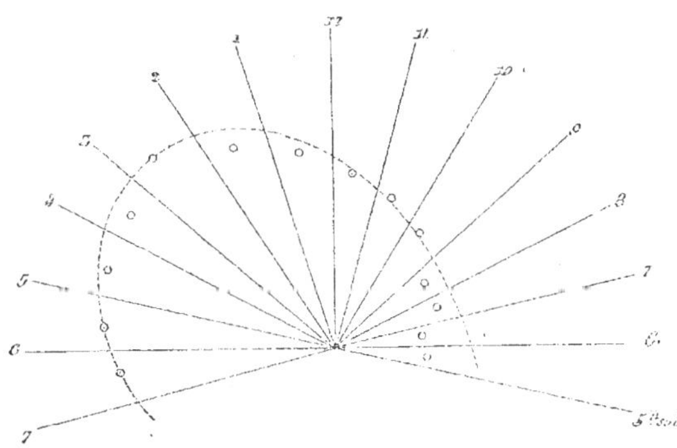

La moyenne générale, pour le second semestre, pour
les nombres horaires est de 13,6 étoiles. Pour former
cette courbe, nous n'avons eu besoin que de prendre
1 ½ millimètre par étoile.

Si nous prenons l'année entière, sans y comprendre, comme dans le second semestre, les 9, 10, 11 août, nous trouvons pour nombre horaire les résultats suivants :

Année entière.

			Nombre horaire moyen.
De 5 à	6 du soir......		7,2 étoiles.
6 à	7...............		6,5
7 à	8...............		7,0
8 à	9...............		6,3
9 à	10.............		7,9
10 à	11.............		8,0
11 à	12.............		9,5
12 a	1 du matin....		10,7
1 à	2..............		13,1
2 à	3..............		16,8
3 à	4..............		15,6
4 à	5..............		13,8
5 à	6..............		13,7
6 à	7..............		13,0

(Fig. 49.)

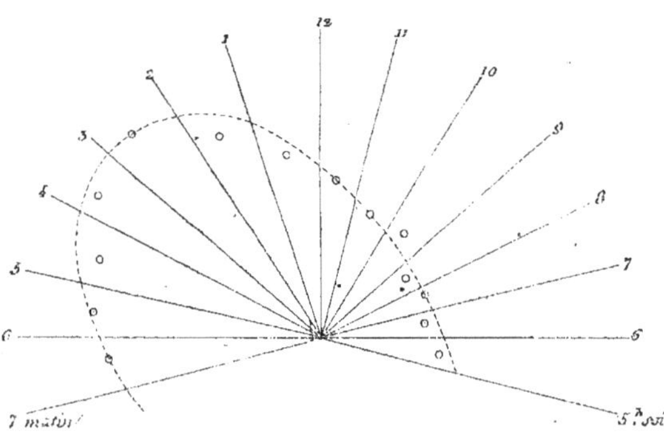

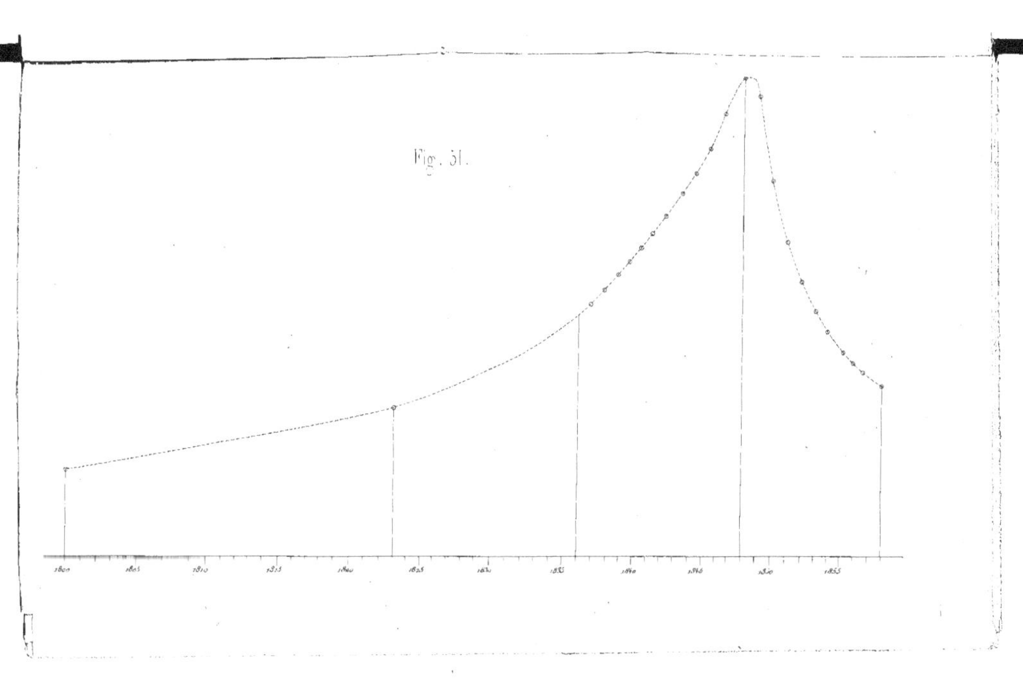

Fig. 51.
1800
1805
1810
1815
1820
1825
1830
1835
1840
1845
1850
1855

Pour tracer cette courbe, nous avons pris 2 millimètres par étoile. On trouve que la moyenne générale de toutes les heures de l'année, sans les 9, 10, 11 août, est de 10,5 étoiles.

Les 9, 10, 11 août ont donné en nombres horaires moyens les résultats ci-après :

		Nombre horaire moyen.
De 9 à 10 du soir.....		31,4 étoiles.
10 à 11.............		44,8
11 à 12.............		50,3
12 à 1 du matin....		67,2
1 à 2.............		79,2
2 à 3.............		82,1

(Fig. 50.)

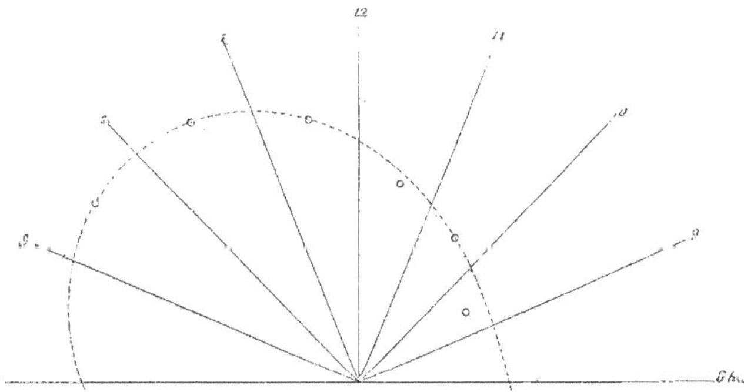

La moyenne générale de toutes les heures des 9, 10, 11 août a été de 59,2 étoiles. Pour tracer cette courbe, nous avons pris seulement $\frac{1}{2}$ millimètre par étoile. La résultante générale de toutes les étoiles filantes marche du soir au matin comme celle des globes filants de l'E. vers l'O., résultat que nous avons communiqué à l'Académie des Sciences. La courbe des 9, 10, 11 août ressemble plutôt à un centre déplacé qu'à une ellipse.

Nous avons aussi communiqué à l'Académie des Sciences une Note spéciale sur cette apparition extraordinaire du mois d'août. Le nombre horaire des étoiles filantes commence à croître dans les derniers jours de juin et arrive à son maximum le 10 août. On voit que depuis 1800 jusqu'en 1848 le phénomène a crû constamment. En effet, en 1800, nous trouvons 20 étoiles filantes, nombre horaire moyen à minuit. En 1840, le nombre horaire moyen est de 68. En 1848, il est de 110. En 1849, il n'est déjà plus que de 105. La moyenne de 1852 est de 63. La moyenne de 1855 a été de 45 ; dans l'année 1856 le nombre horaire moyen à minuit est resté stationnaire. L'année 1857, la moyenne a été de 44. L'année 1858, le nombre horaire moyen n'est plus que 39,3. Les années qui vont suivre nous montreront si le phénomène continuera à décroître, comme il l'a fait depuis 1848, ou si, au contraire, il reprendra une marche ascendante. Pour établir les nombres dont nous venons de parler, nous avons eu égard à l'état du ciel. Nous donnons ici une courbe qui montre d'un coup d'œil comment a marché le maximum des 9, 10, 11, 12 août, depuis 1800 jusqu'ici (*fig.* 51).

Pour établir cette courbe, nous avons pris $\frac{1}{2}$ millimètre par étoile filante.

Nous donnons également un aperçu de l'apparition des étoiles filantes pour tout le ciel visible.

1°. Sans les 9, 10, 11 août, on trouve pour les dix dixièmes du ciel les résultats suivants :

$$
\begin{array}{ll}
1 \text{ et } 2\ldots\ldots & 5,8 \text{ étoiles par heure.} \\
3 \text{ et } 4\ldots\ldots & 8,0 \\
5 \text{ et } 6\ldots\ldots & 9,0 \\
7 \text{ et } 8\ldots\ldots & 10,2 \\
9 \text{ et } 10\ldots\ldots & 11,2 \\
\end{array}
$$

2°. Si nous prenons les 9, 10, 11 août,

$$
\begin{array}{ll}
1 \text{ et } 2\ldots\ldots & 25,9 \text{ étoiles par heure.} \\
3 \text{ et } 4\ldots\ldots & 50,5 \\
5 \text{ et } 6\ldots\ldots & 54,9 \\
7 \text{ et } 8\ldots\ldots & 55,1 \\
9 \text{ et } 10\ldots\ldots & 65,1 \\
\end{array}
$$

La marche du phénomène est également ici parfaitement régulière ; car le nombre des étoiles filantes vues dans une heure augmente suivant la plus grande étendue de ciel visible, indépendamment des saisons.

Comme on peut le voir par ce qui précède, nous avons été très-succinct dans l'énoncé de ces quelques lois astronomiques. C'est que, comme nous avons eu soin de le dire déjà, nous leur donnerons dans un prochain volume tout le développement qu'elles comportent ; ce que nous disons ici suffira cependant pour qu'on puisse s'en faire une idée et connaitre la marche du phénomène.

On aura pu remarquer que, si dans le premier semestre le nombre horaire augmente jusqu'à 3 heures du matin, il en est de même dans le second. On voit aussi que c'est seulement à partir de 9 heures du soir que le nombre horaire prend un accroissement régulier, tandis que de 6 à 9 heures du soir, comme de 3 à 7 heures du matin, les nombres horaires varient peu, soit pour augmenter, soit pour diminuer. En consultant les nombres horaires moyens de l'année entière, sans les 9, 10, 11 août, on remarque que nous avons eu raison de prendre l'heure de *minuit* pour la moyenne générale de la nuit.

Nous allons donner ici, également pour le nombre horaire moyen de douze années, une courbe représentant la marche pendant toute l'année de ce fugitif et mystérieux phénomène (*fig.* 52).

Cette figure montre qu'en prenant les moyennes de plusieurs jours on trace une courbe parfaitement régulière, qui représente dans son ensemble les cinq maximums de l'année : ceux des mois de février et d'avril, qui sont faibles, et les maximums d'août, d'octobre et de décembre, qui sont plus considérables. Il est facile de se convaincre que les maximums n'arrivent jamais sans s'être fait annoncer.

On remarquera que le maximum de novembre si célèbre en 1799 et en 1833 se trouve avoir disparu, et que le nombre horaire des 12 et 13 de ce mois ne dépasse plus celui des jours qui le précèdent et le suivent. On verra aussi par l'inspection de cette courbe qu'il n'était pas difficile de prévoir dans les premiers jours de novembre, comme nous l'avons communiqué au public en 1849 et à l'Académie en 1850, que cette masse d'é-

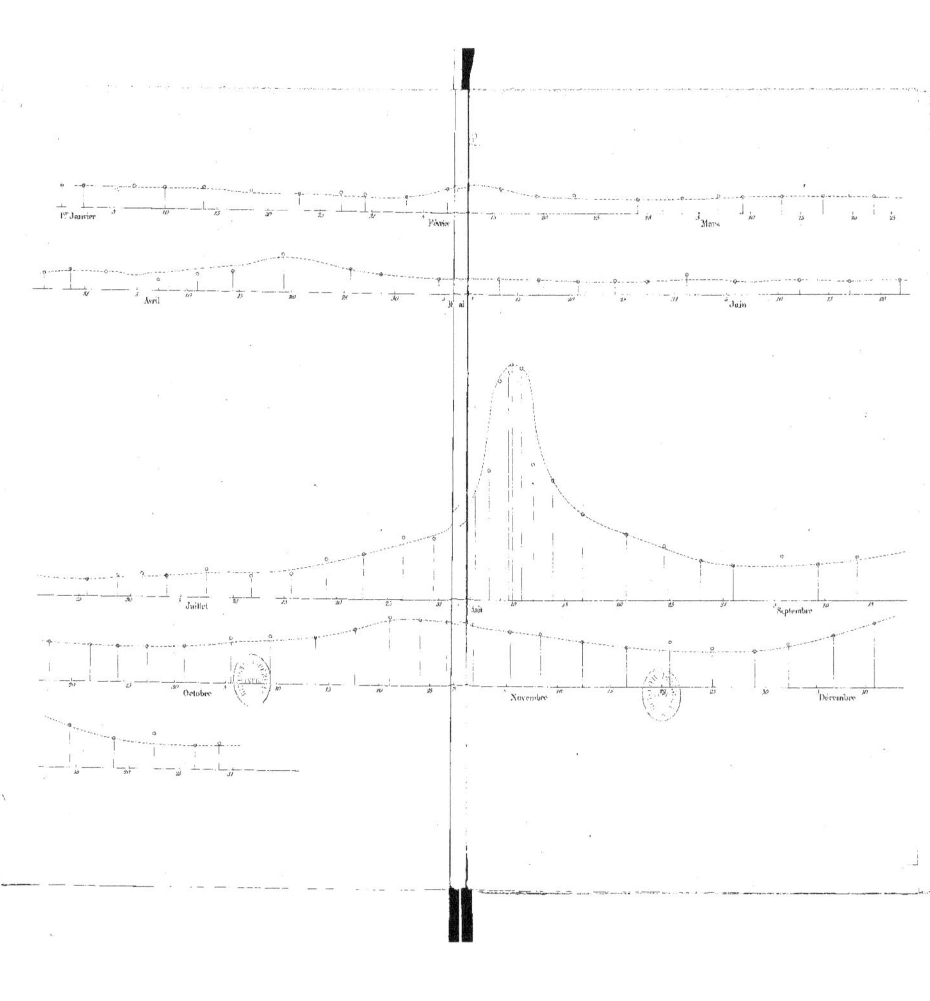

1er Janvier
Février
Mars
Avril
Mai
Juin
Juillet
Août
Septembre
Octobre
Novembre
Décembre

toiles filantes qu'on attendait toujours pour ce jour-là, avait disparu également, et que par conséquent on ne verrait pas ce grand nombre d'étoiles qu'on attendait, quoique M. de Humboldt eût persisté à soutenir que le phénomène existait toujours le même depuis 1799. époque où il l'avait vu à Cumana tel qu'il était alors. Personne plus que moi ne respecte le génie du vénérable M. de Humboldt. Mais ceci montre bien le danger de faire des théories sur des observations isolées; car il est rare que des théories fondées sur un fait unique ne disparaissent pas pour ainsi dire en totalité peu de temps après qu'elles ont été émises. Si l'on peut dire qu'en toutes choses il faut la patience et la persévérance pour arriver à formuler des idées justes et durables, c'est principalement dans les sciences d'observation; car autrement on s'expose à bien des mécomptes. Aussi c'est pour éviter de pareils dangers qu'il faut savoir prendre son temps, et avoir vu bien des fois les mêmes causes produire les mêmes effets pour être convaincu que c'est ainsi que toujours, à moins de la disparition des causes, les choses se passeront.

Cette grande apparition de novembre est-elle disparue pour toujours? Nul ne peut le dire; mais si elle revient, on peut affirmer qu'on le saura à l'avance, soit que le nombre horaire augmente avec les années, soit qu'il augmente avec les jours qui le précèdent de plus près.

Toutes nos observations d'étoiles filantes ont cet avantage qu'elles ont toujours été faites par les mêmes observateurs. Aussi nous renvoyons, pour toutes les conséquences qu'on en peut tirer, aux pages 179, 180 et 181 de notre *Introduction historique* : on y verra, comme nous l'avons dit avec raison, que toutes ces observations sont comparables entre elles, et que les lois qu'on en déduit ont toute l'exactitude désirable ; car les lois ne seraient-elles fondées que sur l'observation d'une moitié des météores, par exemple, elles seraient encore applicables à la totalité. C'est ce qu'on exprime en disant que les rapports des choses observées sont indépendants du nombre de ces choses.

Nous avons fait voir l'énorme différence qui existe entre la moyenne générale de la grandeur des courses parcourues par la trajectoire d'un globe filant de 1re grandeur, et la trajectoire d'une étoile filante de 6e grandeur. En effet, le globe filant ayant pour course moyenne $42°,4$ et l'étoile filante de 6e grandeur $9°,7$, on voit tout de suite par ces nombres comment la décroissance de la longueur des courses a lieu d'après la hauteur présumée des météores dans l'atmosphère. Ici nous donnons un tableau représentant la moyenne par grandeur de globes et d'étoiles filantes. Je commence par la 6e grandeur, comme étant, suivant toute probabilité, le météore le plus élevé, et je termine par les globes de 1re grandeur, comme étant, suivant toute probabilité aussi, le météore qui s'approche le plus près de la terre (*fig.* 53).

Étoiles filantes.

	Courses.
6ᵉ grandeur................	9,7
5ᵉ grandeur.	11,1
4ᵉ grandeur................	14,0
3ᵉ grandeur................	17,0
2ᵉ grandeur... .:........	21,1
1ʳᵉ grandeur................	26,2

Globes filants.

3ᵉ grandeur................	22,7
2ᵉ grandeur................	27,9
1ʳᵉ grandeur................	42,4

(Fig. 53.)

Par la seule inspection de cette figure, on voit parfaitement la décroissance géométrique du parcours des diverses trajectoires dans l'espace. On voit de plus que, si la courbe pouvait être prolongée jusqu'à la douzième grandeur et si elle était visible à l'œil nu, elle se trouverait réduite à rien à son sommet.

Nous n'entrerons pas plus avant dans l'examen des lois

astronomiques du phénomène; nous avons même déjà dépassé les bornes que nous nous étions imposées. Mais nous n'avons pu résister à mettre sous les yeux de nos lecteurs les détails intéressants qui leur montreront que les lois astronomiques, sans être d'une haute importance pratique comme les lois physiques, n'en sont pas moins curieuses et utiles à la science, surtout à la physique du globe. Maintenant nous allons rentrer avec le chapitre suivant dans le sujet qui doit principalement remplir ce volume.

CHAPITRE III.

Noms donnés aux météores filants ; leur origine ; particularités de leur apparition ; et comment nous sommes arrivé à découvrir la véritable science météorologique.

Origine des étoiles filantes ; de la matière dont elles se composent.— Différents noms donnés aux météores filants. — Passages du Coran concernant les étoiles filantes. — Étoiles filantes dites globuleuses et nébuleuses. — Différentes particularités relatives à l'apparition des étoiles filantes ; conséquences qu'on en peut tirer pour connaître à l'avance tous les différents produits météoriques. — Des perturbations.

A peine a-t-on commencé à observer les étoiles filantes, qu'on est bientôt porté à se demander : Qu'est-ce qu'une étoile filante ? Pourquoi l'appeler *étoile filante*, ou *étoile tombante*, ou *étoile mouchante*? De quelle matière est-elle composée? Nous devons d'abord renvoyer nos lecteurs à notre *Introduction historique*, où ils trouveront la relation de toutes les opinions anciennes et nouvelles sur l'origine probable des météores filants, qu'on confondait assez souvent avec les pierres tombées du ciel. Seulement nous ajouterons que, dans le principe, nous comme beaucoup d'autres, nous leur avions donné pour origine l'électricité, mais que nous n'avons pas persisté longtemps dans cette opinion. Nous ne voulons pas encore nous prononcer sur l'espèce de matière qui les forme. Depuis lors, déjà huit fois, mais *huit fois* seulement, nous avons vu le noyau d'une étoile fixe de 1re grandeur à travers une étoile filante également de 1re grandeur. Si ce fait se confirme, comme je le crois, il en résultera que la matière qui donne naissance à un météore filant est diaphane. Ce ne seraient donc plus des astéroïdes, comme l'avaient proclamé les astronomes; les étoiles filantes rentreraient au contraire dans le système terrestre adopté par les physiciens, les chimistes et les naturalistes.

La première fois que j'ai été conduit sur cette voie, ce fut par l'apparition d'une étoile filante de *couleur rouge* et de 1re grandeur; cette couleur était très-favorable pour saisir cette particularité. Il ne faut pas s'étonner si l'on n'a encore qu'un si petit nombre d'exemples, puisqu'on n'a que 20 étoiles fixes de 1re grandeur, et qu'elles ne sont jamais visibles toutes ensemble. Je dirai plus, c'est que j'ai toujours cherché à voir passer une étoile filante sur le disque de la lune, et que je n'ai jamais réussi, hormis le 13 octobre 1856 où j'ai enfin pu en voir une, le jour même de l'éclipse.

On dit aussi les étoiles *tombantes,* parce que, pour beaucoup de personnes, elles semblent descendre la verticale et tomber sur la terre. D'autres, principalement les Allemands, les ont appelées étoiles *mouchantes,* parce que, suivant leur explication assez étrange, c'étaient des matières que laissaient échapper les étoiles fixes par une sorte d'éternument.

Dans plusieurs chapitres du Coran, Mahomet parle des *étoiles filantes.* Selon lui il y a sept cieux formant des cercles concentriques ; au-dessus de ces cieux, il y a un ciel pur, sans étoiles ; c'est là qu'est le trône de *Dieu*.

Les étoiles sont les fortifications du ciel ; elles en défendent l'approche aux âmes impures, aux mauvais génies, et si ceux-ci cherchent à s'en approcher, les anges gardiens du Paradis et du céleste séjour lancent sur eux des traits enflammés. C'est ainsi que les Mahométans expliquent les étoiles et les globes filants.

Dans le chapitre LXVII du Coran, Mahomet dit, verset 5 : » Nous avons orné le ciel de flambeaux ; nous les y avons » placés afin de repousser les démons.... »

Et plus loin, chap. LXXII, verset 8 : « Nous avons tou- » ché le ciel dans notre essor ; mais nous l'avons trouvé » rempli de gardiens forts et de *dards flamboyants*. »

Verset 9 : « Nous avons été assis sur des siéges (dans » son Paradis) pour voir et écouter ce qui s'y passait ; » mais quiconque voudra écouter désormais trouvera le » dard flamboyant qui le guettera pour le frapper. »

Quoi qu'il en soit de toutes ces dénominations, il n'en résulte pas moins qu'on a eu raison de les nommer étoiles filantes , puisque leur disque ressemble plus au disque d'une étoile fixe qu'à toute autre chose, et que, comme les étoiles fixes , elles différent également entre elles par la variété de leurs tailles.

Nous ne savons pas trop pourquoi, la première fois qu'on parle d'étoiles filantes devant une réunion de personnes quelconque, l'auditoire commence par rire, sans s'inquiéter si la chose en elle-même est sérieuse ou non.

Comment aurait-on voulu qu'on nommât ce genre de météores ignés? Météores filants! Mais on sait que les éclairs, qui sont aussi des météores ignés, ont eux-mêmes quelquefois une apparence de filer. Donc, le mieux est de les appeler étoiles filantes, nom qui convient au plus grand nombre; car il y en a un petit nombre qu'on pourrait appeler aussi étoiles courantes ou roulantes, parce qu'en effet elles semblent rouler ou courir plutôt que filer. C'est cette classe que nous avons nommée étoiles *globuleuses et nébuleuses*. Mais j'ai tort peut-être de m'arrêter à ces détails. Il faut que chacun en prenne son parti; le mot, ridicule ou non, existe; il doit exister, et il restera.

Les étoiles filantes en elles-mêmes ne donneraient à l'avance aucun indice des variations atmosphériques, si elles n'étaient accompagnées en même temps, dans le moment de leur apparition, d'un grand nombre de particularités que je vais essayer de décrire.

Les étoiles filantes apparaissent sous neuf grandeurs différentes, toutes visibles à l'œil nu. Elles affectent des directions différentes; elles parcourent le ciel avec des courses inégales, tantôt rapides, tantôt, au contraire, très-lentes dans leur marche. Enfin, toutes ces particularités, prises ensemble et considérées sous un aspect général, auraient laissé longtemps la solution indécise, quoique la résultante de toutes les directions soit cependant très-intéressante et très-significative.

Le nombre des étoiles filantes, quoique connu d'une manière certaine, sauf les variations inattendues qui pourraient survenir, par une moyenne générale d'un grand nombre d'années, n'est cependant pas à dédaigner, en tenant compte surtout des obstacles qui s'opposent quelquefois à leur apparition, et par là diminuent ce nombre d'une manière assez sensible pour être remarqué.

La couleur des étoiles filantes varie en bien des circonstances, et cette variation apporte aussi sa pierre à l'édifice que nous tâchons d'élever.

Les étoiles filantes sont répandues dans toutes les directions du ciel; cependant elles en affectent certaines parties plus spécialement en différents jours, en diverses années, détails qu'il est bien important de consigner.

La grandeur apparente de ces météores varie assez souvent en raison du plus ou du moins de transparence des couches atmosphériques qui sont interposées entre eux et nous. Ces variations nous offrent par conséquent des indices que nous ne devons pas ignorer.

Les traînées que laissent assez souvent après elles leurs trajectoires sont composées diversement, suivant la direction du ciel où elles nous viennent. Il importe donc également de ne pas négliger de prendre note de leurs différentes nuances.

Le plus ou moins de temps que les étoiles filantes mettent à parcourir un arc plus ou moins étendu, offre, dans certaines occasions, des notions absolument nécessaires à la connaissance des lois qu'on cherche.

A première vue, on devait croire que la trajectoire d'une étoile filante était toujours rectiligne. Cependant,

comme en certains cas on en a vu de plus ou moins curvilignes et de serpentantes, il a bien fallu modifier cette
opinion, et surtout chercher quelles étaient les causes qui
apportaient une aussi grande perturbation dans leur parcours direct à travers l'atmosphère.

Nous aurons encore à parler des étoiles filantes mouillées, nébuleuses et globuleuses, qui ont, elles aussi, une
grande signification dans divers produits météoriques.

Le résumé de tout ceci, c'est que nous avons dans le
ciel, marqués en traits de feu, les indices convenables
pour connaître à l'avance tous les produits météoriques.
N'aurait-il pas été déplorable que, sous ce rapport, l'instinct des animaux eût été au-dessus de notre entende-
ment? En effet, dans les heures qui précèdent les grandes
perturbations atmosphériques, principalement au printemps et en été, saisons où on peut encore mieux en apprécier les effets, on voit les oiseaux, qui d'ordinaire se
lèvent gais et joyeux, garder un silence presque complet;
on les voit devenir tristes, préoccupés, attentifs aux événements météoriques qui vont survenir. Leur inquiétude
augmente d'heure en heure; il semble, à les voir ainsi
agités, qu'ils ont une certaine prescience des dangers
qui les menacent eux et leur famille. Quelle différence
d'allure de la veille, où on les voyait si gais, si alertes et
si joyeux! Les moutons, les bœufs, les vaches et les chevaux marchent les uns vers leurs pâturages, les autres
vers leurs travaux d'un air pensif et mélancolique, incli-
nant de temps en temps leurs têtes pour mieux examiner

le ciel. Les chiens en font autant. Les oiseaux de basse-cour font entendre des cris successifs et inaccoutumés. Les oies, les canards courent souvent çà et là, entrent dans l'eau pour en sortir presque aussitôt, et jettent des regards multipliés vers le ciel, l'examinant attentivement comme pour l'interroger sur les événements qui vont arriver. Les paons en font autant, tout en s'élevant le plus possible sur le faîte des toits. Les poissons, pour ainsi dire dès l'aurore, s'agitent outre mesure dans l'eau, paraissent à sa surface, replongent aussitôt, et continuent cette manœuvre jusqu'à l'arrivée du phénomène attendu.

Tout ce qui vit et respire sur la terre, dans les airs et dans l'eau est dans une attente anxieuse des événements météoriques. Et cependant, à voir encore le ciel si beau, si serein, si pur, ne devrait-on pas être porté à croire, les animaux surtout, qu'il doit rester encore longtemps dans cette agréable situation? Il n'en est pas pourtant ainsi, puisque nous venons de voir qu'ils craignent, qu'ils redoutent des événements à venir, dont ils ne peuvent se rendre un compte exact; ce qu'ils en savent cependant suffit pour les agiter, les tourmenter et les affliger. Combien notre intelligence est au-dessus de cet instinct? Ce qui va suivre nous prouvera, une fois de plus, que rien n'est au-dessus de l'homme sur la terre, que son intelligence a été développée de manière à satisfaire à tous ses besoins, et qu'en fait d'instinct il n'y a rien qui l'égale.

Dans notre *Introduction historique*, nous avons rapporté, comme nous le disions tout à l'heure, non-seulement l'opinion générale sur l'origine des étoiles filantes, mais encore les suppositions de chacun sur les rapports plus ou moins intimes de ces apparitions avec les vicissitudes atmosphériques, mais principalement avec les vents. Nous avons fait remarquer que cette prétendue influence des étoiles filantes sur le vent ou des vents sur les étoiles filantes n'était appuyée sur rien, et qu'on était forcé de reconnaitre après tout que les auteurs de ces hypothèses n'avaient point essayé de coordonner les observations, d'en tirer quelques lois ou quelques principes susceptibles d'être vérifiés ultérieurement.

Ici, nous allons dire comment nous sommes arrivé successivement à croire à l'influence toute-puissante des étoiles filantes sur les divers produits météoriques.

Dans le chapitre consacré aux orages, nous avons signalé les directions qui semblaient les plus favorables à leur développement, et les directions au contraire qui ne l'étaient pas. Ainsi, c'est de l'O.-N.-O. à l'E.-S.-E. en passant par le S., que s'étend la zone des vents qui, sous nos latitudes et dans nos climats, nous apportent le plus communément les pluies et les orages; tandis qu'au contraire de l'O.-N.-O. à l'E.-S.-E., en passant par le N., se trouve située la zone du beau temps ou qui devrait ordinairement nous le donner; car tout le monde sait qu'il n'en est pas toujours ainsi. On sait aussi que c'est par les vents des premières directions que le baromètre descend le plus bas, comme dans les autres directions au contraire il atteint sa plus grande élévation. Ce qu'on n'a pas manqué de remarquer également, c'est que, dans l'un comme dans l'autre cas, les choses ne se passent pas toujours avec une régularité immuable.

J'ai cherché, comme tout le monde, l'explication de ces diverses contradictions, et, comme tout le monde aussi, j'en étais réduit à toutes sortes d'hypothèses qui se contredisaient les unes les autres. Il s'agissait cependant d'arriver à la découverte de la vérité; j'avais beau y penser jour et nuit, je n'arrivais toujours à rien. Je ne me décourageai pas cependant, et voici pourquoi : c'est que depuis longtemps j'avais remarqué que tout dans ces curieux phénomènes se préparait à l'avance, et que, puisqu'il en était toujours ainsi, il devait certainement y avoir des signes précurseurs. Mais ce n'était pas pour quelques heures seulement qu'il fallait se livrer à des remarques faites sur les nuages, sur la plus ou moins grande transparence de l'air, la couleur de l'atmosphère aux levers et aux couchers du soleil, de la lune, etc., signes préconisés par les anciens philosophes, physiciens et autres. C'était sur un grand nombre d'heures et de jours même qu'il fallait agir. Là était l'énigme, là était le problème à résoudre. Le tout était de trouver les véritables éléments pour l'expliquer, le résoudre et le démontrer. En effet, combien de remarques n'avais-je pas faites sur toutes sortes de choses et qu'il me fallait abandonner tour à tour? Les phases de la lune m'ont peut-être le plus occupé, et comme, non plus que toutes mes autres études, elles ne m'avaient rien donné de satisfaisant, j'ai dû aussi renoncer à l'espoir dont elles avaient quelquefois paru me leurrer.

Dans l'intervalle de toutes ces espérances, aussitôt anéanties que conçues, mes observations d'étoiles filantes continuaient toujours sans que l'idée me vînt de penser à elles. Cependant un jour, pour mieux dire une nuit, j'avais remarqué quelques belles étoiles filantes et parmi elles deux globes. Ces météores venant du S. et S.-O. avaient fourni une longue course; d'autres étoiles filantes encore s'étaient montrées; mais elles étaient très-ordinaires, et leur course à peine appréciable. Dans le moment où je faisais ces observations, le temps était très-beau, et le baromètre très-élevé. Vingt-quatre heures après l'apparition de ces météores, le baromètre commença à baisser, pour arriver à son maximum de baisse après soixante-quatorze heures. Le vent, les vapeurs et les nuages passèrent successivement à l'E., S.-E., S., puis S.-S.-O., S.-O., où enfin le mouvement ou le changement de translation des diverses couches de nuages et du vent s'arrêta. Les orages et la pluie furent finalement le produit de ces divers changements accomplis dans l'atmosphère.

Voilà donc enfin, me suis-je dit alors, la région trouvée où il faut aller puiser les renseignements pour connaître à l'avance toutes les transformations atmosphériques. Désormais je n'y manquerai pas. Je me tins parole.

Ce ne fut qu'en 1833 que je fus entièrement fixé sur la route à suivre pour trouver désormais les signes précurseurs de toutes les transformations atmosphériques. Eh bien, il faut l'avouer, puisque cela est : il manquait encore à cette importante découverte un complément indispensable, que je ne pus y joindre que plus tard, lorsque ayant quitté les affaires pour me livrer exclusivement à mon genre de recherches, j'eus enfin tout le temps nécessaire de tenir un journal bien détaillé de tout ce que j'observais de nuit comme de jour.

De cette époque seulement commence pour moi la quatrième période consacrée à l'observation des étoiles filantes; car ne tenant pas dé journal auparavant, je ne pouvais dire que de mémoire comment les choses se passaient dans les divers produits météoriques. Jusqu'au moment où enfin je parvins à me donner ce complément des signes précurseurs, combien de fois m'est-il arrivé que les choses allaient bien pendant quelques jours, et puis que tout à coup il n'en était plus de même? Il y avait vraiment là de quoi décourager le plus intrépide observateur. Cependant je ne me décourageai pas; car je me faisais le raisonnement suivant : puisque les prévisions sont justes bien des fois, il y manque donc encore quelque chose pour qu'elles le soient toujours. Redoublons donc de courage, puisque nous avons la certitude de trouver. On va voir que j'avais bien raison de penser ainsi.

Nous avons déjà dit que, lorsqu'il y avait absence de perturbations, la résultante des directions affectées par les étoiles filantes suffisait pour indiquer si le baromètre devait monter ou descendre; mais ce que nous ne connaissions pas, c'était la cause qui faisait que ce signe précurseur annoncé par les diverses résultantes se trouvait juste un jour et se trouvait en défaut le lendemain. Eh bien, l'examen soigneusement fait et bien détaillé dans mon journal de toutes les perturbations éprouvées par les étoiles filantes durant leur apparition, me donna l'explication de l'énigme, la solution du problème et sa démonstration.

En effet, il est maintenant bien reconnu que, si l'on n'a remarqué aucune perturbation dans l'apparition des étoiles filantes, leur résultante sera suffisante pour vous renseigner sur le beau ou le mauvais temps, le froid ou la chaleur, la hausse ou la baisse du baromètre. Tandis qu'au contraire il est également bien avéré que, si l'on a remarqué des perturbations, il ne faut plus s'arrêter aux résultantes, mais bien à la nature des perturbations, qui deviennent alors les seuls indicateurs certains, et les véritables signes précurseurs de tous les produits météoriques. Seulement, si les signes perturbants sont d'accord avec les résultantes, vous avez les produits bien complets, tandis que, s'il y a divergence, les produits le sont moins et leur durée en est également abrégée.

Là est toute la météorologie; partout ailleurs on ne trouvera, je crois, que déceptions sur déceptions, et l'on aura beau appuyer son système sur un amas considérable d'hypothèses plus ou moins habilement conçues et développées, on ne sera pas longtemps sans voir ce prétendu système anéanti. Je ne crains pas de dire que c'est à

cause de l'ignorance où l'on était de ce point de départ,
que, depuis bien des siècles, on n'a pu édifier solidement
les lois météoriques, malgré tant de travaux qui ont
pourtant coûté bien des veilles, bien des sueurs, et, dans
les temps modernes, bien de l'argent. Mais c'est au prix
de toutes ces peines que Dieu permet aux hommes de
savoir une partie de ses secrets.

CHAPITRE IV.

Des étoiles filantes considérées en elles-mêmes.

Des étoiles dites mouillées; leur origine; ce qu'elles annoncent. — Différentes couleurs des étoiles filantes. — Particularités qui distinguent les étoiles filantes des globes filants. — Changements de couleur d'un même globe filant dans le parcours de sa trajectoire; leurs causes. — Variation dans la direction des trajectoires d'étoiles filantes. — Marche de la résultante générale pour chaque année; constitution de l'année tirée de l'observation de cette résultante. — Grandeurs des étoiles filantes. — Des traînées; leurs différentes particularités. — Résultat que l'on peut déduire de la vitesse plus ou moins grande des météores filants.

Dans le sommaire des quelques lois astronomiques que nous avons donné au chapitre précédent, nous avons montré que les apparitions d'étoiles filantes étaient assujetties à des lois presque aussi invariables que celles qui régissent le soleil, la lune et les étoiles fixes. En effet, nous avons les maximums de février, d'avril, d'octobre et du commencement de décembre, qui sont invariables, et donnent, lorsque le temps leur est favorable, à peu près le même nombre horaire d'étoiles filantes.

Il n'en est pas de même du maximum d'août, où la grandeur de l'apparition semble varier avec les années, peut-être même avec les siècles; car nous l'avons vue augmenter jusqu'en 1848, puis diminuer progressivement jusqu'aujourd'hui, soit pour reprendre, à n'en pas douter, une marche ascendante, soit pour continuer de décroître. Cette belle apparition de la nuit du 12 au 13 novembre, si brillante et si remarquable par le nombre et la beauté des étoiles filantes et des bolides ou globes filants, en 1799, à Cumana, suivant M. de Humboldt, et en 1833 suivant les Américains, elle est disparue sans que rien puisse encore en faire présager le retour.

On trouvera dans notre *Introduction historique* des détails sur ces apparitions, ainsi que les réflexions qu'elles nous ont suggérées. Cette période de trente-quatre ans qu'on avait intercalée entre le retour de cette éclatante apparition approche de son terme, puisque nous avons déjà passé plus des deux tiers ; et pourtant, ainsi que nous le disions, rien encore n'en annonce le retour.

Qu'ils sont loin les temps où l'on regardait ces météores comme des pierres lancées des volcans de la lune, comme un mystère impénétrable, comme des apparitions subites et irrégulières !

Nous pouvons le dire sans nous exposer à être accusé d'un vain orgueil, après tant de recherches et de travaux : Que de progrès n'avons-nous pas fait faire en bien peu de temps à la science des météores filants ! On sait maintenant que chaque année, du 1er janvier au 31 décembre, il y a une moyenne générale de ces phénomènes, qui se trouve toujours d'accord avec les faits observés ultérieurement. On sait le moment où arrivent les maximums et les minimums, et surtout on sait leur grandeur. Que deviennent les opinions de Burnet, de Petit de Toulouse, et d'autres encore, qui regardaient ces corps comme des satellites de la terre; lorsqu'on est maintenant certain qu'une fois ces corps brûlés, il ne reste plus qu'un résidu de matières qui finissent par faire partie de notre globe !

Le nombre de ces météores diminue quelquefois ou augmente suivant la transparence de l'atmosphère. De là viennent les étoiles filantes qui ne parcourent que peu de degrés, et même qui n'en parcourent pas du tout; car on les voit briller et disparaitre à l'instant. Ce sont celles-là que nous avons nommées *étoiles mouillées;* car nous avons observé que, plus cette espèce d'étoiles toute particulière est nombreuse, plus on est certain d'avoir des pluies abondantes. Mais comme il arrive que ces signes varient dans les jours des divers mois de l'année, ce n'est qu'après plusieurs années d'observation qu'on obtient une courbe qui représente, comme on l'a vu, la parfaite régularité du phénomène, en effaçant les anomalies causées par le défaut de transparence de l'atmosphère, ou par sa trop grande humidité qui nuit à la combustion de ce genre de météores.

Lorsque le ciel est gris, le nombre des étoiles filantes diminue sensiblement, parce que cet état du ciel en dérobe à notre vue, et cette circonstance empêche de constater les signes précurseurs de ce qui va arriver. C'est comme un brouillard sec qui obscurcit le ciel et dont la durée est assez souvent de plusieurs jours, et quelquefois même de plusieurs semaines. Cependant on sait maintenan que, dans les localités où ce gris du ciel cesse entièrement, soit près de nous, soit au loin, tous les nuages prennent un grand accroissement. Ce phénomène a lieu soit au N., soit au S., soit à l'E., soit à l'O.; et il fait alors de très-mauvais temps, soit en hiver, soit en été. Si le gris vient du N., c'est au S. que les nuages s'accroissent; si c'est de l'E., c'est à l'O. ; si c'est de l'O., c'est à l'E., etc.

Ce qu'il y a de singulier, c'est que le ciel le plus beau du monde ne nuit en rien à l'apparition des étoiles filantes dites mouillées, bien que je ne les aie nommées ainsi que parce qu'elles sont comme étouffées dans un baquet d'eau, et que, comme nous l'avons déjà fait remarquer, plus leur nombre est considérable, plus on est menacé de pluies abondantes. J'ai dû chercher à m'expliquer pour quel motif et dans quelle circonstance des étoiles filantes paraissent et disparaissent à l'instant sans degré appréciable de course. J'avais d'abord cru que cette sorte d'étoiles venait droit à nous, et que c'était pour ce motif qu'on n'apercevait pas le mouvement de translation dans le ciel; mais j'ai dû renoncer à cette hypothèse qui m'avait satisfait d'abord, en réfléchissant qu'on en apercevait dans tout le ciel et que leur grand nombre était surtout un indice certain de pluie. L'humidité de l'air est donc la seule cause qui nuit à leur combustion et les étouffe à l'instant même où elles se montrent. Ceci est encore une preuve de plus qu'elles ne sont pas dues à la matière électrique. Quant à l'humidité de l'air à des distances très-grandes dans les hauteurs de l'atmosphère, elle est attestée par les aéronautes qui ont trouvé dans leurs ascensions, à toutes les hauteurs, différents degrés d'humidité constatés par les hygromètres.

Je passe à la couleur des étoiles filantes, après avoir parlé de leur nombre et de leurs espèces.

La couleur des étoiles filantes est le plus souvent blanche. Cependant il y en a de rouges, de bleues, couleur orange, couleur cuivre rouge et cuivre jaune, d'autres encore qui sont comme voilées et que nous avons nommées *nébuleuses*. Il y en a aussi qui sont parfaitement sphériques et d'un rouge semblable aux billes de billard, que nous avons désignées sous le nom de *globuleuses*.

Les étoiles filantes ont cela de différent avec les météores que nous avons nommés *globes filants*, que, si une étoile filante est blanche, elle conserve cette couleur tout le long de sa course, dût-elle arriver à l'extrémité de l'horizon; il en est de même pour les autres espèces. Elles ont aussi cela de particulier, qu'on ne les voit pas se briser en fragments comme les globes filants; seulement, par l'effet d'une opposition à la continuation de leur marche, elles sont forcées quelquefois de simuler comme une explosion, ou plutôt une expansion. Aussi bien que les globes, elles commencent par une grandeur et finissent par une autre, selon qu'elles suivent plus ou moins obliquement des courants ascendants dans les couches si nombreuses de l'atmosphère.

Il faut avoir soin de bien se familiariser avec ces apparitions d'étoiles filantes de différentes couleurs, des globuleuses, des nébuleuses et autres; il faut les bien enregistrer dans tous leurs détails; car quelle cause leur peut donner ces différentes teintes, si ce n'est probablement la composition de la couche atmosphérique où elles s'enflamment? C'est donc un signe qui nous vient d'en haut, et qui doit certainement nous être très-utile dans nos prévisions météoriques. En effet, les différentes nuances ont pour principe des circonstances atmosphériques qui sont l'annonce plus ou moins prochaine de vents plus ou moins violents, qui accompagneront les produits météoriques dont l'action va se faire sentir.

Les globes filants changent assez fréquemment de couleur en approchant de l'horizon; c'est un effet qui résulte simplement du plus ou moins de transparence de l'atmosphère. Les diverses nuances par lesquelles ces globes passent avant de disparaître annoncent également les diverses transformations des couches atmosphériques situées au-dessus des nuages les plus élevés.

Si les étoiles filantes suivent des lois régulières en ce qui regarde leur nombre, il n'en est pas de même en ce qui concerne leurs directions. Je m'explique, et je veux dire que les étoiles filantes, tout en ayant leur point de départ dans toutes les parties du ciel, affectent cependant une ou plusieurs directions pendant une année entière, variant bien en certains jours, mais revenant toujours, si l'on peut s'exprimer ainsi, à leur point de départ de prédilection.

Maintenant nous allons faire connaître quels indices

peut recueillir des étoiles filantes la météorologie, ou, pour mieux dire, la météoronomie, puisqu'ici, ce me semble, ce sont bien les lois des météores que nous établissons en montrant toutes les inductions qu'on peut tirer des divers changements de leurs directions.

Si les étoiles filantes venaient, comme nous l'avons déjà dit, d'une seule direction ou de quelques-unes déjà voisines les unes des autres, les produits météoriques se succéderaient suivant l'indication annoncée par elles. Il suffirait d'établir la *résultante* de chaque jour, surtout si toutes les grandeurs visibles suivaient les mêmes directions. Mais il n'en est pas ainsi. En effet, les étoiles filantes visibles à l'œil nu, que nous avons dû diviser en six grandeurs différentes, loin d'avoir toujours la même résultante, en ont quelquefois pour chaque grandeur une tout opposée. De plus, il existe assez souvent un courant qui vient perturber tantôt plusieurs de ces grandeurs, tantôt seulement l'une d'entre elles. Mais passons aux résultats.

Les étoiles filantes ont bien leur résultante générale, quoique descendant de l'E. sur l'O., en passant par le S., comme l'a indiqué mon travail sur la *marche* de la résultante générale prise d'heure en heure, de 5 heures du soir à 7 heures du matin, de 1846 à 1858. Le travail dont je veux parler a été présenté à l'Académie des Sciences au mois d'août 1857 pour le maximum de cette époque, et au mois de novembre même année pour toutes les douze années, non compris le maximum d'août, pour les 9, 10, 11 de ce

mois. Cet important résultat, trouvé pour un total de
12 années, est-il constant, c'est-à-dire les années prises
séparément n'offrent-elles aucune différence? Oui et non.
Oui, en ce que finalement la résultante tend toujours à
descendre plus ou moins du N. par le S. sur l'O. Non, en
ce que, si l'on prend le résultat pour chaque heure de la
nuit et pour chaque année, on trouve les faits suivants.

1°. Dans les années froides, la résultante, quoique arrivant le matin le plus près possible de l'O., subit dans la
nuit l'action d'une force située dans le N., qui la fait approcher quelquefois assez près de cette région; puis elle
redescend et remonte de nouveau et redescend encore.
Quand il en est ainsi, et surtout quand la force perturbatrice marche à peu près dans le même sens, les années
où cette coïncidence a lieu devront être très-froides en
général. Mais le froid peut être mitigé dans les jours où
les résultantes et les perturbations séjourneront le plus
longtemps dans la région S., ou par le plus ou moins
de force qui donne l'impulsion à leurs trajectoires.
En effet, le froid peut être adouci encore si la force qui
fait mouvoir les étoiles filantes devient en de certains
jours presque nulle. Ce calme des couches supérieures se
communiquant aux inférieures permet à la chaleur du
soleil de pénétrer jusqu'à la terre presque sans obstacle;
et il peut encore y avoir de 20 à 26 degrés de chaleur. On
sent très-bien que, dans de telles circonstances, la différence de chaleur des jours et des nuits est plus sensible
que par les vents de la région du S.

2°. Dans d'autres années où, au contraire, la résultante affectera principalement la région de l'E.-S.-E. et S., l'année devrait être très-chaude, et il en sera toujours ainsi si la force perturbatrice oscille le plus souvent du S. à l'E.-N.-E., en passant par l'E.-S.-E. Mais si, au contraire, la force perturbatrice oscille constamment du S.-S.-E. au N.-N.-E., en passant par l'O., il arrivera que, dans les jours où elle séjournera le plus longtemps de l'O. au N.-N.-E., les journées seront froides et assez sèches, surtout si le vent est fort.

Si la force perturbatrice oscille souvent de l'O. au S.-S.-E., en passant par le S.-O., les journées de cette période seront remplies par des orages et des pluies assez fortes pour amoindrir les chaleurs qui arriveraient si cette force perturbatrice oscillait, ainsi que je l'ai déjà dit, du S. à l'E., en passant par le S.-E.

Toutes les autres positions de la résultante générale sont plus ou moins troublées dans leurs produits météoriques par le passage et le séjour plus ou moins prolongé de la perturbation à diverses directions.

Nous venons de montrer que l'état général du temps, quoique concordant avec la résultante générale des étoiles filantes, se trouvait cependant subordonné à des perturbations fréquentes. Cette perturbation appartient exclusivement à un courant ou à une force quelconque qui se trouve dans l'atmosphère, et imprime à ces divers produits une influence presque opposée à celle qui aurait dû résulter des sommes des directions des météores filants. Aussi, c'est cette perturbation qui exige, quand on veut être bien renseigné sur tous les éléments nécessaires des transformations de l'atmosphère et les suivre pas à pas, qu'il y ait constamment quelqu'un en observation pour ne pas perdre un instant de vue les changements qui surviennent.

La grandeur apparente des étoiles filantes varie suivant la transparence de l'atmosphère, et elle diminue souvent d'un degré entier de taille. L'éclat des étoiles mouillées est plus sensible au moment où elles s'éteignent, comme si elles ne voulaient rien perdre de la matière qui les compose en brûlant à l'instant tout leur volume.

Les traînées des étoiles filantes varient aussi dans leur éclat et leur composition, suivant l'état de l'atmosphère au moment où elles apparaissent. Si le ciel est parfaitement serein, vous voyez la traînée jusque dans ses plus petits détails. Il en est autrement lorsque le ciel est moins transparent; alors on ne voit souvent pour les traînées ordinaires qu'une lumière plus ou moins blafarde.

Nous avons dit que les différentes directions apportaient dans les produits de leurs traînées un cachet particulier. En effet, si vous apercevez de beaux météores et globes filants, entre le S. et l'E., qui sont accompagnés de traînées, elles ressemblent, pour la plupart, par leur couleur à un fer chauffé rouge cerise; les atomes qui les composent sont bien détachés; on les compterait, pour ainsi dire, tant ils sont visibles.

Si les traînées viennent du S. à l'O., quoiqu'elles soient quelquefois bien divisées, cependant le plus souvent elles paraissent plus compactes et elles ressemblent ainsi à du fer presque en fusion. Pour quelques-unes, ces traînées ont une certaine durée.

Si les traînées viennent de l'O. au N.-N.-O., les plus belles de celles-là paraissent encore assez souvent d'une couleur verdâtre, ressemblant à du phosphore en ignition; et elles sont alors communément très-persistantes.

Les traînées venant du N.-N.-O. à l'E. prennent pour la plupart une couleur rouge plus foncée; elles se trouvent souvent plus ramassées sur elles-mêmes, et leurs particules sont moins visibles que pour celles du S.-E.

Plus tard, toutes ces simples remarques acquerront, je n'en doute pas, une grande portée, lorsque les observations faites avec le soin nécessaire sur chaque partie du phénomène permettront d'aborder la question de la composition de ces météores, et d'expliquer la cause des différences notables qui se font voir dans les différentes directions.

J'en arrive à la trajectoire, et voici ce que j'ai à en dire. La trajectoire des météores filants ne se fait pas toujours dans les mêmes conditions; ainsi, non-seulement le nombre de degrés parcourus n'est pas le même, mais aussi ces mêmes degrés ne sont pas parcourus dans un égal espace de temps.

Une étoile filante peut parcourir 30, 40, 50, 60 degrés et même plus, puisqu'il y en a eu qui ont fourni une course de plus de 100, 130 et même de 160 degrés, comme une étoile filante de 2e grandeur avec *traînée*, qui a pris nais-

sance le 15 juillet 1858 à 12ʰ 15ᵐ, à 5° S.-E. ♂ Verseau,
et s'est éteinte à 6° N.-O. χ Grande Ourse, en 2″, comme
elle peut tout aussi bien les parcourir en 1″ ou 2 à 4″. Il
en est de même pour tous les météores, y compris les
globes filants de quelque grandeur qu'ils soient.

Y a-t-il un indice de quelque valeur dans le plus ou
moins de vitesse que met un météore à parcourir sa trajectoire? Évidemment il y a là des indices, et même de
très-essentiels.

Si les étoiles filantes de toutes les tailles marchent avec
une tranquillité générale, ou, en d'autres termes, avec
une durée maximum, cela dénote une grande tranquillité des couches supérieures de l'atmosphère ; et l'expérience nous a appris que ce calme observé dans les hautes
régions continuerait sur la terre, si déjà nous en jouis-
sions, ou que nous ne tarderions pas à l'éprouver, si nous
avions un état contraire autour de nous.

Si les étoiles filantes ont au contraire une vitesse exces-
sive et une durée minimum, nous sommes certains alors
que la tranquillité de l'air dont nous jouissons va être
troublée, et que nous allons passer à un état plus ou
moins agité des couches atmosphériques qui nous avoisinent et qui finalement nous touchent.

Voilà ce que nous avions à dire pour répondre aux
diverses questions que nous nous étions posées au début
de ce chapitre.

CHAPITRE V.

Exposé des lois des météores.

Réflexions sur la marche des météores; lois que l'on en peut déduire. — Oscillations barométriques. — De la force qui agit sur les météores filants; elle réside dans les couches les plus élevées de l'atmosphère. — Courbe que l'on obtient au moyen des observations d'étoiles filantes faites pendant les quatre premiers mois de l'année. — Particularités relatives aux années 1842, 1846, 1849, 1852, 1857, 1858 d'une part, et 1844, 1845 de l'autre part; conclusions qu'on en peut tirer. — Examen des différentes courbes. — Résultats que l'on peut déduire de l'aspect que présentent les étoiles filantes, soit par leurs courses, soit par leurs couleurs.

Maintenant nous allons aborder la partie la plus vaste de notre sujet, la plus féconde et la plus importante. Si l'on considère le profit que la météorologie peut en tirer, c'est à cause de ces théories nouvelles que l'on devra, ainsi que nous l'avons déjà dit, changer le nom de *météorologie* en celui de *météoronomie;* car il ne s'agit plus de parler ici des météores en eux-mêmes, mais bien de signaler leurs diverses lois.

Nous avons vu que, sans la perturbation qui vient changer une partie des produits météoriques, nous aurions, par la seule inspection des résultantes des diverses directions des étoiles filantes, les indices les plus certains des fluctuations de l'atmosphère; mais les faits ne se trouvant pas toujours d'accord avec les indices des résultantes, il a fallu observer bien longtemps avant de découvrir quel pouvait être l'obstacle invincible qui s'opposait à la réalisation complète des produits annoncés par les résultantes des directions des étoiles filantes.

Déjà depuis longues années, nous n'avions cessé de remarquer que la trajectoire des globes filants et des étoiles filantes était non pas toujours rectiligne, mais bien quelquefois plus ou moins curviligne. Pour d'autres cas, nous avions également vu que l'étoile filante dans sa course éprouvait non-seulement une station, mais encore une rétrogradation.

Dans les premiers temps, ces faits extraordinaires avaient seulement excité notre curiosité, et nous prenions un certain plaisir à les voir se renouveler. Il fallait du temps aussi pour se familiariser avec cette portion du mystérieux phénomène; car la durée de l'apparition d'une étoile filante est si courte, que nous étions exposé à nous tromper dans la description que nous en donnions. En d'autres termes, lorsque nous disions dans les premiers temps : La trajectoire de ce météore a été plus ou moins concave ou convexe, nous nous exposions à des erreurs très-grandes. En voici un exemple qu'on nous permettra de citer. Lorsque nous avions vu un des météores finir dans la région du N. ou du S., de l'E. ou de l'O., nous disions : Ce météore a fini N., parce que nous l'avions vu terminer sa course dans la région N., tandis que pour être vrai nous devions dire que le météore avait commencé E. et fini S.; et de même pour les autres cas analogues des autres parties du ciel. Je m'explique. L'étoile filante obéissant tout d'abord à une force de la région de l'E. avait rencontré dans son parcours une force de la région du S. plus puissante que la première et qui lui avait imprimé sa volonté, de sorte qu'on devait dire : L'étoile a commencé E. et fini S., puisque c'était bien la force du S. qui lui avait fait terminer son parcours.

Ce que nous venons de dire suffit pour montrer que les principaux signes précurseurs des produits météoriques nous furent longtemps cachés, et que ce ne fut qu'après de longs tâtonnements qu'ils nous apparurent, s'il nous est permis de nous exprimer ainsi, dans toute leur majesté et dans toute leur splendeur.

Jusqu'à présent, malgré des siècles d'observations barométriques, thermométriques opérées et recueillies sur tous les points du globe, soit par des stations à lieu fixe et très-rapprochées les unes des autres, soit dans des voyages de circumnavigation, le tout à grands frais, on n'a pu obtenir le moindre indice qui pût faire prévoir, même quelques heures à l'avance, les oscillations barométriques. On en est là, tout le monde en convient, ainsi qu'on a pu le voir dans les Considérations préliminaires de la Ire Partie de cet ouvrage.

Quant à nous, nous avons démontré, par une longue série d'observations, quelle était la moyenne générale horaire, à minuit, du nombre des étoiles filantes pour chaque jour de l'année, leur maximum et leur minimum. On a déjà pu voir par ce simple exposé quel chemin nous avions fait faire à la science des météores. Tout ce qu'on avait jusqu'à nous mis sur le compte du hasard et de l'imprévu, était au contraire soumis à des lois fixes et pour ainsi dire invariables; puisque, s'il survient des changements dans l'apparition des étoiles filantes et que le nombre augmente ou diminue, on en a toujours à l'avance des indices assurés.

Nous avons montré encore que, si les résultantes des directions des étoiles filantes n'étaient pas troublées par une force longtemps inconnue, les produits météoriques suivraient toujours les indices que ces résultantes nous donnent.

Nous avons dû nous demander quelle était cette force qui venait paralyser ou changer les résultats attendus. Après l'enquête la plus sévère, la plus sérieuse et la plus attentive que nous ayons pu faire, nous avons trouvé les résultats suivants, qui nous ont enfin permis de traduire en formules positives la science météorique tout aussi bien qu'on traduit la science des nombres. En effet, l'apparition de chaque signe dans le ciel des étoiles filantes devient un nombre, et ces nombres réunis donnent le résultat cherché.

La résultante des diverses directions d'étoiles filantes nous a montré que les courants qui les faisaient mouvoir se trouvaient dans la partie du S. Si d'autres forces ne venaient pas contrarier cette résultante, les vents, les nuages et les produits météoriques seraient parfaitement semblables à ceux que nous donnent ordinairement ces directions des couches atmosphériques. Mais au même instant où nous notions sur notre registre ces observations, se passait un autre fait non moins remarquable, dont il fallait tenir le plus grand compte. Par exemple, une étoile filante commence à venir du S.; après quelques degrés de course, vous voyez ce météore qui, au lieu de continuer sa route directement, se termine tout à coup comme s'il venait du N. Au contraire, une autre étoile filante, qui venait de la direction S.-E., après quelques degrés de course finit comme si elle venait du N.-E. (*fig.* 54).

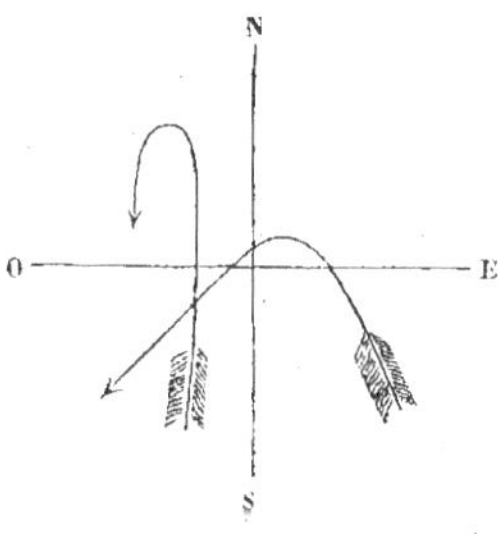

(Fig. 54.)

Voilà deux faits tout à fait en opposition avec les premières observations. Que devra-t-on conclure de cette anomalie? Les premiers faits observés nous ont montré que la puissance qui faisait mouvoir les étoiles filantes venait de la région du S. Les seconds au contraire nous révèlent une puissance plus grande, puisqu'elle imprime une direction arbitraire aux météores en les pliant à sa volonté et en leur faisant suivre une direction toute contraire.

Les nuages et le vent, si tous les signes avaient été exactement semblables aux premières observations, auraient dû se trouver du troisième au quatrième jour dans la région du S., et le baromètre aurait dû baisser suivant l'impulsion donnée par les premiers. Cependant c'est le contraire qui est arrivé, c'est-à-dire que du troisième au quatrième jour les nuages, le vent et les autres produits météoriques ont été presque semblables aux produits que nous donnent les directions du N.

On a vu que le baromètre, au lieu de descendre comme on devait être porté à le croire et comme cela serait arrivé sans l'apparition des signes perturbants, avait au contraire commencé à remonter trente-six heures après l'apparition du premier de ces signes. Il a été à son maximum de hausse du troisième au quatrième jour, et les vents et les nuages ont passé dans cette partie du ciel, c'est-à-dire dans la région du N.

Nous avons dit *des produits météoriques presque semblables*, et ce n'est pas sans raison ; car si la résultante des diverses directions des étoiles filantes s'était trouvée aussi au N., il en serait résulté un froid *très-vif*, si c'était dans la saison d'hiver ou de printemps. Mais comme l'atmosphère se trouve dans ce cas très-probablement réchauffée par les produits des étoiles venant du S., le froid n'est jamais alors aussi intense.

Voici un autre cas. La résultante des étoiles filantes se

trouvait au N.-E., et cela depuis plusieurs jours; aussi le temps était beau et le baromètre très-élevé; mais une nuit, pendant les observations, paraît une étoile filante venant du N.-N.-E. Ce météore, au lieu de suivre vivement sa route, vacille et serpente pendant tout son parcours. Une autre étoile venant du N. rencontre dans sa route une force qui la lui fait terminer comme si elle venait du S.-O. Une autre encore parut de l'E. et finit aussi S.-O. (*fig.* 55).

(Fig. 55.)

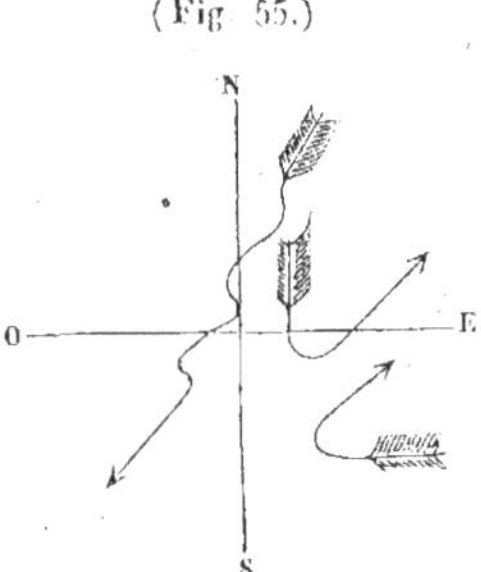

Que doit-il résulter de toutes ces observations? Le voici. Selon nous, si la force plus puissante que les résultantes ordinaires ne s'était pas montrée, le temps, qui était beau, serait resté en cet état; le baromètre, qui était à son maximum de hausse, y serait également demeuré; mais il n'en sera pas ainsi, et voici pourquoi. L'étoile filante qui a serpenté tout le long de sa course, et les autres étoiles finissant S.-O. nous ont montré que la force perturbante se trouvait en ce moment entre le S. et le S.-O. Aussi le baromètre, 36 heures après l'apparition de ces signes, commencera à baisser tout doucement, et lorsque, du troisième au quatrième jour, le baromètre sera arrivé à un maximum de baisse de 9 à 11 millimètres, la pluie arrivera, les nuages et le vent se trouveront en ce moment dans la partie du ciel indiquée à l'avance par la force perturbatrice, c'est-à-dire entre le S. et le S.-O.

Si le temps pluvieux ou le beau temps doit durer, cette force continuera à séjourner dans la région du ciel où on l'a aperçue. Si, au contraire, la force perturbatrice vient à osciller, c'est-à-dire si elle passe souvent d'une direction à une autre, les nuages, le vent et le baromètre oscilleront également. Il est aussi bien entendu que la hausse ou la baisse du thermomètre se règle tout à fait comme celle du baromètre, d'après la position dans le ciel de la force perturbatrice, puisque cette force nous apporte le chaud ou le froid.

Si cette puissance inconnue, qu'on ne peut désigner, comme nous l'avons fait, que sous le nom de force perturbatrice, n'oscille que faiblement, c'est-à-dire ne dérange que très-peu les étoiles filantes de leur marche rectiligne (*fig.* 56), les nuages et le vent ne seront point déviés de leur direction. Le baromètre seulement montrera que cette force agit sur lui, et un peu de pluie ou un peu de beau temps nous arrivera sans que la force perturbatrice ait été suffisante pour opérer un changement radical de toutes les couches atmosphériques.

Si vous ouvrez les Traités de physique et de météorologie, vous trouvez des hypothèses plus ingénieuses les unes que les autres pour expliquer les oscillations baro-

(Fig 56.)

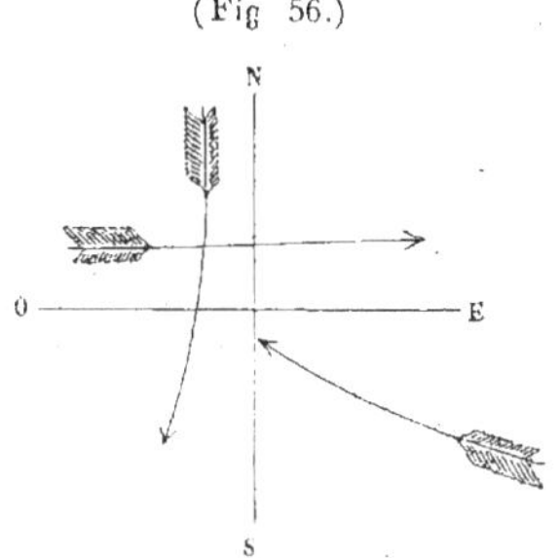

métriques, thermométriques et les variations atmosphériques. On vous explique, je ne sais de combien de
manières, l'origine des produits météoriques. Mais,
comme toutes ces explications ne reposent que sur des
hypothèses, on ne doit pas être étonné si l'on n'est arrivé à rien de précis, malgré des siècles d'observations,
ainsi que ne l'ont pas craint d'avouer les plus illustres
des savants qui se sont occupés de cette matière.

Nous sommes autorisé à dire qu'il n'en sera plus désormais ainsi. Dorénavant on marchera de progrès en
progrès; la véritable route est tracée, il n'y a plus qu'à la
suivre; on ne s'égarera plus dans les ténèbres.

Cette force, qui imprime sa volonté à tout ce qui nous
entoure, à tout ce que nous apercevons jusqu'aux dernières limites de l'atmosphère, se révèle par des signes
qui lui sont propres. Il ne faut que savoir les observer
pour les reconnaître et surtout pour s'en servir, non-seulement dans un intérêt scientifique, mais encore dans un

intérêt général, puisque les résultats que cette nouvelle science nous apporte touchent à tout ce qui peut matériellement intéresser l'homme et les détails de sa vie extérieure.

Cette puissance se manifeste depuis les globes filants jusqu'aux étoiles filantes de la 6ᵉ grandeur, visibles aussi à l'œil nu. Il est plus que probable que ses effets se font sentir même sur les météores télescopiques. Elle réside donc dans les couches les plus élevées de l'atmosphère, et elle exerce son influence partout où elle pénètre, depuis le haut jusqu'en bas. Il résulterait de là que la résistance des couches inférieures ne peut en rien entraver cette puissance de premier ordre ; on dirait qu'aussitôt qu'elle a ordonné d'une manière tout à fait directe, elle tient à être obéie. Cette force réside donc en *haut* et non en *bas* ; ici le doute ne peut être permis, les exemples sont trop frappants et trop nombreux pour qu'on ne soit pas convaincu de ce que nous disons.

On sait, en outre, que si, le 1ᵉʳ mai de chaque année, on additionne les sommes des étoiles filantes pour chaque direction et qu'on les projette sur une courbe polaire, on voit à l'instant dans quelle région du ciel se produira la plus grande quantité d'étoiles filantes pendant l'année entière. En d'autres termes, la quantité d'étoiles filantes, quoique triplant en moyenne pour les mois d'été et d'hiver, ne dérange presque pas la résultante générale des quatre premiers mois de l'année, où le nombre moyen horaire des étoiles filantes est trois fois moins grand. Il ne faut pas oublier que la courbe et la résultante des diverses directions pour chaque année, diffèrent toujours de l'année précédente, et que souvent cette différence est tout à fait extraordinaire.

Que doit-on conclure de faits ainsi révélés? Si nous prenons pour exemple les années qui se sont écoulées depuis 1842 jusqu'à celle-ci, nous trouvons que les six années les plus chaudes ont été les années 1842, 1846, 1849, 1852, 1857, 1858. Eh bien, sans se creuser la tête pour expliquer les faits, on voit tout de suite, par la seule inspection des courbes, que la grande majorité des étoiles filantes parues dans ces années appartenait à la région du *sud*. Tandis que dans les années 1844, 1845, qui ont été les plus froides, les étoiles filantes sont venues en majorité de la région du *nord* ou des régions environnantes; d'où l'on doit certainement conclure que la direction de la majorité des étoiles filantes, pour chaque année, n'est pas sans influence sur les produits météoriques de ces mêmes années.

Pour qu'on puisse mieux en juger, nous donnons les courbes de dix-sept années qui montreront bien que nous avons eu raison de dire que par les courbes dressées le 1er mai de chaque année, on voit si les années en général doivent être plus ou moins froides ou plus ou moins chaudes.

En effet, de l'inspection de toutes ces courbes on peut tirer encore une autre conclusion : c'est que, sans la puissance perturbatrice qui fait dévier assez souvent les étoiles

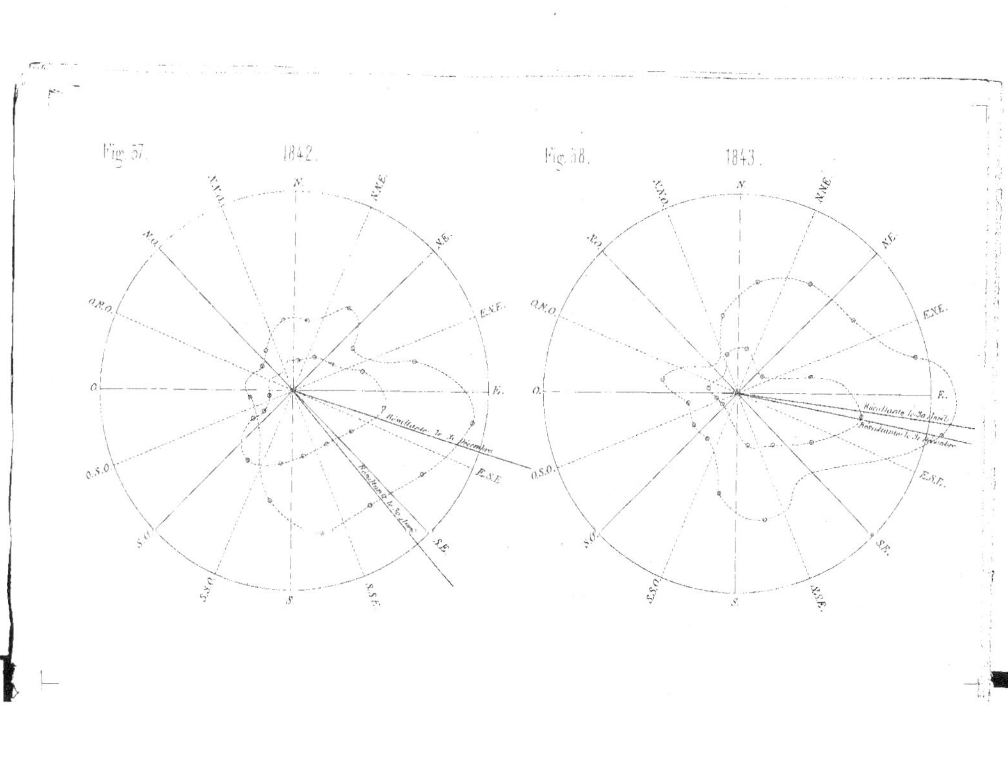

Fig. 57.
1842.
Fig. 58.
1843.
N.
N.N.E.
N.E.
E.N.E.
E.
E.S.E.
S.E.
S.S.E.
S.
S.S.O.
S.O.
O.S.O.
O.
O.N.O.
N.O.
N.N.O.
Résultante le 31 Décembre.
Résultante le 30 Juin.
Résultante le 30 Avril.
Résultante le 31 Décembre.

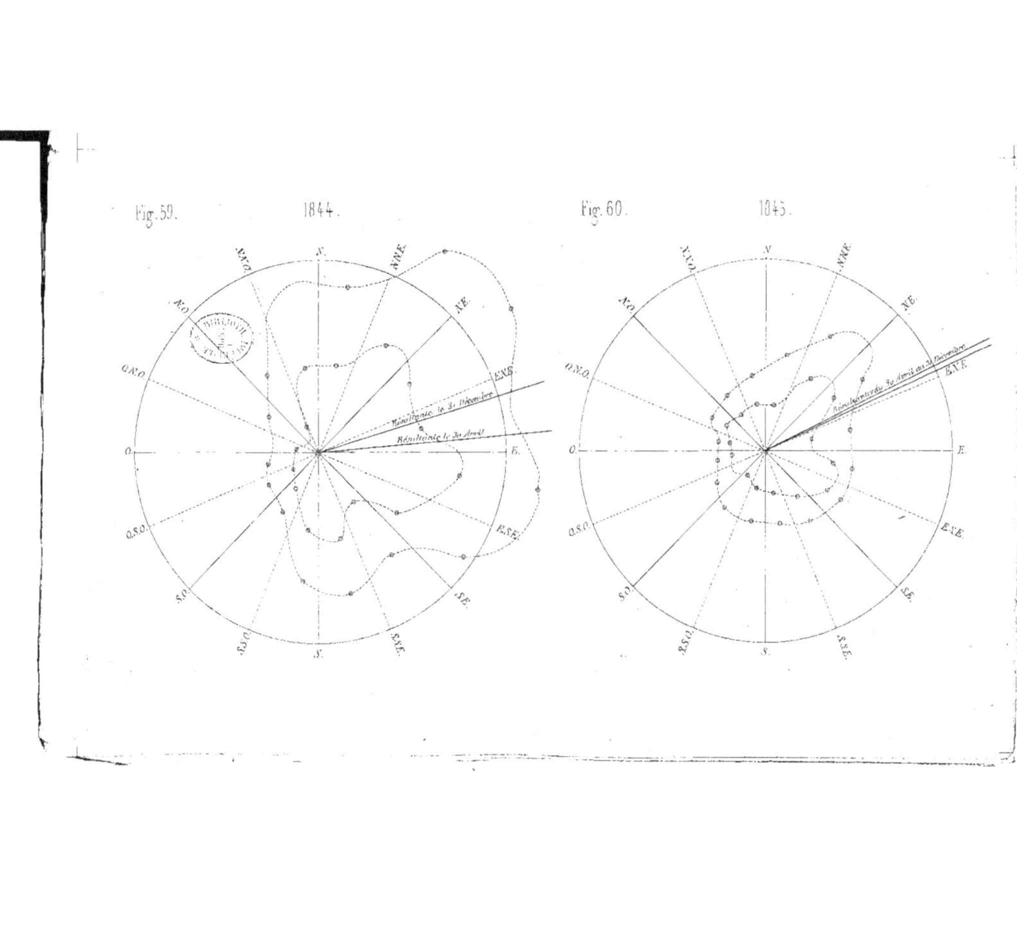

Fig. 59.
1844.
Fig. 60.
1845.

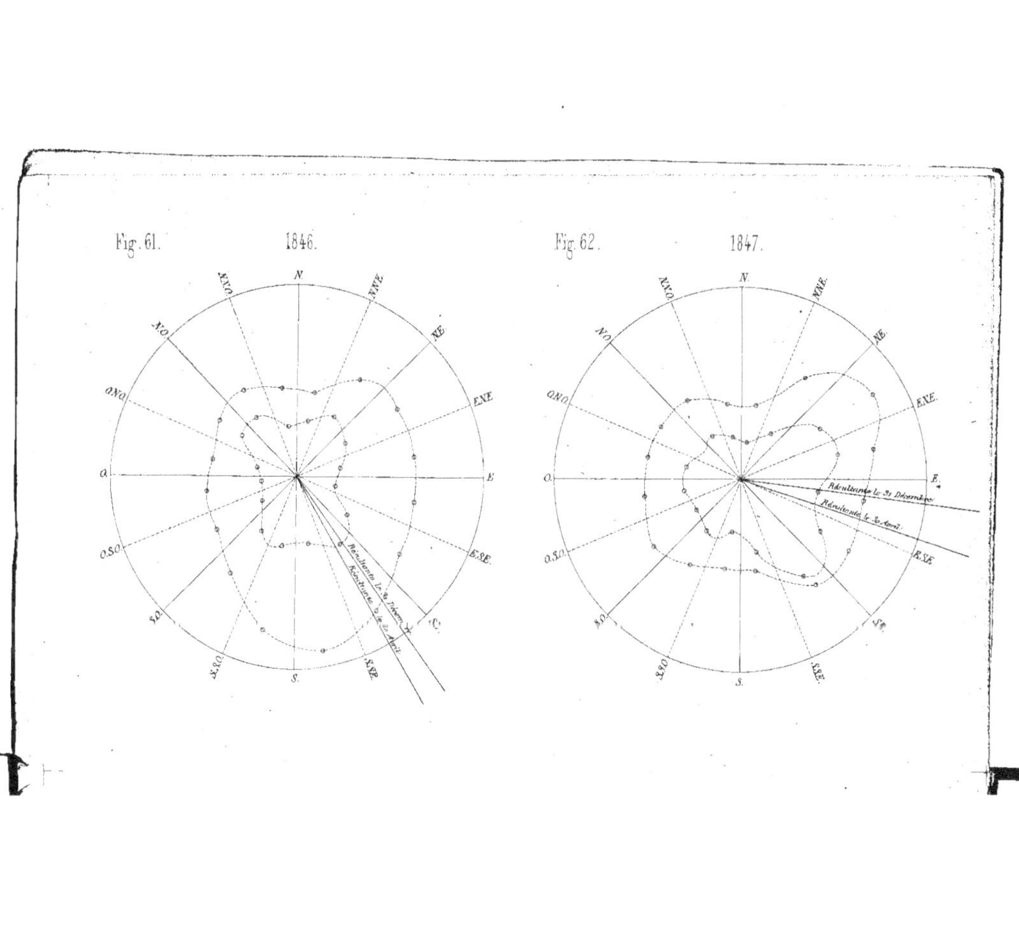

Fig. 61.
1846.
Fig. 62.
1847.

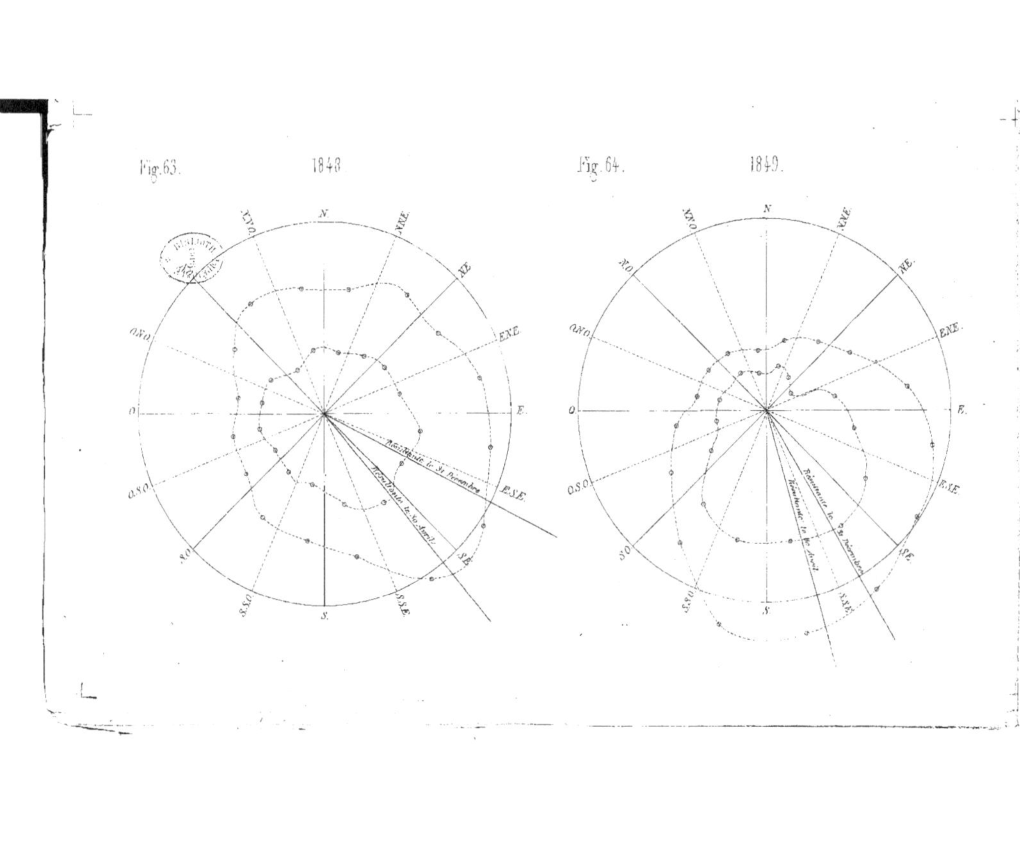

Fig.63.
1848
Fig.64.
1849.
N.
NNE.
NE.
ENE.
E.
ESE.
SE.
SSE.
S.
SSO.
SO.
OSO.
O.
ONO.
NO.
NNO.
Résultante le 31 Décembre.
Résultante le 30 Avril.
Résultante le 29 Novembre.
Résultante le 18 Août.

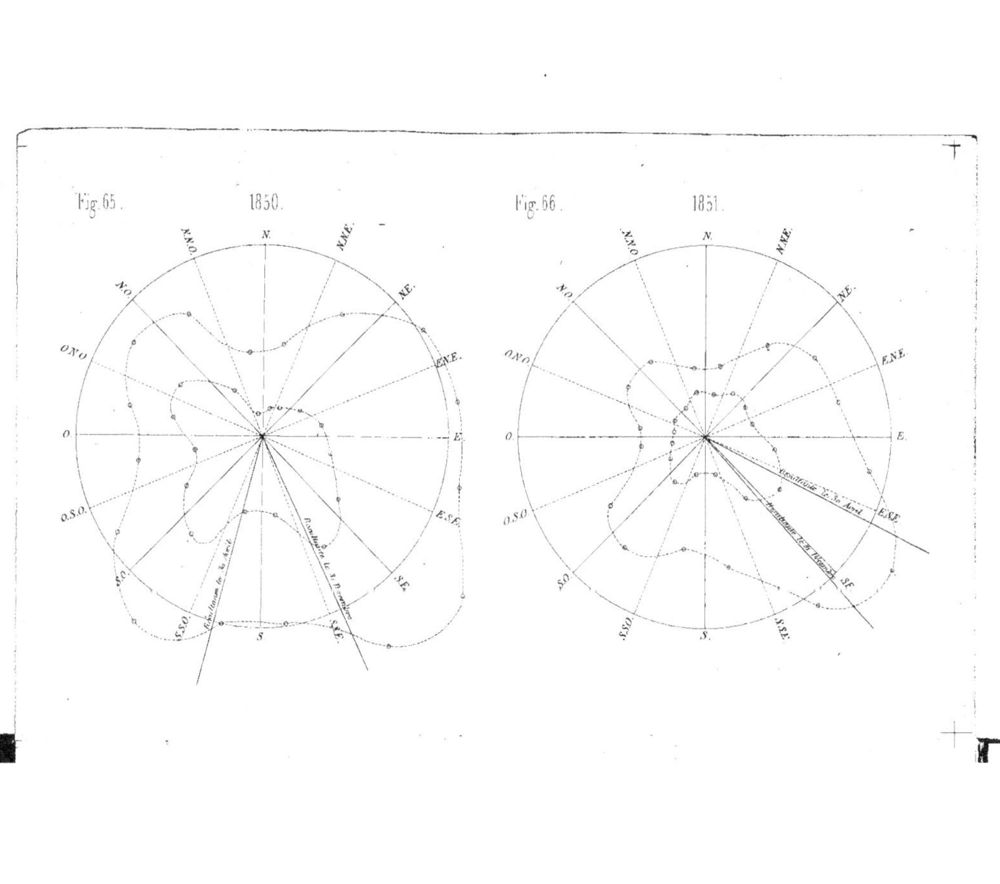
Fig. 65.
1850.
N.N.O.
N.
N.N.E.
N.O.
N.E.
O.N.O.
E.N.E.
O.
E.
O.S.O.
E.S.E.
S.O.
S.E.
S.S.O.
S.
S.S.E.
Résultante le 14 Avril
Résultante le 9 Décembre
Fig. 66.
1851.
N.N.O.
N.
N.N.E.
N.O.
N.E.
O.N.O.
E.N.E.
O.
E.
O.S.O.
E.S.E.
S.O.
S.E.
S.S.O.
S.
S.S.E.
Résultante le 30 Avril
Résultante le 30 Décembre

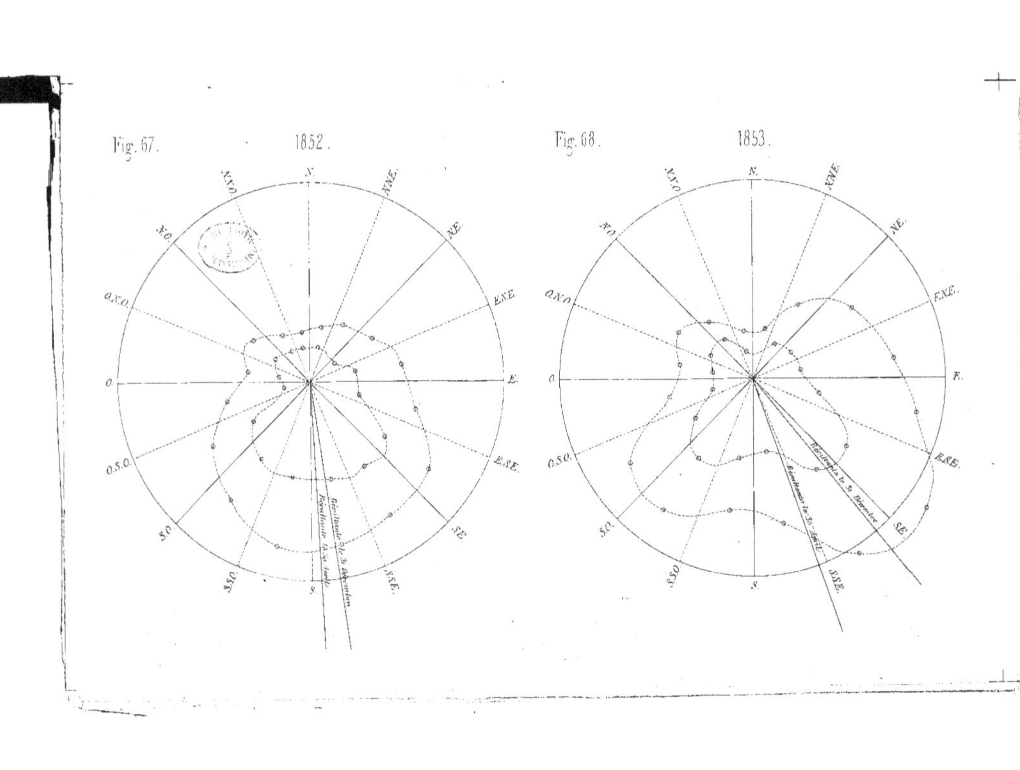

Fig. 67.
1852.
Fig. 68.
1853.

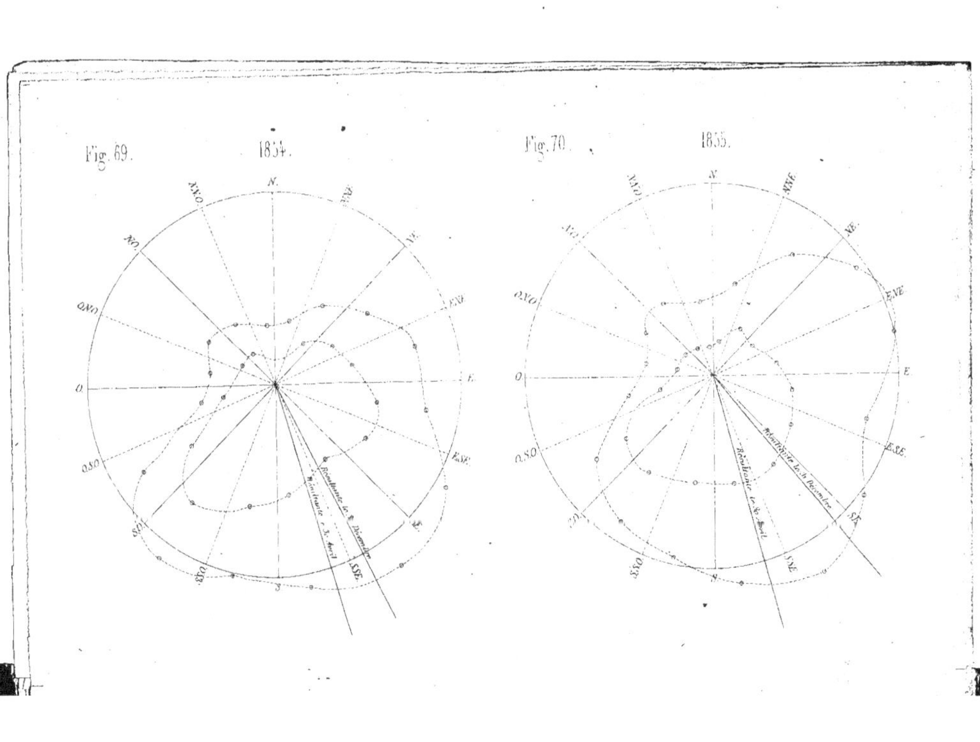

Fig. 69.
1854.
Fig. 70.
1855.

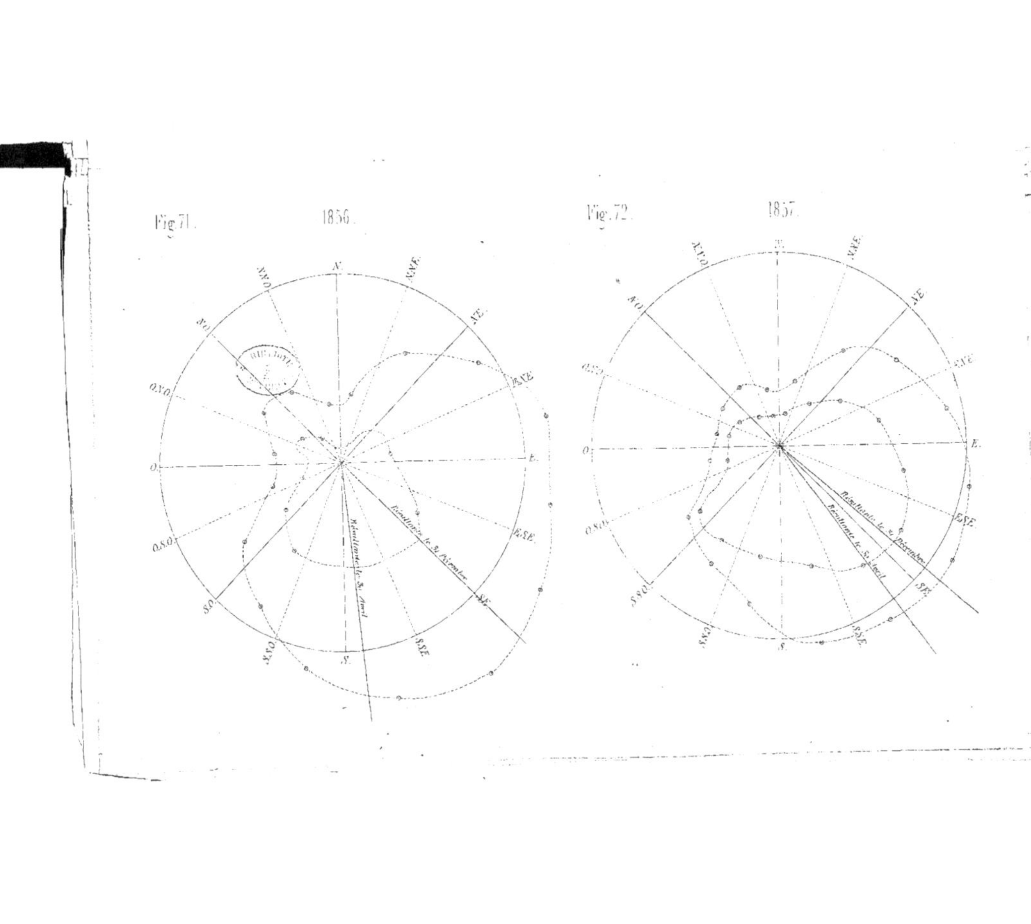

Fig.71.
1856.
N.
N.N.E.
N.E.
E.N.E.
O.N.O.
N.O.
E.S.E.
O.N.O.
O.
E.
Résultante du 3 Avril
Résultante du 3 Novembre
O.S.O.
S.E.
S.O.
S.S.E.
S.O.O.
S.
S.S.E.

Fig.72.
1857.
N.
N.N.E.
N.O.
N.E.
O.N.O.
E.N.E.
O.S.O.
E.S.E.
O.
E.
O.S.O.
E.S.E.
Résultante du 3 Décembre
Résultante du 3 Avril
S.S.O.
S.E.
S.S.O.
S.S.E.
S.
S.S.E.

Fig. 73.
1858.
N.
N.N.E.
N.E.
E.N.E.
E.
E.S.E.
S.E.
S.S.E.
S.
S.S.O.
S.O.
O.S.O.
O.
O.N.O.
N.O.
N.N.O.
Résultante du 31 Décembre
Résultante du 30 Avril

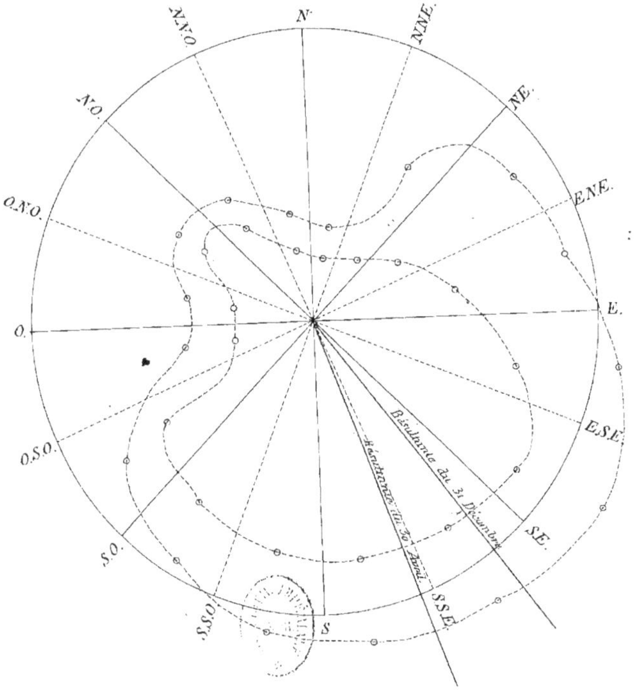

filantes de leur direction primitive pour leur en imposer une autre, les années seraient très-chaudes lorsque les faits observés en 1842, 1846, 1849, 1852, 1856, 1857, 1858 se renouvelleraient; comme aussi elles seraient très-froides quand les faits observés auraient de l'analogie avec les années 1844 et 1845. Les autres années tenant un peu des unes ou des autres de ces années, donneraient des produits moyens conformes aux observations avec lesquelles on a pu les tracer. Nous disons les années en général, parce qu'il ne faut pas oublier que, malgré les perturbations, les faits météoriques annoncés le 30 avril tendent toujours à se reproduire. Voyez les *fig.* 57, 58, 59, 60, 61, 62, 63, 64, 65, 66, 67, 68, 69, 70, 71, 72, 73.

De l'exposé des faits que nous venons de mettre sous les yeux de nos lecteurs, nous tirons ce résultat, qu'il est impossible de nier que tous les signes précurseurs des diverses transformations de l'atmosphère ne se trouvent dans l'apparition des étoiles filantes, et dans les différentes particularités qu'elles nous offrent pendant la durée de leur apparition.

C'est là un fait, à notre avis, aussi certain qu'il est considérable, et nous n'hésitons pas à l'affirmer de toute la puissance de notre conviction.

Nous avons vu, en effet, que s'il n'y avait pas de perturbations, la résultante seule des directions des étoiles filantes suffirait pour connaître à l'avance les variations de l'atmosphère et aussi les oscillations barométriques et thermométriques. Effectivement, si les résultantes des diverses grandeurs d'étoiles filantes sont parfaitement d'accord entre elles et que, dans leur apparition, il ne se soit rien montré de contraire à ces mêmes résultantes, les couches atmosphériques, marchant alors avec une parfaite régularité, nous donnent aussi la même régularité dans les produits météoriques et dans les oscillations barométriques et thermométriques.

Cette parfaite régularité n'est pas troublée lorsque les résultantes et les perturbations appartiennent aux mêmes directions du ciel. Ainsi dans la saison d'été, si la résultante et la perturbation ont fait voir simultanément que le tout était toujours porté à converger, pour ainsi dire, autour du S., la chaleur sera étouffante. Dans la saison d'hiver, si la résultante et la perturbation sont portées, en diverses heures de la nuit, à avoir une propension à remonter vers le N., le froid sera excessif, parce que dans l'un comme dans l'autre cas, rien ne viendra tempérer ni l'un ni l'autre de ces produits météoriques. Il en sera de même pour les points intermédiaires de ces directions fondamentales N. et S.

Ce point capital une fois bien établi, nous devons nous demander s'il n'est pas nécessaire de porter aussi notre attention sur d'autres particularités qu'on remarque pendant la durée de l'apparition d'un météore filant, afin de connaître d'une manière complète la diversité des produits météoriques qui vont survenir et toucher notre terre.

Nous avons déjà parlé des diverses particularités autres que la force perturbatrice, spécialement signalée quant à elle par une trajectoire plus ou moins stationnaire, rectiligne ou curviligne. Ici nous revenons sur ce sujet et nous disons : Lorsque le changement de l'état du ciel doit arriver seulement dans quatre jours, nous ne pouvons en voir le premier signal que de deux façons, ou par une étoile filante plus ou moins perturbée, ou bien par la résultante générale des étoiles filantes non perturbées. Nous sommes donc privés de cette ressource si le ciel persiste à rester couvert; il nous reste seulement alors l'oscillation barométrique; puis à la première éclaircie du ciel, on voit par les étoiles *mouillées* si la pluie est proche. On sait maintenant, ainsi que nous l'avons déjà dit, que plus le nombre de ces étoiles est considérable, plus la pluie deviendra abondante.

Si la période de mauvais temps qu'on va subir doit être entremêlée de calme ou de vents plus ou moins violents, on aura remarqué dans l'apparition des étoiles filantes que leur mouvement de translation dans l'espace était extrêmement rapide ou très-calme. Si leur course est très-rapide, et que vous en ayez remarqué parmi elles plusieurs de couleur *rouge,* d'autres de forme *globuleuse* ou de *nébuleuses,* tous ces signes précurseurs réunis vous donnent la certitude que des vents très-forts et violents vont succéder au calme dont vous jouissez, et qu'ils s'étendront sur une plus grande surface du globe, suivant que les étoiles globuleuses et nébuleuses auront eu une trajectoire plus étendue. Effectivement, si les vents et les tempêtes ne doivent régner que sur un petit espace de la terre, la course de ces étoiles, au lieu d'avoir quelquefois 100 degrés et même plus, n'en aura alors que de 15 à 40. Le temps doit-il au contraire être calme, le mouvement de translation des étoiles filantes est très-lent.

D'après les indices que nous venons d'énoncer, il est très-facile de prévoir à l'avance les divers changements qui s'opèrent dans les couches élevées de l'atmosphère, et ce sont ces changements qui nous donnent tous les produits météoriques que nous éprouvons : le calme ou la tempête, le froid ou la chaleur, la pluie ou le beau temps, et, par suite, pour les produits agricoles, l'abondance ou la disette; et pour les personnes, la santé ou les maladies.

Je sais que la découverte des lois d'un tel phénomène est faite pour causer de la surprise à bien des gens; mais ce n'est pas une théorie que je me plais à imaginer. C'est une simple constatation de faits que chacun peut vérifier après moi; et je répète que ces vérités, quelque singulières qu'elles paraissent, sont absolument incontestables, comme doivent le témoigner pour tous les esprits impartiaux les détails dans lesquels je viens d'entrer.

CHAPITRE VI.

De la différence météorologique entre les années et les mois.

Ce qu'on doit entendre par une bonne année; marche de la résultante pendant cette année. — Oscillation de la force perturbatrice en désaccord avec la résultante générale ou quotidienne. — Ce qui constitue une mauvaise année. — Réflexions particulières. — Un mot sur les aérolithes. — Hypothèses sur la région présumée des étoiles filantes.

Les bonnes années sont ainsi nommées, parce que les produits météoriques se succèdent progressivement suivant l'ordre régulier des saisons, au lieu de changer brusquement de l'un à l'autre après quelques jours seulement de durée.

Pour faire mieux comprendre ceci par un exemple, nous dirons d'abord que tous les ans, et presque toujours vers la fin de décembre, la résultante générale des étoiles filantes persiste dans l'état où elle était précédemment, ou change vers ce moment de position azimutale.

Si la grande majorité des étoiles filantes et par conséquent leur résultante est portée à osciller souvent du N. au S.-E., en descendant par l'E. depuis janvier jusqu'en mars, l'hiver será normal, c'est-à-dire que le froid et la gelée dureront pendant cette période. Il neigera ou pleuvra seulement pendant les quelques jours que la résultante aura descendu vers l'O. ou vers le S., c'est-à-dire aura fait en peu de jours une révolution azimutale. On comprend facilement que, pour que cela soit ainsi, il faut nécessairement que le courant ou la force qui réside dans l'atmosphère et qui perturbe si souvent la résultante, reste à peu près fixée dans les mêmes directions azimutales que la résultante elle-même.

Si du mois d'avril jusque dans le courant de juin, la résultante se trouve portée à osciller le plus souvent du S.-E. à l'O., O.-N.-O., la pluie accompagnera la chaleur, et la récolte sera d'autant plus abondante, que les plantes n'auront pas souffert dans leur développement et que la maturité sera arrivée à point.

Si de la fin de juin à la fin de septembre la résultante a oscillé presque constamment et de préférence du S., en approchant le plus près possible du N., N.-N.-O. et que la force perturbatrice ait presque toujours séjourné dans cette même partie du ciel, il en résultera que la sécheresse sera tempérée par quelques pluies dues aux révolutions azimutales, soit de la résultante, soit de la force perturbatrice. La récolte des céréales et autres, qui avait été assurée tout d'abord par un temps des plus favorables, sera rentrée dans les meilleures conditions, et elle sera remarquable par sa qualité

Si du mois d'octobre au milieu de décembre la résultante et la force perturbatrice ont oscillé le plus souvent du S.-E. à l'O., la saison sera d'autant plus humide, qu'elles approcheront le plus constamment de l'O. Ces transformations successives des directions azimutales ainsi opérées donneront à l'année qui s'écoule toutes les particularités qui en font une bonne année, du moins pour nos climats.

Dans d'autres années, il arrive que, quelle que soit la position dominante de la résultante générale des directions dans le ciel, si la force perturbatrice oscille sans cesse, ou est souvent placée dans des directions tout opposées à la résultante générale et quotidienne, alors les produits météoriques sont non-seulement en désaccord avec les indices de la résultante, mais encore ils deviennent si variables, que rien n'arrive en sa saison et que les produits agricoles ayant constamment souffert seront médiocres.

En effet, voici ce qui arrive dans certaines années. La force perturbatrice a été en désaccord presque constant avec la résultante générale, peu importe la partie du ciel où elle se trouve placée; ainsi, au lieu d'osciller le plus souvent de la partie de l'E. vers le N., c'est-à-dire d'avoir une tendance de prédilection pour remonter vers cette direction dans les mois de janvier, février et une partie de mars, elle se trouve au contraire dans le S. et elle y est presque toujours stationnaire, sauf quelques exceptions. Ces mois seront très-pluvieux ou remplis de brouillards quand la force approchera de la région du N. Cette force passant au contraire depuis le mois de mars jusque vers la fin de mai dans la région du N., et y séjournant presque constamment, le froid ne sera pas trop rigoureux, surtout s'il est adouci par les produits de la résultante des étoiles filantes, situées, durant cette période, que j'appellerai à juste titre *malheureuse,* dans la région opposée du ciel ; mais le froid cependant sera continuel, la sécheresse dominera, les plantes souffriront beaucoup, l'année sera très en retard et la récolte sera très-médiocre.

J'ajoute, pour achever de faire bien comprendre l'action d'une telle disposition de la résultante et de la force perturbatrice, que, si cette force se trouve du mois de juin au mois de septembre dans la région du S.-O., des pluies presque continuelles gâteront assez souvent le peu de récoltes qui auront pu tenir bon contre les intempéries de la saison.

Après tout ce que nous venons de faire passer sous les yeux de nos lecteurs, ils apprécieront facilement à quoi tiennent les bonnes, les médiocres ou les mauvaises années. Ne ressort-il pas de tous ces faits, comme de tant d'autres, que Dieu a voulu, par cette organisation des produits météoriques, contraindre l'homme à un travail continuel et à une grande économie, pour qu'il trouvât, dans le produit des bonnes années, de quoi vivre durant les mauvaises ?

Il y a encore des années qui tiennent une sorte de milieu entre les bonnes et les mauvaises. Ce sont les années où la résultante se trouve portée à osciller le plus souvent du S.-E., S.-S.-E., E.-N.-E. Quoique les années soient généralement assez froides, cependant, si la force perturbatrice varie le plus souvent du N. au S., il arrive que toutes les fois qu'elle approche du S. la chaleur augmente, et la pluie fait encore pousser des récoltes presque ordinaires. On est au moins certain de les rentrer, sinon en grande quantité, du moins avec une qualité suffisante.

Les plus mauvaises années et les plus à craindre sont celles où la résultante se rapproche davantage de l'O., et où la force perturbatrice varie souvent du S. au N. par l'O. Ces années sont très-pluvieuses, très en retard, comme aussi la plus grande partie des récoltes sera anéantie par la pourriture ou très-endommagée par la crue des mauvaises herbes. Combien alors il faut de précautions pour mettre les récoltes à l'abri de tant de dangers! Le cultivateur doit toujours être sur le qui-vive; car même dans les temps très-pluvieux, il y a des jours qu'on peut appeler de repos, c'est-à-dire que la résultante ou la perturbation s'est un peu écartée de ses allures habituelles. Dans ces jours exceptionnels, où il ne pleut pas et où le temps se rassoit, il faut que le cultivateur en profite, qu'il fauche tout de suite, mais qu'il ne fauche que ce que dans cette journée il peut mettre en huttelottes ou petites moyettes; autrement, il exposerait sa récolte à être germée ou pourrie. On sait par expérience que les blés ainsi mis provisoirement à l'abri peuvent attendre jusqu'à trois mois et plus sans être gâtés; on a donc le temps devant soi; car, une fois qu'on n'a plus rien à faucher, alors on profite des jours de répit pour lier et rentrer. Je dis ici lier et rentrer, et ce n'est pas sans raison. Voici pourquoi. Dans les mauvaises années, où il y a beaucoup d'herbes mêlées à toutes les céréales, si vous liez en gerbes, ces herbes s'échauffent et donnent un mauvais goût au grain ; vous détruisez d'une manière ce que vous voulez conserver de l'autre. Au contraire, en attendant quelque temps, ces mauvaises herbes ont le temps de sécher, et ne communiquent au grain aucune mauvaise qualité. Surtout, nous ne saurions trop le répéter, ne jetez à terre, dans ces belles et rares journées, que ce que vous pouvez mettre en huttelottes. Là est le salut de vos récoltes.

On excusera ces détails, qui sont plus agricoles que météorologiques ; mais nous demandons grâce pour une digression aussi naturelle à un ancien laboureur. Ce que nous venons de dire, c'est l'expérience qui nous l'a appris. Chez mon père et mon grand-père, et plus tard chez moi, on n'a jamais agi autrement. Aussi nous n'avons jamais eu de céréales gâtées. En voici un exemple frappant. En 1816, de funeste mémoire, nous avons conservé toutes nos récoltes, parce que toujours on n'a fauché dans une journée, même une demi-journée, que ce qu'il était possible de mettre à l'abri. C'est seulement fin d'octobre et au commencement de novembre que nous avons mis en gerbes et rentré nos récoltes en parfait état de conservation. Nous avions nos ouvriers en permanence. Sans doute les frais ont été plus considérables ; mais les produits sains et abondants que nous avons récoltés nous ont dédommagés, et bien au delà, de ces dépenses prudentes.

Mais j'entends une question : Qui pourra nous avertir,

diront les cultivateurs, dans ces années néfastes, de ce que nous aurons à faire? Je réponds : Cela ne sera pas très-difficile, ce sera la tâche des cinq observatoires météoriques que je propose, quand ils seront établis et qu'on leur aura donné les moyens, très-peu onéreux à l'État, de lui rendre les services les plus signalés. Jusque-là nous ne pouvons qu'indiquer la route à suivre; nous ne pouvons faire plus pour notre part. Il dépendra de la bonne volonté des gens plus puissants que nous de faire fructifier la nouvelle science que nous avons créée.

Mais je me hâte de revenir à la météorologie. Il existe encore dans le ciel un fait très-remarquable que je dois signaler : c'est un point où tout paraît dans le plus entier repos, et même c'est une sorte d'opposition qui se produit en certains moments, qui varie avec les années, et que les nuages et les vents ne peuvent que bien rarement franchir. Ce point, variable d'ailleurs dans le ciel, est à l'abri de toute espèce de perturbations. Depuis plusieurs années, le point unique existait vers l'E., ce qui n'était pas très-avantageux, puisque les vents, pour arriver vers le S., passaient deux fois par l'O. : une première fois pour arriver à l'E.-S.-E., une deuxième fois pour remonter par le S.-O. et arriver à l'E.-N.-E.

Depuis deux années, au contraire, l'opposition s'est reportée dans la région de l'O.; aussi il est arrivé le plus souvent que le vent, arrivant vers l'O. par le N., remontait par cette direction pour arriver à l'E. et au S.; puis, arrivé vers l'O.-S.-O., descendait vers le S. pour arriver à l'E. Mais je ne pousse pas ces considérations plus loin ; je compte bien y revenir avec tous les développements nécessaires.

En résumé, nous savons maintenant, d'une manière certaine, que toutes les fois que les résultantes ne seront point altérées par les perturbations, elles nous donneront les produits annoncés par leurs différentes directions. Nous savons, au contraire, qu'il en est autrement lorsque la puissance perturbatrice s'est montrée, puisqu'alors tout obéit à cette force.

En effet, si les étoiles filantes ont été renvoyées, pour ainsi dire, vers la direction d'où elles émanaient, toute la masse atmosphérique, ainsi que nous l'avons déjà dit, va prendre son mouvement de translation du troisième au quatrième jour dans le sens de la direction annoncée par le signe perturbant. Si, au contraire, la perturbation ne s'annonce que par une simple flexion, la masse atmosphérique ne change pas de direction dans son mouvement de translation ; seulement elle donne avec plus ou moins d'intensité les produits annoncés par la perturbation. L'effet en est toujours très-sensible sur l'oscillation barométrique et thermométrique.

De cet exposé, il résulte que la cause de tous les produits météoriques auxquels nous sommes soumis, se trouve bien évidemment dans les hautes régions de l'atmosphère. C'est donc seulement de l'examen attentif et persévérant de ces régions qu'on tirera tout ce qui peut contribuer au perfectionnement et à l'extension des découvertes déjà obtenues.

On remarquera peut-être que nous avons mis ici de côté la question des aérolithes. D'abord, il ne nous a pas été donné, depuis quarante-huit ans d'observation des étoiles filantes, d'être témoin d'une seule chute ; puis, nous avons fait voir, dans notre *Introduction historique*, que ces chutes de pierres météoriques ne suivaient aucune loi, et qu'on les avait vues indistinctement tomber presque aussi abondamment dans les mois d'hiver, de printemps, d'été et d'automne. Ces chutes sont même moins fréquentes à l'époque des maximums des apparitions des étoiles filantes.

Lorsque les physiciens reconnurent que les météores filants ne pouvaient brûler que dans l'atmosphère, ils étaient convaincus, ainsi que les astronomes, que notre atmosphère n'avait pas une étendue de plus de 18 lieues. Cependant, lorsqu'il a été reconnu, par des observations correspondantes, que ces météores pouvaient se trouver à de plus grandes hauteurs, quelques savants ont alors prétendu que ces météores pouvaient brûler hors de notre atmosphère, par exemple dans un milieu éthéré ; et pour expliquer les oppositions rencontrées par ces météores, on a dit qu'ils se trouvaient parfois dans le milieu résistant, inventé par M. Encke pour rendre compte des anomalies cométaires.

Ces raisons, toutes spécieuses qu'elles sont, ne peuvent tenir contre l'évidence des faits ; car, dans la discussion de nos observations, nous démontrons suffisamment que le vide n'est pas où on l'a placé, puisque à de grandes hauteurs dans l'espace on rencontre une force tellement puissante, qu'elle imprime son action jusqu'aux couches de l'atmosphère rasant notre globe; en d'autres termes, que la force vient des régions très-élevées, et que rien ne résiste à son invincible influence. Il résulte donc de là que le vide, s'il existe, est à des hauteurs infinies, ou bien que, si la matière éthérée remplit tous les espaces, l'éther serait non-seulement tout-puissant sur notre atmosphère, mais encore qu'il gouvernerait l'univers matériel tout entier. Mais j'ai hâte de quitter toutes ces hypothèses.

CHAPITRE VII.

Quelques exemples tirés des observations.

Exemples de la vitesse des vents tirés de nos observations, — Relations
de plusieurs naufrages et tempêtes; résultats qu'on en peut tirer. —
Vitesse de translation des tempêtes. — Coups de vent. — Oscillations
barométriques, leur rapport avec nos observations. — Rapport du commandant du *Napoléon* et du *Pluton* sur les événements météoriques
de la Crimée, tempête de Kamiesch.

Lorsque les vents ne rencontrent nulle opposition dans
leur parcours, ils peuvent franchir dans une même journée des distances immenses. Si l'on s'en rapporte à la relation du naufrage de *la Delphine*, on voit que les 16
et 17 juin 1840 le vent était au S. et soufflait en tempête
aux îles Diego-Ramirez, îles voisines de la Terre de Feu,
lat S. 56° 27′, long. O. 70° 59′, plus de 4,000 lieues de
distance. Chez nous, aux mêmes dates, le vent très-fort
variait du S. au S.-O. A la fin de juin, même année, chez
nous comme au cap Horn, le vent venait du N. Le cap
Horn est à peu près dans les mêmes latitudes et longitudes
que les îles Diego-Ramirez.

En suivant toujours la même relation, on trouve que
durant la nuit du 19 septembre, dans l'île de Chiloë, le
vent passa vers le N. Le même fait eut lieu chez nous dans
la même journée de ce mois; et à Chiloë, comme chez

nous, il y avait à cette époque des pluies presque continuelles.

Le 7 octobre 1840, le vent fit chez nous d'abord le
tour du compas et se fixa ensuite dans la région du N.
Le même jour, la frégate *la Belle-Poule* arrivait à Sainte-
Hélène pour accomplir sa pieuse mission; elle aussi eut
à se plaindre des vents variables; puis tout à coup le vent
se fixa comme chez nous au N.

Il y a beaucoup de gens parmi nous qui peuvent se
souvenir très-bien que dans les derniers jours d'octobre
et les premiers jours de novembre 1840, il y eut presque
constamment en France des pluies très-abondantes, surtout dans le Midi, qui souffrit les désastreuses conséquences de nombreux débordements. Suivant la relation
du naufrage de *la Delphine*, à la date du 6 décembre 1840,
on remarqua qu'à l'île de Chiloë, océan Pacifique, le
temps, comme chez nous, fut excessivement pluvieux
avec des vents qui variaient du S., S.-S.-O au N.-O.

Le 2 janvier 1841, à l'île de Campana, le vent était
comme chez nous áu S.-O., et le 3, aussi comme chez
nous, le vent passa au N.

Le 10 janvier 1841, pluie en Algérie et chez nous à
Paris.

Le 24 janvier 1841, tempête dans la Méditerranée;
notre flotte, qui venait de quitter Toulon, fut dispersée
sur les côtes de la Corse; les dégâts furent évalués à
3,500,000 francs. A Paris, également le 24, le vent sauta
de l'O. au N.; neige et tempête à 4 heures du soir.

Le 20 octobre 1841, petite gelée chez nous; le même fait eut lieu également aux États-Unis d'Amérique; cette gelée nuisit beaucoup à la récolte du coton.

Le 10 mars 1842, tempête, pluie, éclairs chez nous de minuit à 3 heures du soir. Cette tempête sévit sur nos côtes; Cayeux en garde encore un triste souvenir. Cette tempête se fit sentir dans bien d'autres localités, surtout en Suisse, où elle causa de grands dégâts. Ce qu'il y eut de particulier dans quelques vallées de l'Oberland, c'est qu'à une élévation de plus de 1000 mètres on ne sentait plus qu'un vent chaud venant du S., tandis que la tempête, là comme chez nous, venait du S.-O.

Les 22 et 23 octobre 1842, les vents à Paris étaient en tempête du S.-S.-O. à l'O.-S.-O. L'ouragan sévissait aussi sur nos côtes et principalement sur les côtes de l'Angleterre. Une grande quantité de navires firent naufrage et un grand nombre de matelots et passagers périrent. Dans les mêmes jours, une affreuse tempête régnait dans les Indes, à Madras et Pondichéri; pertes immenses en propriétés territoriales; bon nombre de vaisseaux firent naufrage et périrent corps et biens.

Rapprochons maintenant tous ces faits de nos observations météoriques.

Nous avons parlé des étoiles filantes *globuleuses* et *nébuleuses*, dont l'apparition était le présage de coups de vent et tempêtes. Le 8 novembre 1842, à 7 heures du soir, une étoile filante venant du S., 1re grandeur, *globuleuse très-rapide*, prit naissance à la Chèvre et disparut au delà de la tête de la Grande Ourse, après 45 degrés de course. Cette espèce d'étoile annonçait une tempête ou un fort coup de vent. En effet la tempête eut lieu dans la nuit du 11 au 12 novembre, soixante-quinze heures après l'apparition du signe précurseur. Entre Boulogne et l'Angleterre, *la Reliance* fit naufrage; ce navire fut englouti corps et biens. Sa cargaison, estimée à 10,000,000 de francs, et, ce qui est plus déplorable, 110 hommes d'équipage et passagers périrent complétement.

Et dire que soixante-quinze heures avant cette fatale catastrophe on avait vu le signe de la tempête briller à travers les nues! qu'on pouvait savoir alors qu'il y en aurait une! Il est vrai que ce qu'on ne pouvait préciser au juste, c'était la localité où le fort de la tempête sévirait, quoiqu'il fût bien présumable que la tempête ne serait pas éloignée de nous, puisque le signe précurseur était de 1re grandeur.

Le 22 décembre 1842, nous avions le vent d'O.-S.-O. A Liverpool, dans un incendie considérable qui eut lieu ce jour-là, le même fait fut constaté.

Nous avons eu soin de faire remarquer que les étoiles globuleuses et nébuleuses, ou *étoiles à tempêtes* comme on peut certainement les appeler, nous donnent, suivant la longueur du parcours de leurs trajectoires, un indice de plus en plus sûr d'une tempête que nous serons exposés à subir, et qui peut aussi exercer ses ravages sur une grande partie du globe. Voici un exemple malheureusement trop concluant de ce que j'ai avancé.

Le 13 février 1843, à 6ʰ6ᵐ du matin, parut une étoile filante dans la constellation de la Vierge jusqu'au delà de Cassiopée. Ce météore globuleux de 3ᵉ grandeur venant du S.-O., ne mit que deux secondes pour franchir plus de 110 degrés de course. Au moment de l'apparition de ce signe précurseur, le baromètre remontait; le vent était à l'E.; le temps était beau, il gelait; voilà pour la journée du 13. Le 14, le vent toujours à l'E. et le temps à la gelée. Le soir, parurent à l'O.-N.-O. des nuages de la basse région, qui envahirent en peu de temps toute la partie du côté du S. Le soir du 14, le baromètre avait déjà baissé de 6 millimètres.

Le 15 février, le vent toujours à l'E., les nuages légers de la basse région E. et E.-S.-E. Entre 11 heures et midi, on vit tout à coup se former les nuages de la région supérieure ou les cirrus; leur marche du S.-O. devint bientôt excessivement rapide, c'est-à-dire en tempête. Jusqu'à 2 heures du soir les nuages de la basse région restèrent toujours E.; puis ils passèrent par le N. et N.-N.-O. A 8 heures du soir, il plut un peu; la pluie était mêlée de quelques flocons de neige. C'est dans ce moment de la journée que la tempête commença à sévir en Amérique. Le baromètre, le soir du 15 février, avait encore baissé de 9 millimètres, ce qui donnait déjà un total de 15 millimètres de baisse.

Le 16, les nuages les plus élevés toujours S.-O. et en tempête, les nuages les plus bas et le vent N.-O., neige, pluie dans la nuit et le matin. A 2ʰ15ᵐ du soir, les nuages les plus bas et le vent E.-S.-E., et le soir N.-O. Le baromètre descendit encore le matin du 15 au 16 de 4 millimètres, ce qui donna en total 19 millimètres de baisse jusqu'au moment où la tempête descendit à terre chez nous à 12^{h}30^m. Le 16, le baromètre, qui avait remonté de 1 millimètre, redescendit aussitôt de 1 millimètre.

Le 17, vers 12^{h}30^m du matin, cette tempête attendue et prévue par le signe précurseur du 13, à 6 heures du matin, descendit enfin à terre pour nous après avoir vaincu toutes les oppositions, et sévit dans toute sa rigueur jusqu'à 3^{h}15^m du matin du même jour, accompagnée et alimentée par le vent de S.-O et O.-S.-O., qu'annonçait le signe précurseur. Ces vents furent alors remplacés par le vent de N.-O., qui mit fin pour nous aux effets de cette tempête, quoique les vents fussent encore assez forts jusqu'à midi.

Ainsi cette tempête, qui depuis le 13 à 6 heures du matin avait été signalée par l'étoile filante globuleuse venant du S.-O. ; le 15, entre 11 heures et midi, par les cirrus en tempête et par la baisse du baromètre ; le 16, par les mêmes signes, ne put vaincre la résistance et l'opposition d'autres courants de l'atmosphère qui s'interposaient entre elle et la terre comme une barrière, que le 17, à 12^{h}30^m le matin. Ce ne fut donc qu'après quatre-vingt-dix heures et demie que la tempête put se faire jour jusqu'à nous. En d'autres termes, ici comme dans d'autres circonstances analogues, c'est vers le 4e jour que le baromètre arriva à son maximum de baisse, et que toute la masse atmosphérique obéit enfin au mouvement ordonné par la force d'en haut.

Dans la journée du 15, la tempête sévissait en Amérique; elle y fut si violente, que des cendres des volcans des Andes furent transportées jusque dans le Missouri. L'Océan vit une grande quantité de naufrages. Le 16, la tempête sévissait sur nos côtes dans une grande étendue. Des navires furent trouvés la quille en l'air. Qui oubliera le naufrage du *Thunder* et les horribles souffrances de son équipage! Des terres ensemencées ravagées, des ports en partie détruits; une forêt dans la vallée d'Andore déracinée; des routes interceptées dans la Picardie et dans d'autres contrées par des bancs de neige de plus de 3 mètres de hauteur!

En Amérique, la tempête commença à exercer ses dévastations soixante heures après quelle eut été annoncée. Ici on aperçoit tout de suite combien les seuls signes du baromètre sont insuffisants; car du moment où il commença à baisser, si l'on n'avait point vu le signe précurseur, on n'aurait certainement pu se dire quel serait le point où la baisse s'arrêterait, et s'il allait seulement nous arriver de la pluie ou une tempête.

Il résulte donc de tous ces faits que les courants élevés de l'atmosphère, représentés d'abord le 13 par l'étoile globuleuse, étaient en tempête; ensuite cinquante-quatre heures après, les cirrus vous montrent qu'elle est descenduc jusqu'à leur hauteur; le 16 enfin elle est sur nos côtes, et le 17, à minuit, dans l'intérieur de toute la France et d'autres pays.

Cet exemple nous prouve en outre combien est peu juste la formule appliquée à la vitesse des tempêtes; car cette tempête a mis trente-quatre heures pour arriver de la chaîne des Andes jusque dans l'intérieur de la France. La distance des Andes est à peu près en nombre rond 2,600 lieues, ce qui donnerait pour le parcours de la tempête, divisé par 36, environ 72 lieues à l'heure; tandis que par la loi admise généralement la tempête n'aurait dû parcourir en 36 heures que 792 lieues, ce qui donne ici entre la théorie et les faits une différence énorme de 1800 lieues. Il y a déjà bien longtemps que nous avions pensé que cette loi n'était pas juste. Et encore il faut remarquer que, le 15, la tempête se voyait parfaitement bien à la hauteur des cirrus. A cette hauteur de l'atmosphère, elle ne rencontrait aucune résistance et poursuivait sa route sans encombre à travers l'espace. Il aurait donc été très-curieux de connaître le 15 à quel endroit de l'Europe ou de l'Asie le courant S.–O. avait touché terre ou avait rencontré un obstacle insurmontable qui avait détruit ou dissous ses produits. On voit par le retard apporté à l'arrivée de la tempête sur nos côtes et chez nous, que les obstacles se trouvaient dans les régions les plus basses de l'atmosphère. On remarque effectivement que durant les tempêtes les nuages les plus bas et les vents oscillent sans cesse de l'E.-S.-E. au N.-O. par le N., jusqu'au moment où la force du courant S.-O. a vaincu ces résistances.

Enfin, on doit savoir maintenant à quoi s'en tenir sur la vitesse de translation attribuée aux tempêtes. Cette loi est donc mauvaise, parce qu'on a souvent pris des mouvements d'abaissement, de translation oblique et diagonale pour des mouvements directs. Bien plus, même quand ces mouvements sont directs, ils ne se rapportent pas encore à la véritable loi, puisque des grands vents et des tempêtes peuvent descendre à terre plus ou moins près du lieu de leur origine; car tout se passe suivant que la force manifestée dans la couche des cirrus aura rencontré plus ou moins d'obstacles pour arriver jusqu'à la terre.

Nous donnons, pour compléter tout ceci, la courbe des oscillations barométriques du 12 février 1843 au 16 du même mois (*fig.* 74).

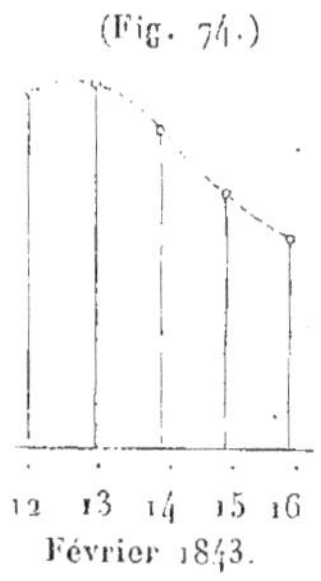

Après de tels faits, que devient la théorie présentée à l'Académie des Sciences, pour expliquer de quelle manière la tempête de la mer Noire était arrivée en octobre 1854? Nous analyserons cette tempête, et alors on verra combien cette théorie s'égare et combien peu elle avait de rapports réels avec la tempête de Kamiesch.

Mais je reviendrai sur la fameuse tempête de la mer Noire à sa date; il ne faut pas anticiper, et je poursuis le récit des faits que je tiens à rappeler d'abord successivement.

Le 29 février 1844, le vent était à la Table dans la région de l'O. comme à Paris.

Les 14 et 15 juin 1844, il y eut de violents coups de vent O.-N.-O, N.-O. au cap de Bonne-Espérance, qui occasionnèrent le naufrage de plusieurs vaisseaux; chez nous, le vent était aussi O.-N.-O., N.-O.

Le 16 juin 1844, vers 6 heures du soir, la cime des arbres du Luxembourg était violemment agitée, tandis que sur la terre ce n'était qu'à de longs intervalles qu'on pouvait sentir le moindre vent.

Le 3 juillet 1845, le soir, les nuages de la basse région, et le vent N. A Smyrne, le même jour, le soir à 6 heures, le vent, au moment d'un violent incendie, tourna subitement au N.

Le 30 novembre 1845, vent du N. au N.-E.; quelques nuages très-légers à midi N.-E.; les cirrus assez multipliés O. Ces cirrus, quoique ayant une marche assez rapide, se trouvaient dissous aussitôt qu'ils avaient dépassé 20 degrés de la verticale par le courant de N.-E., qui arrivait obliquement sur la terre et de très-loin. Ce fait

démontre qu'à une certaine distance le courant du N.-E.
barrait le passage au courant de l'O. représenté par les
cirrus, et qu'il faisait disparaître ses produits (*fig.* 75).

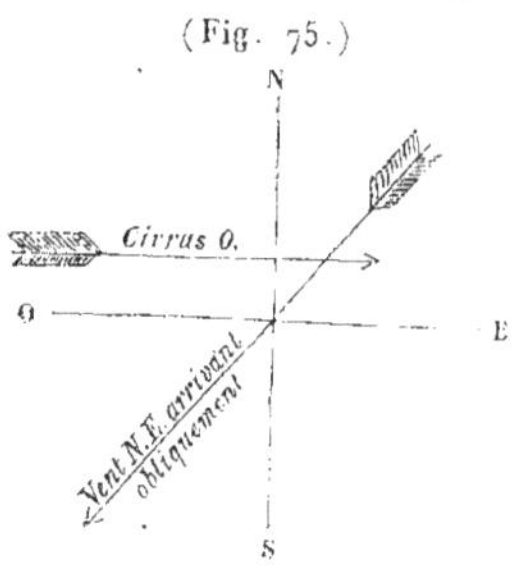

(Fig. 75.)

Le 18 avril 1846, une colonne expéditionnaire de l'ar-
mée française, opérant dans le S. de la subdivision de
Tlemcen, fut contrariée dans sa marche par l'abondance
de la neige et par le froid; car il y eut 1 degré au-dessous de zéro. Il fallut recourir à la boussole pour se
retrouver dans cet océan de neige. Le 21, la colonne,
quoique le froid eût un peu diminué, éprouva de violentes
bourrasques mélées de neige et de grésil.

À Paris, pendant les mêmes jours, il gelait un peu, le
vent oscillant du N.-O. au N.-E. Le 21, le vent était très-
grand, et les nuages avaient aussi beaucoup de rapidité
dans leur marche; ils semblaient attirés dans le S.; nous
eûmes aussi des bourrasques de neige et grésil.

Les 16 et 17 juin 1847, dans de certains moments, les
vapeurs étaient si peu denses, qu'on apercevait au travers
le ciel serein, comme s'il n'y avait aucunes vapeurs dans
l'air, et cependant une pluie fine tombait fréquemment;

c'était bien là un cas de pluie par un ciel serein. Cela arrive
quand, au lieu de se rassembler dans un certain espace,
tout en conservaut leurs molécules assez distancées, ces
vapeurs en se produisant se forment tout de suite en gouttelettes qui sont précipitées à l'instant même vers la terre.
Il n'est pas nécessaire d'être sous les tropiques pour être
témoin de pareils faits ; ils se passent encore assez souvent chez nous. Bien des fois le temps étant orageux
dans la distance assez grande qui sépare deux nuages,
le ciel étant très-clair, il tombe non pas même une pluie
fine, mais bien des gouttes de pluie assez larges.

Le 10 juillet 1847, vers le coucher du soleil et quelque
temps après, on vit les vapeurs qui étaient répandues
dans l'atmosphère se réunir en rayons et en segments à
la manière des matières qui donnent naissance aux aurores boréales et australes. Ces rayons marchaient tantôt
dans un sens, tantôt dans un autre, se repliant sur eux-
mêmes, formant des courbes tantôt au S., tantôt au N.
Ensuite il se forma dans les basses régions des nuages qui
se déformaient aussitôt sans cours apparent. Le soir du
10 juillet 1847, tremblement de terre au Havre, à Fé-
camp et autres lieux.

Dans cette nuit du 10 au 11 juillet, le vent était
au N-.E., et soufflait très-fort dans certains moments, et
dans d'autres l'air était très-calme. Le 11, au matin,
brouillard très-dense ; ensuite on vit une multitude in-
nombrable de petits insectes verts remplir une partie des
rues et places avoisinant le Panthéon.

Le 26 janvier 1849, à 4ʰ 15ᵐ du matin, une étoile filante E.-N.-E., 1ʳᵉ grandeur, *traînée* 5 degrés, S., Chevelure Bérénice, 25 degrés, a fini N.-N.-O (*fig.* 76). Au moment de

(Fig. 76.)

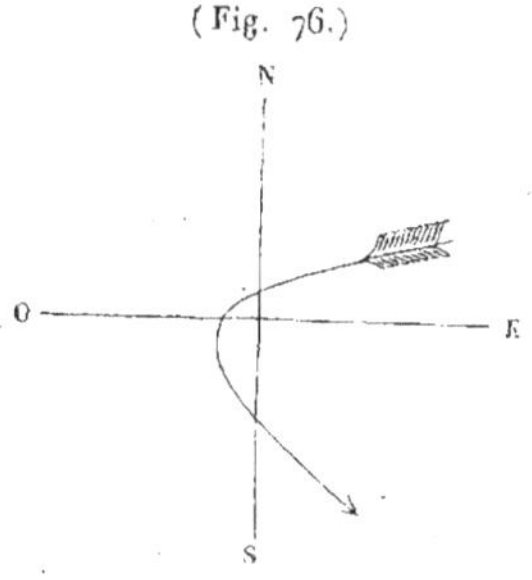

cette observation, le baromètre était en baisse de 5 millimètres. Donc ici ce n'était pas le premier signe précurseur qui annonçait la baisse, mais bien la continuation de la baisse du baromètre et du mauvais temps dans le nombre des étoiles observées. Il y avait un globe qui est devenu bleuâtre à l'horizon, une étoile rouge, des étoiles mouillées et aussi des courses très-rapides. On voit également ment par l'étoile filante N.-N.-O. que la force perturbatrice remonte vers l'O.-N.-O. Le 28 a été le plus mauvais jour (*fig.* 77); mais dans la soirée le vent passa

(Fig. 77.)

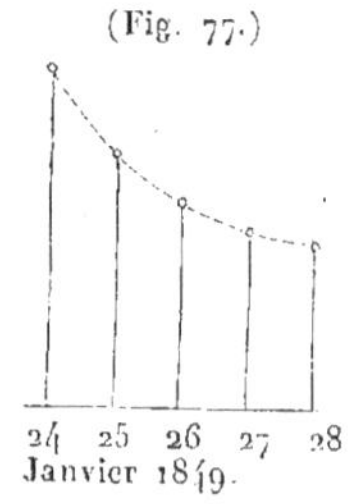

19.

du S.-O. à l'O.; puis à l'O.-N.-O., et le baromètre commença un peu à remonter.

Le 13 février 1849, à 7^h30^m du soir, une étoile S.-O., 3e grandeur, ♂ Céphée, 20 degrés de course. Ce météore avançait par *saccades* et annonçait que la force perturbatrice se trouvait du côté du N.-E. (*fig.* 78). Ce signe

(Fig. 78.)

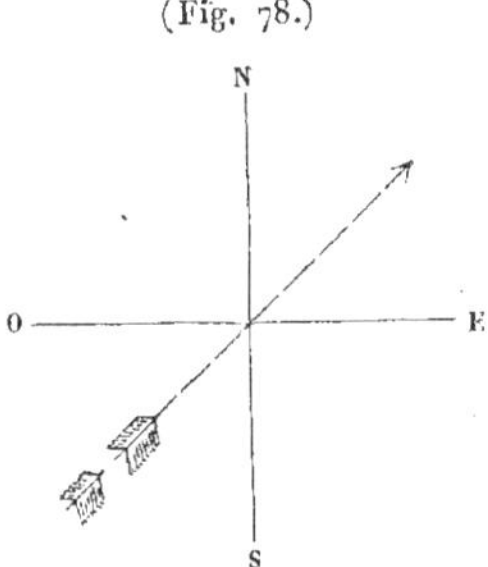

précurseur annonce en général que le baromètre va remonter; car au moment de l'observation il éprouvait un mouvement de baisse; puis il remonta pour arriver à son maximum de hausse le 17 au matin (*fig.* 79).

(Fig. 79.)

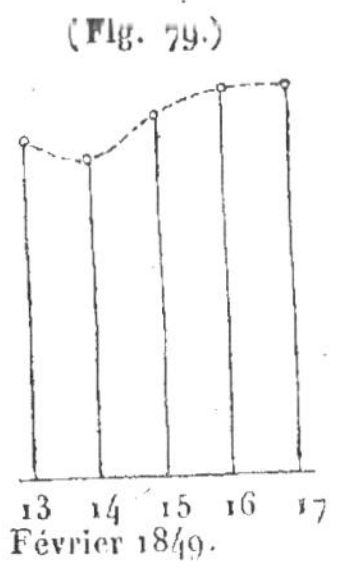

Le 16 avril 1849, il gela à Paris et dans le S. des États-Unis d'Amérique. Dans ce dernier pays, cette gelée causa de grands dégâts aux plantations de coton. Cette gelée sévit principalement dans les contrées d'Alabama, Mississipi, Tenessée, Arkansas et les États de l'Atlantique ; une grande partie de la récolte a été replantée.

Dans la nuit du 26 au 27 juillet 1849, à $1^h 45^m$, une étoile filante O., 5e grandeur, *globuleuse*, de η Persée, 8 degrés de course. Dans le même quart d'heure, une étoile S.-S.-O., 4e grandeur, *globuleuse*, λ Andromède, 20 degrés ; à 2 heures, une étoile S., 4e grandeur, *globuleuse*, γ Baleine passé, θ Cocher, 65 degrés. Dans le même quart d'heure aussi, une étoile S.-S.-O, 3e grandeur, ε Cassiopée, 18 degrés, a fini S.-S.-E. (*fig.* 80).

(Fig. 80.)

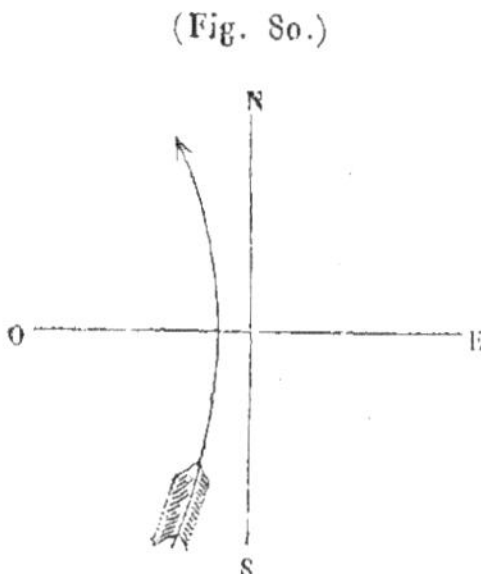

Dans la nuit du 28 au 29, à $1^h 30^m$, une étoile S., 2e grandeur, α Cassiopée, 25 degrés, a fini S.-S.-O. (*fig.* 81). Entre toutes les étoiles filantes observées pendant ces nuits, il y eut une étoile rouge, et un assez grand nombre de mouillées.

Les signes précurseurs, observés dans la nuit du 26

(Fig. 81.)

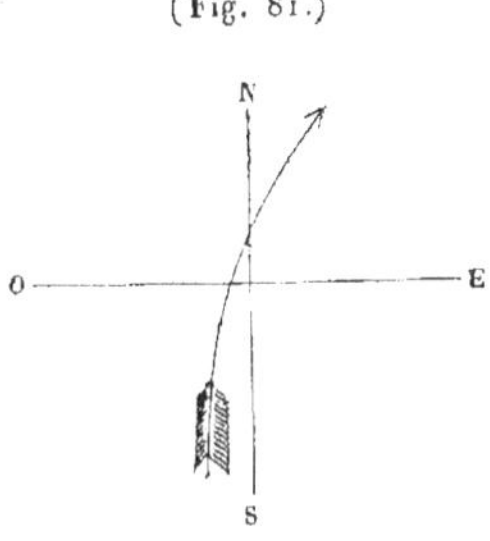

au 27 juillet, montrent d'une part par les étoiles globuleuses que nous allons avoir des vents en tempête. Et de
plus, par l'étoile filante S.-S.-O. qui a fini S.-S.-E., on
voit que la force perturbatrice avoisine déjà le S., et
qu'elle va bientôt passer au centre de la résultante des
étoiles filantes et dans les directions parcourues par les
étoiles globuleuses; et puisqu'il en est ainsi, le baromètre
qui remonte va descendre, et nous allons passer par de
très-mauvais temps. Par le signe précurseur de la nuit
du 28 au 29, on voit que la force perturbatrice a quitté
la région du S. pour remonter par l'O. vers le N., que les
vents viendront de ce côté et que le baromètre va remonter. En effet, il suffit de regarder la courbe des oscillations barométriques pour voir qu'elles ont eu lieu ainsi
que les signes précurseurs l'avaient annoncé (*fig.* 82).
C'est après quatre-vingts heures que le baromètre est
arrivé à son maximum de baisse, comme après quatre-
vingt-dix heures il a atteint son maximum de hausse.

C'est du troisième au quatrième jour. Le vent et les

(Fig. 82.)

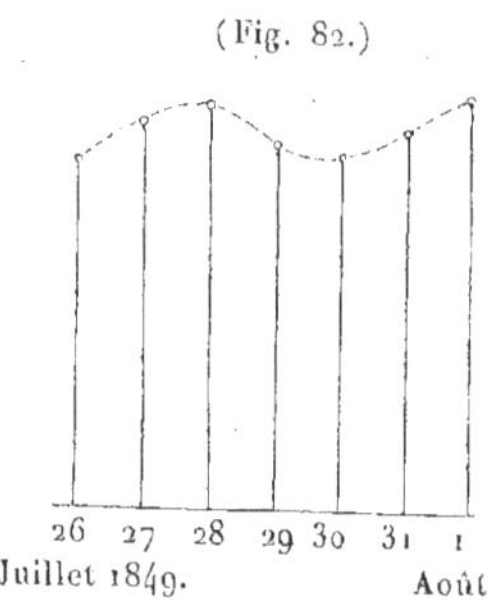

nuages venaient aussi des directions indiquées par les mêmes signes.

Le 29 juillet 1849, 2 heures du soir, il pleuvait à Nantes, et le vent y était déjà d'une violence extrême, surtout au moment où S. A. I. le Prince Président de la République s'apprêtait à répondre au toast porté en son honneur. A Paris, le même jour, cirrus S., S.-S.-O.; les nuages les plus bas et le vent variant du S.-S.-O. à l'O.-S.-O. Depuis 9 heures du matin, à 20 degrés au-dessus de l'horizon du S.-O. au N. par l'O., on voyait déjà d'après la densité des cirrus que le temps était très-mauvais aux distances accusées par la hauteur des cirrus au-dessus de l'horizon. Ainsi, 20 degrés de hauteur au-dessus de l'ho-rizon étant donnés, cela équivaut à une distance de 100 lieues; en comptant du zénith.

Le soir, il plut à Paris, et le vent y acquit aussi une extrême violence; ce mauvais temps continua le 30 et le 31. Si la tempête n'est pas arrivée à Paris plus vite, c'est que les nuages et le vent avançaient sur nous obliquement et non directement, ce qui est tout à fait différent.

Le 18 septembre 1849, à 8ʰ 30ᵐ du soir, globe filant N.-N.-E, 3ᵉ grandeur, à 10 degrés S.-S.-O, α Capricorne, 20 degrés de course. Ce météore a passé du jaune rouge au bleuâtre, et sa course, excessivement lente, annonçait que l'obstacle à sa marche ou la force perturbante se trouvait au S.-S.-O. Le baromètre, qui descendait au moment de son apparition, remonta de 2 millimètres, pour descendre de nouveau jusqu'au 21 au soir de 8 millimètres et demi. Les nuages et le vent, au moment de l'observation N.-N.-E., étaient le 21 pour les cirrus E., puis S.-E., S.-S.-E., les nuages N.-E., E. et S.-E., le vent N.-N.-E., N.-E., puis E. Le 22, les cirrus au matin S., S.-S.-O. ; le vent variant E.-N.-E., puis E. Partie de halo, nuages très-irisés, pluie au soir par intervalles. Le 23, nuages et vent S.-S.-E. au S.-S.-O., pluie à divers intervalles. C'est donc soixante-quinze heures après l'apparition du premier signe précurseur que les nuages sont arrivés au S.-S.-O., et après quatre jours que le vent y est également venu.

Du 18 au 23, on voit cette force perturbatrice osciller jusqu'au S.-S.-E. pour venir se fixer le 23 définitivement au S.-O., ainsi qu'on va le voir par les faits suivants.

Le 22 septembre 1849, à 3ʰ 30ᵐ du matin, une étoile filante S., 1ʳᵉ grandeur, *traînée* Pléiades, à α Persée, 23 degrés, a fini S.-S.-E. A 3ʰ 45ᵐ, un globe filant O., 3ᵉ grandeur, 15 degrés S.-E., de la constellation nommée

Machine électrique, 20 degrés. Ce météore est devenu
bleuâtre et a fini S.-E. (*fig.* 83). On voit ici que l'oscilla-

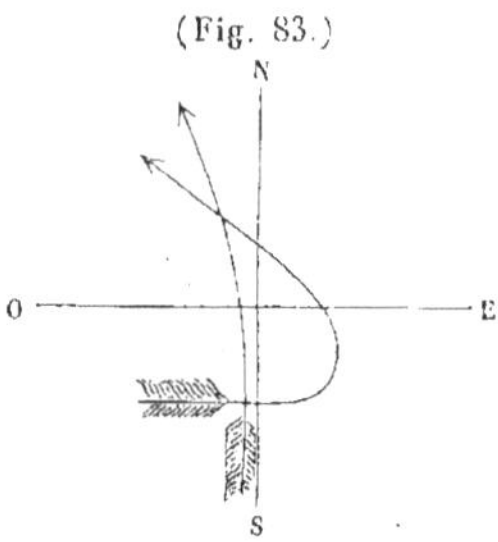

(Fig. 83.)

tion de la force perturbante remontait du côté de l'E.;
mais elle n'y séjourna pas, ainsi qu'on va le voir; car le
24 septembre, à 3 heures du matin, une étoile E.-S.-E.,
5ᵉ grandeur, entre η et Tête Dragon, 12 degrés de course,
a fini S.-E. A 3ʰ15ᵐ, une étoile S.-E., 6ᵉ grandeur,
α Grande Ourse, 10 degrés, a fini S.; puis à 3ʰ30ᵐ, une
étoile de l'E., 4ᵉ grandeur, δ Dragon, 12 degrés, a fini
E.-S.-E. (*fig.* 84).

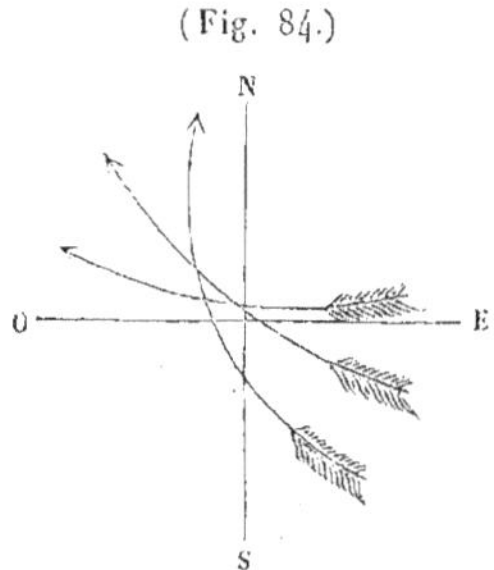

(Fig. 84.)

De ces faits, il résulte que les nuages du S.-S.-O. repas-
saient vers le S.-E. et le vent à l'E.-S.-E., suivant la

perturbation du 22, pour revenir le 27 dans la journée, le tout, nuages et vent, vers le S.-S.-O., suivant la volonté de la force perturbatrice exprimée dans les signes du 24.

Enfin dans la nuit du 26 au 27, de nouveaux signes ayant montré que la force perturbante avait conservé sa position dans le S.-O, le baromètre continua à descendre encore de 7 millimètres jusqu'au 30. Ce qui offre, à part la petite oscillation de hausse causée par un court retour sur le S.-E., une baisse totale du 19 au 30 de 22 millimètres. Nous donnons ici la courbe de toutes les oscillations barométriques (*fig.* 85).

(Fig. 85.)

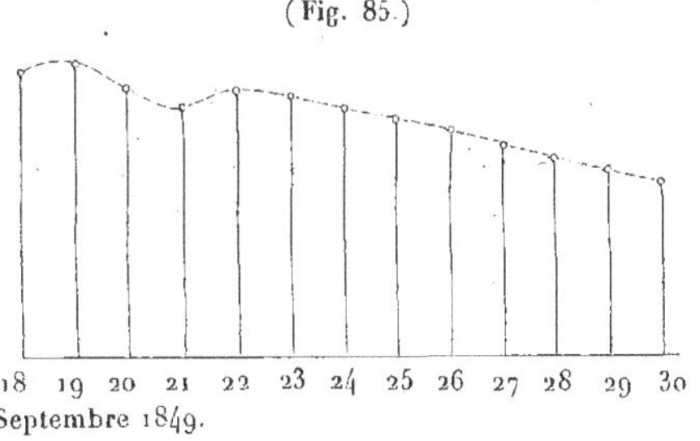

Ces faits nous ont montré aussi deux périodes de six à sept jours se suivant successivement. Cela justifie pleinement l'assertion que nous avons avancée, en disant qu'il y avait des périodes non–seulement de vingt–quatre heures, mais aussi de trois à quatre jours, comme il y en avait également de six à sept jours qui pouvaient se renouveler dans les mêmes conditions, comme elles pouvaient, par un changement dans la direction des perturbations, en amener de toutes contraires.

Le 2 janvier 1850, à 7^{h}30^m du soir, une étoile filante N.,
5e grandeur, à 6 degrés N. Polaire, 12 degrés de course
oscillante. Ce signe précurseur annonce que la force qui
a perturbé l'étoile filante se trouve dans le S. (*fig.* 86).

(Fig. 86.)

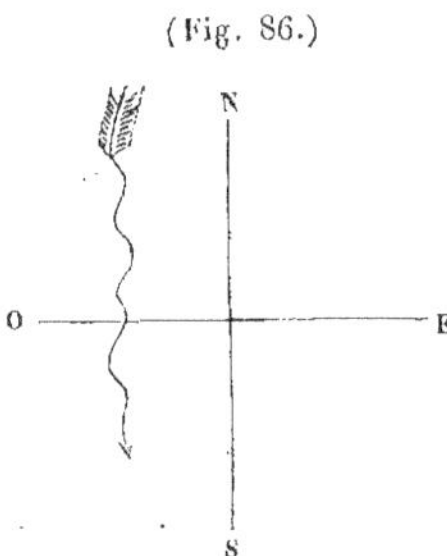

Aussi n'est-on pas surpris de voir les nuages et le vent,
qui étaient le 2 du N.-N.-O. au N.-N.-E., se trouver
le 6 au S., S.-S.-O., et le baromètre, qui remontait depuis
le 1er janvier, descendre dans la journée du 4 pour arriver
le 6 à son maximum de baisse qui fut de 20 millimètres
(*fig.* 87).

(Fig. 87.)

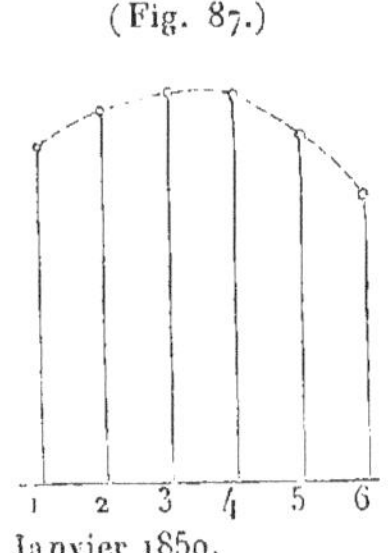

Le 13 mars 1850, à 4^{h}45^m du matin, une étoile filante

S.-E., 3ᵉ grandeur, Tête Lynx, 8 degrés de course, a
fini N.-O. (*fig*. 88). Le vent et les nuages au N.-E.,

(Fig. 88.)

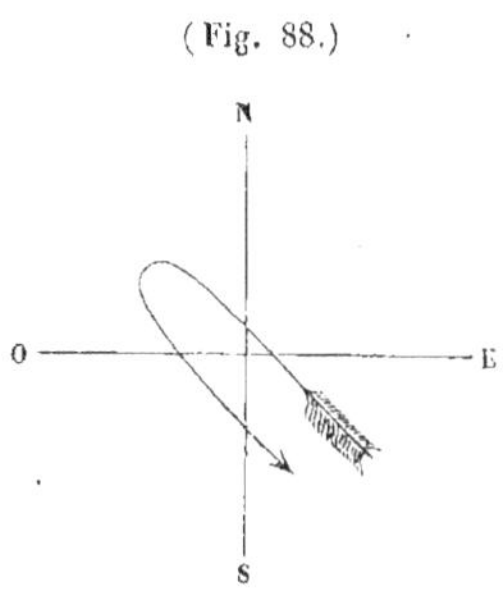

N.-N.-E., le baromètre très-élevé. Ce signe précurseur
montre que la force perturbatrice est à l'O.-N.-O, N.-O.
Aussi le vent et les nuages remontent vers le N. pour
arriver le 16 vers le N.-O. Le baromètre, pendant cet
intervalle, descendit de 7 millimètres (*fig*. 89).

(Fig. 89.)

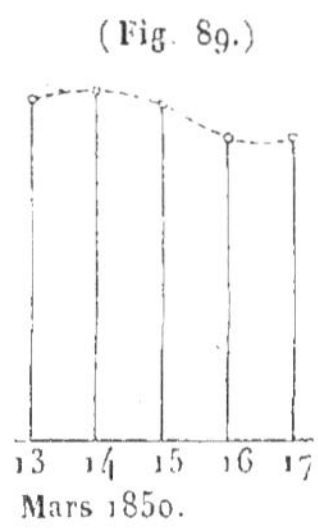

Dans les premiers jours d'août 1850, il y eut un nombre
inusité d'étoiles filantes dites *mouillées*, en d'autres termes,
d'étoiles qui paraissaient, disparaissaient tout de suite
sans course appréciable pour quelques-unes, et quelques

degrés de course seulement pour d'autres. Aussi il arriva
à cette époque que les pluies ayant augmenté d'intensité
chaque jour, il y eut des débordements de rivières et de
ruisseaux très-considérables dans les départements de
l'Aisne, du Nord, des Ardennes, et une grande partie
de la Belgique. Ces inondations causèrent des dégâts considérables, entraînant les récoltes, bouleversant les jardins, renversant les murailles, enlevant des ponts, des
parties de chemins de fer, et occasionnant aussi la mort
d'un grand nombre de personnes.

Le 2 janvier 1851, à $8^h 45^m$, $9^h 3o^m$ du soir et le 3, à
$5^h 15^m$ du matin, on observa, entre autres étoiles filantes,
trois étoiles venant du N. et de l'E.; elles annonçaient,
par les particularités remarquées pendant la durée de leur
apparition, que la force perturbante était du S. au S.-O.
Aussi il arriva que le baromètre baissa du 2 au 7 de
13 millimètres; le vent, les nuages et la pluie venant
également le jour du S.-O., S.-S.-O.

Le 3o juillet 1851, à $1o^h 3o^m$ du soir, une étoile filante
S.-E., 5e grandeur, γ Andromède, 12 degrés de course, a
fini N.; dans le même quart d'heure une étoile S.-E.,
3e grandeur, χ Dragon, 25 degrés, a fini N. (*fig.* 90).
Ces signes précurseurs montrent bien que la force perturbatrice est pour le moment dans la région du N. Aussi
les nuages et le vent, qui étaient dans le moment de l'observation O.-S.-O., le 3 étaient au N., et le baromètre avait
subi une hausse de 8 millimètres (*fig.* 91).

Le 15 septembre 1851, vents et nuages N.-E., le baromètre très-élevé, à 8ʰ 3oᵐ du soir, une étoile filante

(Fig. 90.)

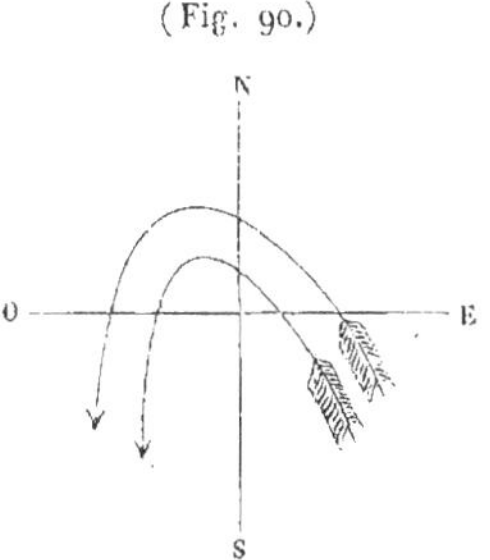

de l'O.-N.-O., de 1ʳᵉ grandeur, termine sa course comme
si elle venait de l'O.

(Fig. 91.)

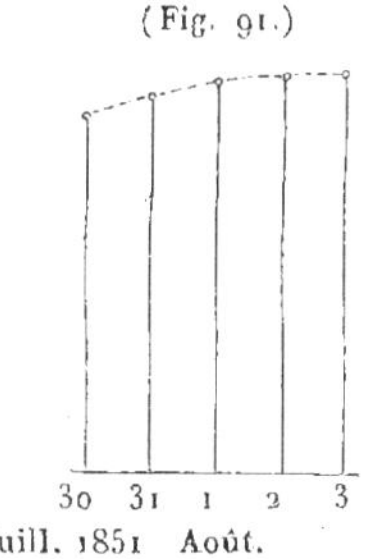

Le 17 septembre 1851, à 8 heures du soir, une étoile
S.-E., 4ᵉ grandeur, 6 degrés O., λ Dragon, a fini S.-S.-O.
Les signes précurseurs de ces différents jours indiquent
que la force perturbatrice se trouve à l'O.-S.-O. Il en est
résulté que le baromètre commença à baisser après trente
heures, et que le 19, il avait déjà subi une baisse de 12 millimètres, comme aussi les nuages et le vent étaient arrivés le 19 au S.-O. avec la pluie. Après quatre jours, le

baromètre avait déjà atteint un maximum de baisse.
Mais le 17 nous ayant fait voir que la force perturbatrice
séjournait au S.-O., ce n'est que le 21 que le baromètre
s'arrêta dans son mouvement de baisse, qui fut alors de
15 millimètres. Ce cas est une période de six à sept jours.

Le 15 février 1852, à 7ʰ3oᵐ du soir, une étoile filante
N.-N.-O., 2ᵉ grandeur, rapide, ♂Grande Ourse, 12 degrés,
a fini O.-N.-O. (*fig.* 92). Ceci indique que la force pertur-

(Fig. 92.)

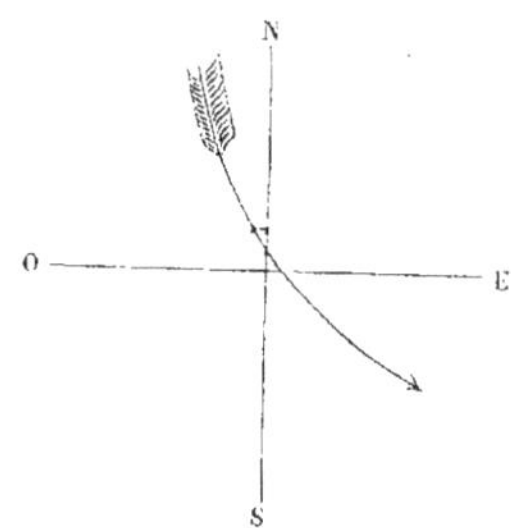

batrice est à l'O.; aussi le 15, le baromètre, qui était très-
élevé, descend jusqu'au 18 de 17 millimètres, et les
nuages et le vent du N.-E. ont passé à l'O. en donnant
de la pluie, de la neige et du grésil, en un mot, un véritable temps de bourrasque (*fig.* 93).

(Fig. 93.)

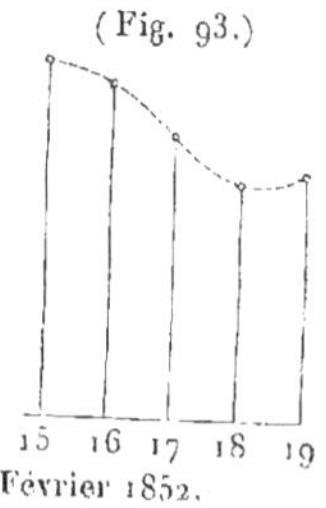

Le général Bosquet, opérant dans la petite Kabylie, fut contrarié par ce temps affreux ; car des indigènes et aussi plusieurs de nos soldats furent trouvés morts de froid. Les 19 et 20, le mauvais temps, accompagné de pluie, de neige et de grésil, eut lieu également chez nous.

Le 12 mars 1852, à 9ʰ15ᵐ du soir, une étoile filante S.-O., 3ᵉ grandeur, course rapide, carré Petite Ourse, a fini S.-E.; dans le même quart d'heure une autre étoile S.-E., 3ᵉ grandeur, pieds Hercule, 15 degrés, a fini E.-S.-E.

(Fig. 94.)

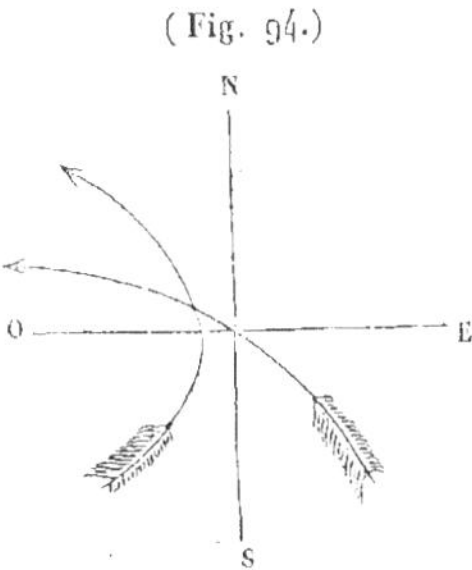

(*fig.* 94). Le vent qui était au N.-E., y est resté, et le baromètre jusqu'au 15 a haussé de 5 millimètres (*fig.* 95).

(Fig. 95.)

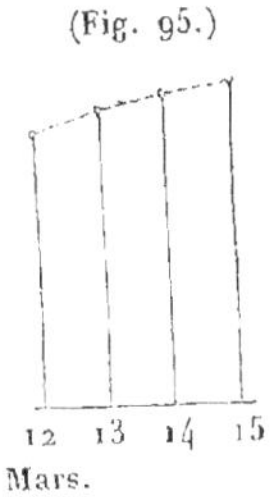

Le 5 octobre 1852, à 8 heures du soir, une étoile filante

S.-S.-E., 3ᵉ grandeur, γ Céphée, 12 degrés de course, gênée dans sa marche. A 8ʰ 20ᵐ, globe filant S.-S.-E., 2ᵉ grandeur, *traînée;* de blanc, il devient verdâtre en approchant de l'horizon. Ce météore oscille tout le long de sa course, qui fut de 37 degrés, et finit par se briser en plusieurs fragments (*fig.* 96). Il y eut aussi parmi ces

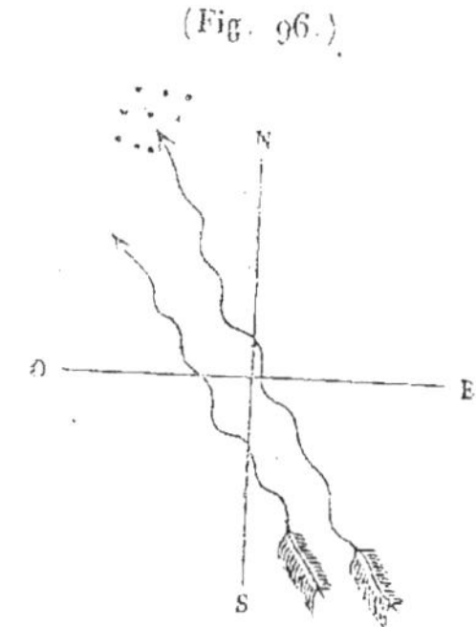

(Fig. 96.)

étoiles filantes plusieurs étoiles qui étaient mouillées.

S'il n'y avait eu que la résultante générale des étoiles filantes observées dans cette soirée, il en serait résulté que le vent et les nuages qui étaient à l'O.-S.-O., O., y seraient restés et se seraient même plus rapprochés du S.; le baromètre serait resté très-bas. Mais il n'en a pas été ainsi, parce que la force perturbatrice de l'O.-N.-O. imprimait un mouvement de recul à quelques trajectoires des étoiles filantes; ce qui les a fait osciller et serpenter. Le baromètre, au lieu de baisser, hausse de 12 millimètres jusqu'au 9, et la hausse continue jusqu'au 13, parce que le 10 octobre, à 8 heures soir, une étoile filante E.-S.-E.,

3e grandeur, *traînée*, ν Capricorne, passé 1 degré S., β Capricorne, 3o degrés de course, a fini E.-N.-E. (*fig.* 97).

(Fig. 97.)

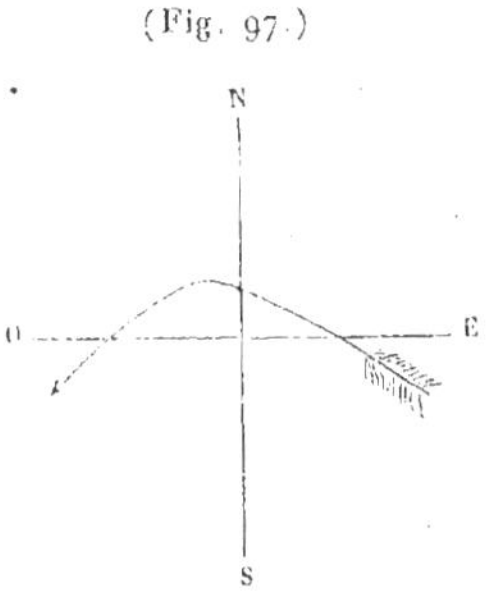

Ce météore montra que la force absolue dans sa volonté se trouvait séjourner dans le N.-E. Aussi le 13, le baromètre était encore remonté de 7 millimètres, ce qui donna un total de 20 millimètres depuis le 5 octobre. Ceci était une période de neuf jours (*fig.* 98).

(Fig. 98.)

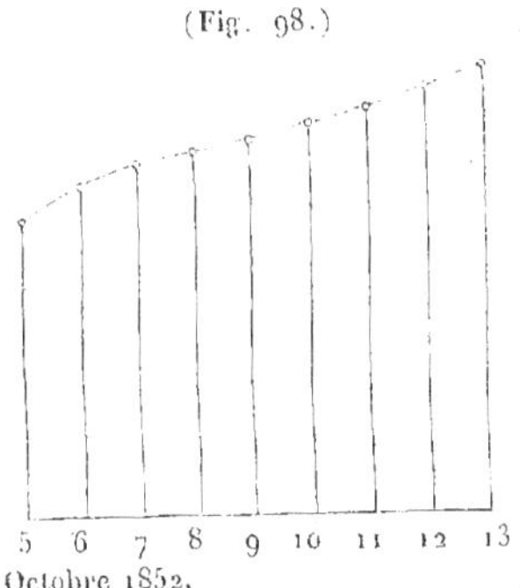

Si la résultante avait été d'accord avec la perturbation, le beau temps serait arrivé avec la hausse du baromètre.

C'est ce qui n'a pas eu lieu, parce qu'il y avait tiraillement. D'abord, la perturbation n'était pas assez considérable pour refouler entièrement la masse atmosphérique, et il arriva que les produits apportés par la résultante des étoiles filantes nous étaient donnés en retour par les courants O.-N.-O., N.-O.; seulement les cirrus continuèrent à venir de l'O.-S.-O., O.

Le 9 octobre, journée qui fut si mauvaise à Bordeaux, que S. A. I. le Prince Président de la République ne put sortir, voici ce qui se passait à Paris : fumées au matin S., cirrus O.-S.-O., puis les nuages et le vent N.-E. Les cirrus, tout en conservant la direction O.-S.-O., étaient poussés obliquement sur le S. par la force des courants du N. On voyait que toute la région du S. était fort chargée, et cela a duré toute la journée. Par la densité des cirrus de ce côté, on comprenait qu'au loin le temps était mauvais, ce qui jusque-là avait eu lieu également pour nous. Comme on l'a vu, la force étant constante fit passer le tout au N.-E.

Le 9 juin 1853, à 1 heure du matin, deux étoiles filantes de 5e et 4e grandeurs, venant du S.-E., finirent comme si elles venaient du S. Du 9 au 12, le baromètre éprouva une baisse de 10 millimètres. La résultante générale des étoiles filantes était S.-E.; aussi ces deux forces combinées et avoisinant le S. donnèrent de la pluie et des orages presque constants.

Le 26 février 1853, à 7h 3om du soir, une étoile filante E., 5e grandeur, α Triangle, 10 degrés, *oscillante*; à 9 heures,

une étoile N.-E. rouge avec *traînée*, 4 degrés E., α Orion,
jusque dans le sceptre de Brandt, fit une *station* à moitié
de sa course (*fig*. 99). Cette observation rentre dans les

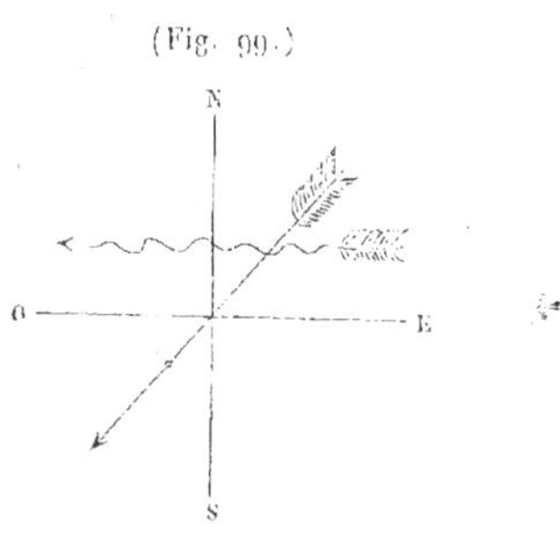

(Fig. 99.)

signes précurseurs qui ont un double intérêt, puisque par
l'étoile de 2ᵉ grandeur nous voyons, d'une part, que la
force perturbatrice se trouve au S.-O., et d'un autre
côté, par l'étoile de 5ᵉ grandeur, beaucoup plus élevée
dans l'atmosphère que l'étoile de 2ᵉ grandeur, nous nous
apercevons que la force perturbatrice à cette hauteur
remonte déjà vers le N. De plus, il y avait des étoiles
mouillées.

Voici ce qui est arrivé au moment de l'observation. Le
baromètre commençait à hausser, mouvement qu'il a
continué jusqu'au 28 au soir; puis le 1ᵉʳ mars, après
minuit, il commence à descendre et arrive à son maximum de baisse à 4 heures du soir, le 2 mars. A 6 heures
du soir, le même jour, sous l'influence du second signe, il
était déjà remonté de 1 millimètre; le 3 mars, la hausse
du baromètre était de 12 millimètres; et le 4, jusqu'à

2 heures soir, il s'éleva encore de 7 millimètres, ce qui donna au baromètre une hausse de 19 millimètres après cent trente-sept heures que le mouvement sur le N. avait été indiqué; car il est certain que si l'on avait pu voir d'autres signes, ils seraient venus confirmer l'observation de l'étoile de 5ᵉ grandeur. Le maximum de baisse a eu lieu quatre-vingt-onze heures après le signe précurseur annoncé par l'étoile de 2ᵉ grandeur. Le baromètre commença à remonter quatre-vingt-douze heures après le signe précurseur de l'étoile de 5ᵉ grandeur (*fig.* 100).

(Fig. 100.)

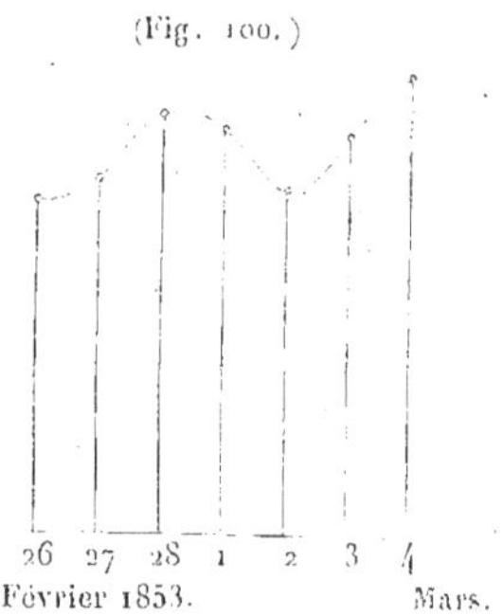

Le 26 février, dans la soirée, au moment de l'observation, les nuages et le vent venaient, après des rafales de pluie, de neige et de grésil, de remonter un peu vers le N.-O.; le 27, les nuages et le vent N.; le 28, N.-E.; le 1ᵉʳ mars, vent S.-E., S.-S.-E. presque sans cours; les nuages, au lieu de descendre par le S.-E., remontent par le N., descendent par le N.-O., et sont arrivés près de l'O. à 5 heures du soir; le 2 au matin, O.-S.-O., S.-O., vent grandissant de plus en plus, et neige abondante dans l'après-midi. La nuit, il était tombé un peu de grésil et de neige; ensuite il gela; puis au soir le vent remonta à l'O.-N.-O., le 3, au N., N.-N.-E.

Je me suis un peu étendu sur cet exemple, qui n'est pas du reste le seul, pour montrer qu'une fois que l'observatoire météorique aura tous les moyens d'exécution qui lui manquent, et qu'il n'y aura plus même un quart d'heure sans observateur pour explorer le ciel, on obtiendra les compléments d'observations qui nous font encore défaut; de plus, on aura les inductions non-seulement pour les produits météoriques qui vont arriver, mais pour ceux qui devront les remplacer.

Le 10 août 1853, à $10^h 30^m$ du soir, une étoile filante E.-N.-E., 4e grandeur, εCassiopée, 7 degrés de course, a fini S.; à $12^h 45^m$, une étoile E., 2e grandeur, avec *trainée* de la Polaire, à 4 degrés O. ηDragon, 25 degrés, a fini E.-S.-E.; à $1^h 45^m$ du matin, une étoile S.-E., 7 degrés E., λDragon, 12 degrés, a fini S.; à $2^h 45^m$, une étoile N., 4e grandeur, entre α et γ Cygne, 8 degrés, a fini S.-E. (*fig.* 101).

(Fig. 101.)

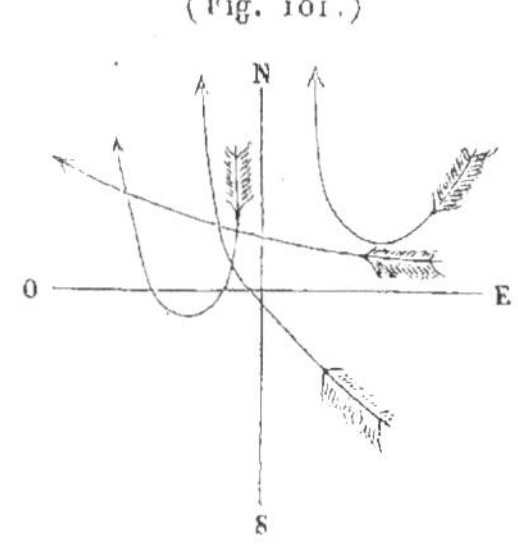

Comme on le voit, quatre étoiles perturbées seulement ont été notées dans cette nuit, où l'on observa un total de 274 étoiles filantes. Cependant ces quatre étoiles ont suffi pour nous montrer toutes ensemble que la force perturbatrice se trouvait dans la région du S., et que les nuages et le vent de la région du N. où ils se trouvaient, passeraient comme toujours quand cette force serait assez puissante pour imposer sa volonté du troisième au quatrième jour dans la région du S., et que le baromètre y arriverait également à son maximum de baisse.

En effet, comme nous l'avons dit, au moment de l'observation le vent et les nuages de l'E. au N.-E., le baromètre est très-élevé ; le 13, les nuages et le vent sont descendus au matin au S.-E. puis au S., S.-S.-O. Ce n'est que le 14, à 2 heures du soir, que le baromètre est arrivé à son maximum de baisse, qui a été de 9 millimètres, cent huit heures après l'apparition des signes précurseurs, et les nuages, après soixante-seize heures (*fig.* 102).

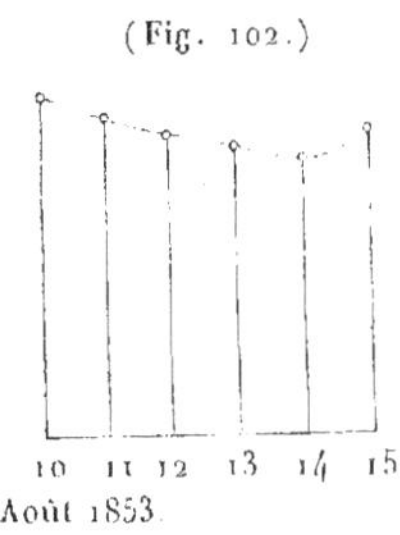

(Fig. 102.)

On aura remarqué que nous abrégeons le plus possible les citations qui représentent la force perturbatrice des

étoiles filantes, en rendant leurs trajectoires plus ou
moins curvilignes. C'est là ce qui donne, comme on le
sait, les signes précurseurs de toutes les oscillations barométriques et thermométriques et de toutes les transformations de l'atmosphère, et il en résulte des produits météoriques plus ou moins complets, suivant le plus ou
moins de similitude qui existe entre les perturbations et
les résultantes.

Si l'on réfléchit au grand nombre de cas de ce genre
que nous avons enregistrés maintenant dans la masse de
nos observations, on verra qu'il faudrait un volume seul
pour les citer tous et montrer les conséquences de chacun en particulier. En définitive, ce serait toujours se
répéter et faire voir les mêmes choses; cela n'intéresse-
rait pas beaucoup nos lecteurs. Aussi nous contenterons-
nous d'en donner encore quelques exemples.

Le 12 octobre 1854, à 7 heures du soir, une étoile filante
S.-S.-O., 6ᵉ grandeur très-rapide, ζ Dragon, 15 degrés
de course, a fini S. A 7ʰ 30ᵐ, une étoile S.-O., 4ᵉ grandeur, *globuleuse*, entre α Dragon et ε Grande Ourse, jus-

(Fig. 103.)

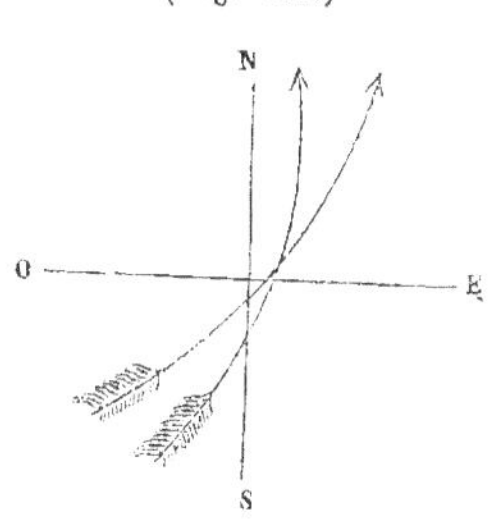

qu'entre α Grande Ourse et λ Dragon, 20 degrés. Ce météore, gêné le long de sa course, inclinait toujours sur le
S.-S.-O. (*fig.* 103). De plus, à 7ʰ 45ᵐ, une étoile S.-O.,
1ʳᵉ grandeur, avec *traînée*, 34 degrés de course, a encore
été gênée dans sa course par le courant du S.

Le 13 octobre 1854, à 7ʰ 30ᵐ soir, une étoile filante
N.-O., 5ᵉ grandeur, 5 degrés N., ν Céphée, 10 degrés, a
fini O.-N.-O. Résultante générale des étoiles filantes
S.-O. (*fig.* 104).

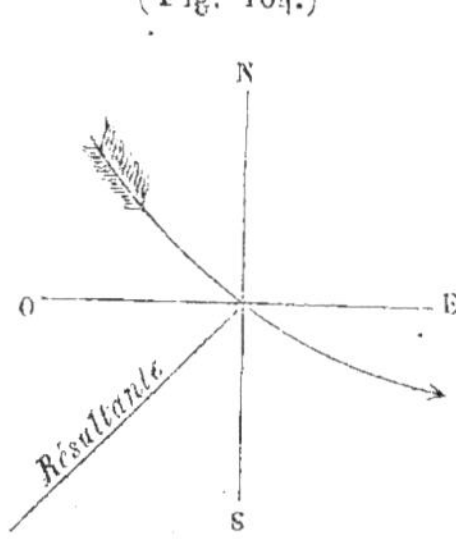

(Fig. 104.)

Le baromètre était le 12 au soir à son maximum de
hausse, et le 17 au soir il arrive à son maximum de baisse,
qui a été de 32 millimètres. Il a commencé à baisser
vingt-cinq heures après l'apparition du premier signe
précurseur, qui montrait la force perturbatrice arrivée
dans la région du S. Puis le 13, nous voyons par la perturbation et la résultante que le tout est arrivé au S.-O.
Aussi devons-nous nous attendre à avoir de bien mauvais
temps, puisqu'il y a similitude entre les produits, et de
plus une étoile globuleuse, qui, heureusement, n'a pas eu
une longue course, puisque, si cela avait eu lieu, la tem-

pête aurait sévi sur une grande partie de l'univers. Quoi qu'il en soit, pour nous, nous étions certain de perturbations atmosphériques très-grandes. Voyons, sous le rapport des nuages, du vent et de la pluie, comment les choses se sont passées.

Le 12 octobre, jour de la première observation, les nuages et le vent sont au N., N.-N.-E.; le 13, nuages et vent N.-N.-E., température aussi froide que la veille; le 14, les cirrus, les nuages et le vent N.; la température déjà un peu plus douce. Le 15, temps brumeux au matin; puis dans la journée, il arrivait qu'à certains moments des espaces assez considérables étaient très-clairs, tandis que d'autres étaient remplis de brouillards très-denses. Nuages et vent N., puis nuages orageux. Le 16, brouillard très-épais au matin, d'abord N., puis E., puis S.; les nuages de la moyenne région O.; les plus bas et le vent S., quelques gouttes de pluie. Le 17, cirrus O.-S.-O.; le vent et les nuages les plus bas ont varié jusqu'à l'E. par le S.; temps orageux, pluie et tempête le soir et toute la nuit du 17 et du 18. C'est le 18 au matin qu'un convoi d'hirondelles assez nombreux, ballotté par le mauvais temps, se reposa sur les toits et les fils télégraphiques du Luxembourg et dans les jardins environnants; ces pauvres oiseaux rasaient la terre, passant presque entre les jambes des passants, probablement pour chercher de la nourriture. Vers midi, toute la troupe se remit en route.

Le 12, sur la 6ᵉ grandeur, la perturbation se fait sentir sans hésitation; il n'en est pas de même sur les tailles

plus grandes, elle ne fait encore pour ainsi dire que les
toucher en les gênant dans leur marche. Aussi cette gêne
dans les basses régions est-elle cause que les produits
sont plus longtemps à se faire sentir à terre, puisque la
tempête n'est arrivée à nous qu'après cent quatorze heures (*fig.* 105).

(Fig. 105.)

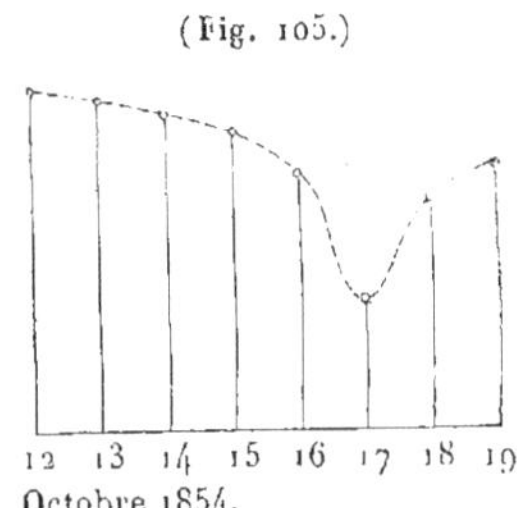

Nous voici arrivés, par l'ordre des dates, à un fait
d'autant plus important, qu'il a frappé vivement l'attention publique par les résultats désastreux qui en ont
été la suite; nous voulons parler de la tempête de la
mer Noire du 14 novembre 1854, dite de *Kamiesch*.

Nos lecteurs savent déjà depuis longtemps quelle est
notre théorie sur la possibilité de prévoir à l'avance
tous les produits météoriques. Ils connaissent aussi parfaitement pourquoi la baisse du baromètre n'est pas toujours un indice de la plus ou moins grande violence des
vents. D'une part, lorsque le baromètre commence à
baisser, si l'on n'a que ce seul indice, on n'est pas très-
avancé; car, ainsi que nous l'avons déjà dit, on ne sait
pas du tout jusqu'où le baromètre descendra; dans beau-

coup de cas à peine a-t-il baissé un peu, qu'il remonte tout
de suite. Donc ce signe est tout à fait insuffisant. D'une
autre part, si de grands vents et tempêtes sont arrivés à
la suite d'une forte baisse, on les a vus non moins souvent accompagnés d'une élévation assez grande de la
colonne barométrique. Donc les signes seuls du baromètre ne peuvent indiquer d'une manière certaine les
produits météoriques qui vont survenir.

Puisqu'il en est ainsi, on n'a pas besoin d'aller jusqu'aux extrémités de l'Europe et de l'Asie chercher des
renseignements tout à fait incomplets et tout à fait insuffisants. On sait comment s'opère la hausse et la baisse
des baromètres, et qu'elles dépendent de la réunion ou de
la désagrégation des molécules, qui rendent, comme on
pourrait dire, la composition de l'air normal ou anormal.
Si l'air est normal, le baromètre monte ; si au contraire il
est anormal, il descend. Mais l'ensemble ou la désagrégation de toutes les matières qui prennent place dans l'air,
ne fait pas cependant que cet air devienne plus ou moins
agité, et c'est là ce qui est cause que les grands vents et
tempêtes ne suivent pas toujours la baisse du baromètre.

On sait de plus que les courants descendent plus ou
moins obliquement, plus ou moins horizontalement.
Dans certaines contrées, les courants coupent ces contrées en deux parties bien distinctes par l'opposition
qu'ils rencontrent dans leur marche. Lorsque cela arrive
dans la partie exposée à un courant sous l'influence du
S.-S.-O., le baromètre pourra être très-bas, comme

dans l'autre partie de la contrée exposée à une force contraire, le baromètre pourra être assez élevé. Ces cas, encore assez fréquents, surviennent quand les courants annoncés par les étoiles filantes ne sont pas bien prononcés, c'est-à-dire quand la force qui les dirige appartient presque également à plusieurs directions à la fois. Ces anomalies cessent à l'instant où cette situation de la marche des étoiles filantes a changé; les choses alors reprennent leur cours naturel.

Si les étoiles filantes ont une marche tranquille, quoique la résultante soit au S.-S.-O., le baromètre descendra, même beaucoup, sans qu'il y ait perturbation dans le mouvement de l'air. Si, au contraire, vous avez remarqué dans l'apparition des étoiles les particularités qui sont l'annonce d'une grande agitation des couches atmosphériques, vous pouvez être convaincu qu'il y aura de grands vents et tempêtes; plus les signes précurseurs auront été complets, plus on est certain qu'on subira ces produits météoriques.

Nous ne sommes pas encore en état d'assigner au juste l'endroit de la terre où la tempête commencera; mais le moment n'est pas éloigné où on pourra le faire avec assez d'exactitude, car il ne nous faut plus que l'étude achevée et perfectionnée de quelques compléments que nous entrevoyons très-nettement. Ce serait là pour le moment le progrès le plus essentiel à faire faire à cette nouvelle science des météores; mais, pour atteindre ce nouveau progrès, il nous faudrait des moyens d'exécution qui nous manquent.

Pour obtenir ce grand résultat, nous ne demandons pas des observatoires et des stations à tout bout de champ, c'est le cas de le dire; mais seulement cinq observatoires météoriques, y compris l'observatoire météorique de Paris, et placés comme nous l'avons déjà indiqué.

Mais nous coupons court à cette digression qui nous éloigne de la tempête de Kamiesch, et nous arrivons aux faits que nous allons raconter très-succinctement, tant ceux qui sont arrivés à Paris que ceux qui se sont passés dans la mer Noire. D'après ces développements, on doit pressentir qu'il n'était nullement besoin de courir chercher des renseignements par toute l'Europe pour connaître la marche de la tempête, ni surtout d'y rattacher certains événements météorologiques qui n'y avaient aucun rapport. En effet, ce n'est qu'à partir du 11 novembre que nous avions acquis la connaissance de la période météorique qui allait arriver vers le troisième ou quatrième jour, et c'est le 13 que nous avons été renseignés sur la prolongation du mauvais temps et de la baisse du baromètre. Il suffit de suivre les produits météoriques qu'avaient précédés les signes précurseurs des 11 et 13 novembre pour s'assurer à l'instant qu'ils ont bien été la suite de ces mêmes signes.

Le 11 novembre 1854, nous avons observé à 6ʰ 45ᵐ du soir une étoile filante S.-O., 3ᵉ grandeur, très-rapide,

ψ Cassiopée, 15 degrés de course. A $7^h 15^m$, une étoile E., 2e grandeur, *traînée*, 6 degrés N. Pégase, passé Altaïr, 50 degrés de course. A $7^h 30^m$, une étoile O.-S.-O., 3e grandeur, *traînée* lente, 4 degrés E.-S.-E. β Cocher, 12 degrés, a fini S.-O. A $7^h 45^m$, une étoile N., 4e grandeur, θ Poisson oriental, 12 degrés, a fini O.-N.-O. A 8 heures, une étoile S.-E., 4e grandeur, entre Polaire et γ Céphée, 15 degrés, a fini S.-S.-E. (La *fig.* 106 se trouve placée auprès de la figure qui représente la courbe des oscillations barométriques de cette période.)

Voici les faits les plus saillants de cette curieuse et intéressante observation. D'abord, nous voyons qu'à la hauteur de l'étoile filante de 2e grandeur venant de l'E., il existe un courant assez considérable, puisque la trajectoire de l'étoile avait une étendue de 50 degrés; puis, vient une étoile S.-O., 3e grandeur, dont la projection est très-rapide : voilà certes deux forces bien opposées. Mais ensuite, nous voyons par les trois perturbations que la force qui impose sa volonté, et qui tient à être obéie, est déjà descendue à la hauteur de ces trois météores; qu'elle va continuer à descendre jusqu'à terre, en faisant disparaître petit à petit les obstacles qui voudraient s'opposer à elle. Voilà ce que l'expérience nous a appris; et là comme en tout autre cas semblable, il n'en pourra être autrement. Les courants et les nuages devront être vers le troisième ou quatrième jour au S.-O., comme l'a indiqué la perturbation. Voyons si les faits se sont passés comme ils ont été indiqués à l'avance par les signes précurseurs observés les 11 et 13 novembre. Nous prenons les faits d'un peu plus haut, pour montrer qu'ils étaient tout à fait étrangers à la période annoncée le 11, et que les dépressions barométriques de ces jours se sont fait sentir à Paris aussi bien qu'ailleurs.

Le 7 novembre, à 6 heures du matin, le baromètre était à son maximum de hausse; les nuages et le vent N. et N.-N.-E. Le soir de ce même jour, il y avait une baisse de 4 millimètres.

Le 8 novembre, du matin au soir, le baromètre baisse de 2 millimètres, les nuages N.-O., temps brumeux, et le vent variant de l'O. au N.-O.

Le 9 novembre au matin, le baromètre avait encore baissé de 4 millimètres, ce qui donnait depuis le 7 au matin un total de 12 millimètres de baisse. Le 9 au soir il était remonté de 3 millimètres. D'abord les nuages et le vent O.-N.-O., N.-O.; il avait plu la nuit. Ce même jour, à 9 heures du matin, éclaircies qui permirent de voir que les cirrus venaient du S., nuages de la moyenne région O.; les plus bas du N.-O. étaient passés au N., N.-N.-E. Le vent par intervalles très-grand N.-O., N.-N.-O.; nuages orageux et pluie.

Le 10 novembre, le baromètre remonte de 4 millimètres au matin, et baisse de 2 au soir; les nuages et le vent N.-N.-O., N.-O.; rafales, temps à grains, pluie et grésil.

Le 11 novembre, le baromètre baissa de 5 millimètres, au matin, pour remonter de 4 au soir; pluie au matin, oscillation des nuages et du vent du N.-O. au N.

Le 12 novembre, le baromètre haussa de nouveau de 2 millimètres jusqu'à 10 heures du soir. A partir de 10 heures du soir, le 12, jusqu'au 13 à minuit, il baissa de 1 millimètre.

Dans la nuit du 12 au 13, au lever de la lune, nuages et vent N. Le 13, à 5 heures du soir, le baromètre avait subi une nouvelle baisse de 3 millimètres. Pendant toute cette journée, le vent et les nuages étaient presque sans cours apparent et oscillant sans cesse du N. au S. et du S. au N. par l'E.

Le 14 novembre, le baromètre à 7 heures du soir avait éprouvé une nouvelle baisse de 12 millimètres. Dans la nuit du 13 au 14, les nuages et le vent continuèrent leurs oscillations du S. au N. et du N. au S. ; le froid avait été assez vif. Le 14, au matin, il faisait encore très-froid. Le vent alors de l'E. au S. ; puis ensuite, il s'est fixé au S.-O., puis à l'O. Dans la matinée, il neigea assez abondamment, et après, il plut. Après-midi, nuages orageux, surtout dans le S. et le N.-O.

Du 14 à 7 heures du soir au 15 à minuit, le baromètre en cinq heures baissa de 6 millimètres; et, le 15, en vingt heures il n'a plus baissé que de 2 millimètres. C'est dans la nuit du 14 au 15 que le grand vent commença pour nous. Le 15, grand vent et pluie, continuation de la pluie après midi et dans la soirée. Les nuages et le vent S., S.-S.-O., S. Ainsi, au moment où la tempête arrivait à terre, chez nous, le baromètre baissait de 6 millimètres en cinq heures.

Le 16, au soir, le baromètre ayant continué à baisser, il y eut encore 5 millimètres à ajouter à la baisse énorme qui s'était déjà produite; et cela est cependant naturel, puisque cette baisse était la suite de la résultante des étoiles filantes du 13 novembre, qui, étant au S.-O., annonçait bien une continuation de mauvais temps. Dans la nuit du 15 au 16, la pluie et le vent avaient continué toute la nuit et par intervalles dans la journée.

Le 17, le baromètre commença à remonter de 2 millimètres; il avait encore plu et fait du vent dans la nuit du 16 au 17. Le 18, le baromètre continua à remonter.

On vient de voir passer sous les yeux tous les faits non-seulement depuis le 11 novembre, jour de la première observation, mais encore ceux qui se sont passés quatre jours auparavant. Afin de mieux suivre tous les détails des transformations atmosphériques, nous donnons d'abord ici la *fig.* 106 pour les perturbations du 11 novem-

(Fig. 106.)

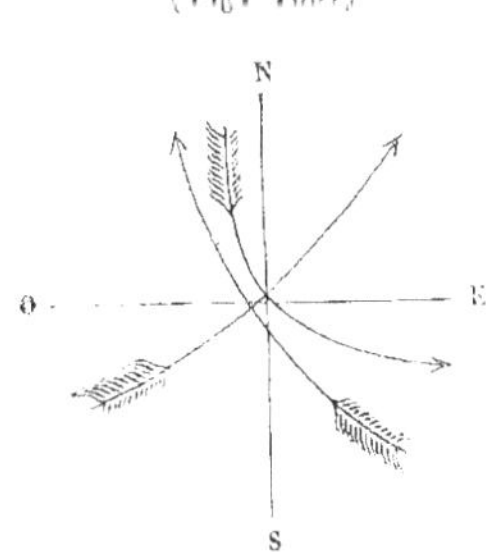

bre, puis la résultante du 13, qui, comme on le sait, n'avait été accompagnée d'aucune perturbation (*fig.* 107).

(Fig. 107.)

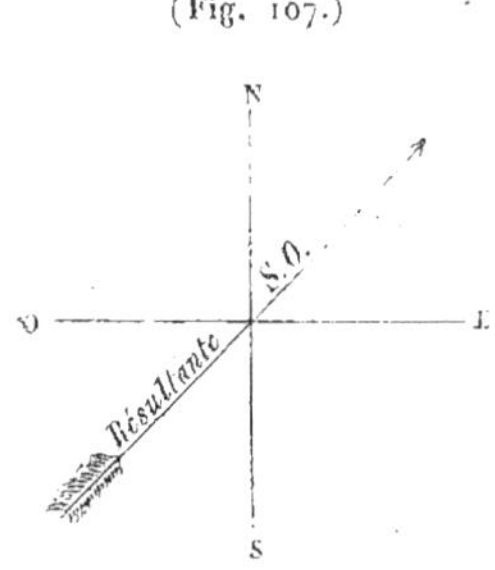

Nous continuons par la courbe des oscillations barométriques du 7 au 18 novembre (*fig.* 108). D'après cette

(Fig. 108.)

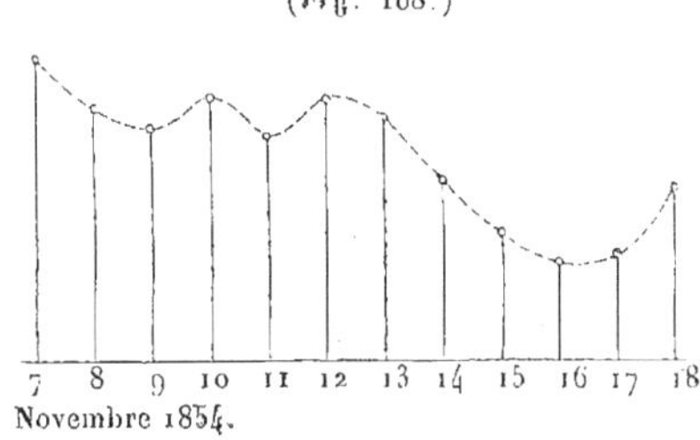

courbe, on voit que la grande période du 11 novembre a été précédée par une période de trois à quatre jours, par des périodes de vingt-quatre heures, plus par la période du 11, qui est devenue par la résultante du 13 une période de six à sept jours.

Il résulte de tous ces faits que les périodes qui ont précédé celles des 11 et 13 novembre n'appartiennent en au cune façon à la période de la tempête de la Crimée ; par conséquent, elles appartiennent à la nôtre, qui, malgré ce qu'on en a dit, en faisait essentiellement partie.

Environ vingt-sept heures après l'apparition du premier signe précurseur, qui annonçait à l'avance la baisse du baromètre, il commence à fléchir ; et soixante-quinze heures après, c'est-à-dire le 15 vers minuit, au moment où la tempête commence à sévir pour nous, quoique avec bien moins de violence qu'en Crimée, le baromètre a baissé de 20 millimètres. En Crimée, pareille baisse s'était produite seize heures avant celle de chez nous, et la tempête en cette localité avait également devancé la nôtre d'un pareil nombre d'heures. Ensuite, le baromètre a continué pour nous à baisser jusqu'au 17, fin de la période du mauvais temps. Pendant cette période, le baromètre a éprouvé un total de 27 millimètres de baisse. On ne peut que regretter que l'état du ciel n'ait pas permis de saisir les signes précurseurs des oscillations qui ont précédé le 11 novembre, parce qu'on aurait vu que tout s'était passé là comme toujours, suivant l'action de la puissance qui dirige à son gré toutes les perturbations atmosphériques.

Nos lecteurs savent parfaitement maintenant que tous les faits qui ont précédé les signes précurseurs des 11 et 13 novembre y sont tout à fait étrangers ; nous ne nous y arrêterons pas, et nous passerons tout de suite aux Rapports des commandants du *Napoléon* et du *Pluton* sur les événements météoriques de la Crimée.

Suivant la Note écrite par le commandant du *Napoléon*.

on voit que pendant toute l'après-midi du 13 il venta grand frais et le vent mollit sur les 6 heures du soir. La nuit fut bonne, quoique le baromètre continuât de baisser progressivement. Le baromètre, suivant ce Rapport, baissait donc déjà depuis plusieurs jours. En annonçant par le télégraphe électrique de Vienne ou de tout autre pays que le baromètre avait déjà subi une forte dépression, on ne leur aurait annoncé rien de nouveau, pas plus pour eux que pour nous, puisque des deux côtés le baromètre baissait également. Le 14, à $6^h 30^m$ du matin, il était descendu à 740 millimètres; alors le temps se mit à grains; la brise fraîchit graduellement et hala le S.-E. A 7 heures, la tempête se déclara. De 9 heures à midi, la tempête fut à son paroxysme et tourna en ouragan. Vers midi, le vent inclina au S.-E., vint au S.-S.-O, puis jusqu'à l'O.; son intensité avait alors un peu diminué. Cependant la tempête continua toute la journée et la nuit suivante; elle était accompagnée de bouffées furieuses de grêle, de pluie et de neige. Le 15 au matin, à 7 heures, l'ouragan cessa; la tempête avait duré vingt-quatre heures. La plus grande vitesse du vent avait atteint 30 à 35 mètres par seconde.

Voici maintenant le récit du commandant du *Pluton*. Le 14, au matin, brise N.-E.; tout présageait le beau temps. Vers 8 heures du matin, un grain s'est élevé de l'E. avec mauvaise apparence; le baromètre est descendu rapidement à 740 millimètres. Le grain a donné avec pluie et grêle avec violentes rafales qui ont varié au S.-E.. puis au S. Ensuite le vent tourna au S.-O., puis à l'O. On connaît le résultat de cette affreuse tempête : ce fut

la perte du *Henri IV*, du *Pluton* et de quatorze autres navires plus ou moins chargés d'hommes et de munitions
de toute espèce.

A l'autre extrémité de l'Europe, dans le Northumber-
land (Angleterre), le 15, de bon matin, la tempête du
S.-E. descendit à terre, et dans la matinée la mer se
trouvait déjà excessivement mauvaise.

De tous ces faits, il résulte que tout s'est passé, sauf
la violence de l'ouragan, en Crimée comme à Paris. En
effet, avant l'arrivée des grands vents chez nous comme
sur les côtes de la Crimée, nous avions les vents de la
région de l'E., puis S.-E., S., S.-O. et O. Si nous nous
reportons à nos signes précurseurs du 11 novembre, nous
voyons qu'au-dessous de la perturbation S.-O., il y avait
une force assez considérable de l'E. qui devait de prime
abord opposer une certaine résistance à l'arrivée à terre
des grands vents signalés comme devant venir du S.-O.
C'est ce qui est effectivement arrivé, puisque d'abord il
y a eu le vent de la région de l'E., puis du S.-E., enfin
S.-O. Cette opposition, on le conçoit sans peine, est cause
de tous les désastres de la mer Noire. En effet, la force
du courant du S.-O., descendant plus ou moins obliquement vers la terre, comprimait le vent de l'E. qui rasait
alors aussi la terre ; de là le mouvement primitif oscillant
du S. au N. par l'E. ; puis la force du S.-O., se faisant
enfin jour, rejeta le vent de l'E. sur le N. en lui imprimant un mouvement de S.-E., et donna un mouvement
gyratoire à la tempête à son début sur la terre et fut la
cause de tant de malheurs.

On savait déjà depuis longtemps que c'est au point où les tourmentes touchent la terre que les dégâts sont les plus considérables, parce qu'une fois le mouvement pour ainsi dire régularisé et les obstacles disparus, les grands vents, s'ils causent encore des désastres, en font généralement de moins grands, si ce n'est dans les immenses tempêtes qui sévissent sur une vaste partie de l'univers et qui, elles aussi, nous peuvent être révélées à l'avance par les signes précurseurs.

Nous avons déjà fait remarquer comment les vents descendaient à terre plus ou moins obliquement, plus ou moins horizontalement, soit en imprimant leur mouvement aux couches qui leur sont inférieures, soit tout simplement en les traversant, comme les faits paraissent plutôt le constater. En effet, on a vu souvent que, malgré les obstacles qu'ils rencontraient, ils se faisaient jour au travers à d'assez grandes distances, soit en amont, soit en aval. Enfin on a vu qu'ils se bifurquaient aussi quelquefois au moment de la rencontre des plus grands obstacles. En d'autres termes, une partie arrive immédiatement à terre, tandis que pour une autre partie les courants marchent encore quelque temps au-dessus de l'obstacle le plus résistant, jusqu'au moment où ils ont enfin réussi à le faire disparaitre entièrement.

Nous avons vu que la mer Noire, ou, pour mieux dire, que les côtes O. de la Crimée avaient eu la tempête seize heures avant nous; on a trouvé en Crimée que la force du vent ou sa vitesse était de 30 à 35 mètres par seconde, ce qui, suivant cette mesure, donnait à l'ouragan environ 28 lieues par heure. Mais si nous admettons pour le moment que cette tempête soit arrivée directement de la Crimée à Paris, en ayant franchi les 900 lieues en seize heures, elle aurait fait en une heure non pas 28 lieues, mais bien 56, c'est-à-dire juste le double. Si nous pouvons être certains que les vents du S.-O. sont arrivés directement en Crimée, nous sommes aussi certains qu'ils ne sont pas venus, à Paris du moins, raser la terre. Car ces vents, qui avaient passé sur la France à une certaine élévation avant d'aborder la Crimée, ne sont alors venus à nous que par un abaissement progressif et en faisant disparaître 56 lieues d'obstacles en une heure. Dans la matinée du 14, on le sait, le tout était déjà à la hauteur des nuages. Par le Rapport du commandant du *Napoléon*, on a su aussi que le baromètre avait commencé à baisser *depuis quelque temps;* car le 13, au soir, on dit : « Le baromètre baisse progressivement », ce qu'il faisait déjà probablement avant cette époque.

En voilà, je crois, suffisamment pour démontrer ce qu'a été la tempête de Kamiesch, éclatant surtout en Crimée, mais se produisant aussi chez nous.

Je poursuis mes remarques.

Dans l'observation du 22 au 23 novembre 1854, trois étoiles filantes de l'E., du N., du S.-S.-O., par la perturbation qu'éprouvent leurs trajectoires, nous montrent que la force qui ordonne se trouve vers le N.-E. Dans ce moment le vent et les nuages, qui étaient au S.-S.-O., viennent dans la nuit du 26 au 27 du N.-N.-E., N.-E., et le baromètre a éprouvé une hausse de 20 millimètres.

On trouve encore ceci de très-remarquable dans le grand nombre de faits observés : c'est que, si les perturbations portent sur différentes grandeurs d'étoiles et qu'elles diffèrent entre elles, le premier produit météorique qui arrivera est celui qui était annoncé par la taille supérieure du météore ; les autres produits des tailles inférieures arrivent ensuite. De la sorte, lorsqu'il en est ainsi, on sait non-seulement ce qui va arriver, mais encore ce qui doit suivre.

Je ne veux pas oublier de faire remarquer que quand le vent et les nuages descendent du N. sur l'O., il suffit ordinairement de 1 à 3 millimètres de baisse pour amener la pluie.

De combien d'autres particularités n'aurais-je pas encore à entretenir ici mes lecteurs, si je ne craignais de les fatiguer ? Mais il faut nous arrêter, car il est temps de clore le champ des exemples ; ils sont maintenant si nombreux, qu'il faudrait un cadre beaucoup plus vaste encore pour les renfermer tous, et j'ai dû me borner à quelques-uns que j'ai choisis parmi les plus frappants. D'ailleurs nos lecteurs savent que notre ouvrage n'est pas près d'être terminé, même avec les recherches que nous possédons déjà, à plus forte raison avec les matériaux que nous amassons de jour en jour, et que nous continuons de recueillir sans nous lasser. Ainsi chaque volume des Annales de notre observatoire météorique contiendra toujours les nouvelles découvertes que nos études incessantes auront faites dans la science des météores.

CHAPITRE VIII.

Du thermomètre et de l'hygromètre dans leurs rapports avec la météorologie et l'agriculture.

Opinions remarquables de MM. Biot et Regnault sur l'emploi du thermomètre dans les observatoires météorologiques. — Quelques conseils en matière d'agriculture. — Création de quatre observatoires météoriques auxiliaires dépendant de celui du Luxembourg ; des bons résultats qu'on en pourrait attendre. — Le baromètre, le thermomètre et l'hygromètre ne sont entre nos mains que des instruments de contrôle.

Après tant de détails sur l'objet spécial de cet ouvrage, c'est-à-dire les étoiles filantes, je vais aborder quelques autres questions qui s'y rattachent d'assez près, et je commence par le thermomètre et l'hygromètre.

Dans les observatoires météorologiques, on tient compte des moyennes plutôt que des extrêmes de température ; c'est à l'ombre qu'on suspend le thermomètre, en évitant autant que possible l'effet des réverbérations. Nous pensons, avec MM. Biot et Regnault, qu'il faut, en ce qui regarde les thermomètres et les hygromètres, autre chose que la moyenne des observations, si l'on veut arriver à des résultats satisfaisants pour la science et l'agriculture. En effet, tous les degrés de chaleur ou de froid ont été notés sur tout le globe, et, d'après leurs moyennes, on en a tiré des lignes isothermes. Ainsi, en France, à Paris, par exemple, on voit que la température moyenne est de ıo°,74. C'est en considérant les moyennes générales de chaque contrée, soit de chaleur, soit d'humidité, qu'on a énoncé toutes les conditions nécessaires à la production et à la maturité des récoltes de tout genre.

Sans doute, c'est déjà quelque chose que de connaître la moyenne générale de degrés de chaleur et de froid pour chaque pays et de connaître également la moyenne générale d'humidité qui y règne. Mais tout cela est loin d'être suffisant. Nous sommes encore ici de l'avis de M. Regnault, qui pense avec raison qu'on devrait non-seulement exposer des thermomètres à l'ombre, mais qu'il faudrait en exposer en plein air à toute l'ardeur du soleil et à toutes les variations de température causées par les transformations de l'atmosphère, afin d'approcher le plus près possible de l'exacte et complète vérité.

Sans nul doute, la température moyenne est bonne à connaître; mais ce n'est pas tout pour planter et semer des végétaux qui n'exigent même pour réussir que la moyenne générale de la température trouvée dans ce pays même. Ce qu'il importe de savoir principalement, s'il est possible, ce sont les circonstances qui font varier cette température même sur des espaces peu éloignés les uns des autres. Ainsi, tout le monde sait que la hauteur des montagnes influe sur la température, que les vallées abritées des vents froids sont toujours en avance de près d'une quinzaine de jours pour les moissons et les vendanges sur les plaines qui y sont exposées; et cependant 2 ou 3 lieues à peine quelquefois les séparent.

Nous avons fait connaître dans ce volume les conditions normales ou anormales de toutes les saisons, ce qui constituait de bonnes années ou en amenait de mauvaises. La chaleur et les pluies arrivées en temps favorable pour le développement et la maturité des plantes font plus, comme on l'a dit avec raison, que la culture la plus raffinée. Donnons ici quelques exemples pour montrer à combien de dangers sont exposées les récoltes pour de courtes périodes de temps contraires, qui arrivent malheureusement quelques jours trop tôt ou trop tard. En d'autres termes, une récolte, quelque abondante qu'elle paraisse de prime abord, se trouve sauvée ou compromise, même perdue, parce qu'il aura plu, fait trop froid, trop chaud et même trop sec, quelques jours plus tôt qu'il n'aurait fallu, ou quelques jours plus tard.

Dans nos contrées, c'est en mars qu'on sème les avoines ; je me borne à cette seule plante, afin de la suivre jusqu'au bout, depuis le moment où on la sème jusqu'au moment où on la récolte. Nous agirons de même pour les autres plantes dont nous parlerons. Si c'est en mars qu'on sème les avoines, c'est en juin qu'elles épient, c'est dans la dernière quinzaine de juillet qu'elles mûrissent et dans les premiers jours d'août qu'on les fauche, quand les années ne sont pas en retard.

Si, à l'époque où vous semez vos avoines, les vents et les pluies sont froides et que vous n'ayez pas la sagesse de voir que c'est un temps qui n'est pas convenable à vos semailles, qui auraient tout à gagner à attendre un peu, vos avoines, semées dans les mauvaises conditions dont nous venons de parler, ne lèveront pas ou lèveront mal. La récolte est donc compromise, faute de renseignements suffisants pour connaître l'heure et le moment favorables pour se livrer à ce genre de culture.

Maintenant, supposons qu'ayant pris en considération les perturbations atmosphériques, on ait semé dans de bonnes conditions, sans s'occuper pour le moment des produits météoriques ultérieurs. C'est d'ailleurs toujours ainsi qu'on doit agir, parce qu'alors, quoi qu'il puisse arriver ensuite, on n'a aucun reproche à se faire. Ces avoines, ayant été semées dans les conditions les plus favorables, sont très-bien levées, les pousses sont très-belles; et s'il ne vient pas de contre-temps, on peut espérer une abondante récolte. C'est bien ici le cas de répéter cet adage aussi vieux que le monde et qui durera autant que lui : Tant qu'une récolte n'est pas faite, on ne peut pas vraiment compter dessus. Au moment où on croit la tenir, elle vous échappe de bien des manières.

Vient, en effet, un nouveau contre-temps avec lequel les cultivateurs n'avaient pas compté, et pour lequel on ne peut leur adresser aucun reproche. Au moment où l'épi se forme dans le chalumeau, voici qu'il arrive de fortes chaleurs accompagnées d'une grande sécheresse; la plupart des pousses tournent en cette circonstance en ce que l'on appelle vulgairement *queues d'oignon*, et il n'y a plus alors que le maître brin qui donne un épi : au lieu d'avoir une récolte entière, vous n'en avez plus qu'une demie.

Supposons maintenant qu'on a déjà évité les deux premiers écueils, qu'on ait bien semé et que l'avoine ait bien épié; est-on cependant assuré de récoltes saines? Mais sauf la belle apparence qu'on voit et qu'on admire tous les jours, attendons la fin, car on ne peut être certain de ce qui arrivera. Or, voici un troisième écueil à franchir. En effet, voilà qu'au moment où les avoines mûrissent, des pluies arrivent, que ces pluies sont continues et quelquefois très-froides; alors les avoines ne mûrissent pas également, elles se tassent; et, s'il survient de grands vents et des tempêtes lorsque la maturité s'achève, une partie des épis, les premiers mûrs, se trouve égrenée et quelquefois germée. On avait une belle apparence de récolte, et cependant on a eu une mauvaise récolte. Ce que nous venons de dire pour les avoines s'applique à tous les autres produits agricoles.

Il est bien entendu ici que chaque contrée doit se conduire suivant le genre de produits agricoles qu'on cultive comme le plus approprié au genre des terres qu'on possède. Mais malgré ces différences, il importe toujours que dans chaque contrée chaque cultivateur étudie bien les moments les plus favorables à la plantation ou à la semaille de tous les produits.

Les seigles, dans nos contrées, épient fin d'avril et au commencement de mai. Admettons que l'hiver leur ait été très-favorable, ils promettent bien. Cependant, on ne tarde pas à s'apercevoir qu'ils ne vont pas rendre tout ce qu'ils avaient promis, parce que la sécheresse et le froid sont venus les arrêter dans leur croissance, surtout au moment où les épis se formaient; beaucoup d'épis ne sortiront pas du chalumeau; la récolte sera diminuée d'autant, et, de l'apparence d'une belle récolte, on en aura une assez faible, qui vaudra encore mieux que si les seigles étaient gelés. En supposant qu'ils aient évité les premiers dangers, il leur restera encore le temps plus ou moins favorable au moment de la récolte. Cependant, avec les précautions que nous avons recommandées plus haut, on peut et on doit sauver ce qui reste de la récolte si elle a été compromise dans les premiers temps, ou la sauver tout entière si l'on a le bonheur de la posséder encore au moment de la moisson.

Les froments épient fin de mai et au commencement de juin. Supposons, pour un instant, que, jusqu'au 15 mai, tout se soit passé le mieux possible, les apparences seront magnifiques. Et cependant, qu'il arrive à cette époque des produits météoriques semblables à ceux que nous avons déjà signalés pour les avoines et les seigles, une partie seulement des épis sortira du chalumeau, la tige restera faible et petite, et la récolte ne rendra plus, à beaucoup près, ce qu'elle promettait, sans parler des autres chances qu'elle doit encore courir jusqu'à la fauchaison et à la rentrée, qui cependant, avec les précautions indiquées, ne sont pas aussi à craindre qu'on le croit.

Les vignes poussent ordinairement fin d'avril et début de mai. Si la chaleur et l'humidité sont arrivées dans de bonnes conditions, elles poussent admirablement et promettent alors une abondante récolte. On sait que, si, à cette époque, la température baisse à o ou à 2 degrés au-dessous de o, la récolte est exposée à être anéantie à l'instant, ainsi que la récolte des fruits dont les arbres sont généralement en fleurs dans ce moment. Supposons maintenant ce danger évité pour la vigne, il en reste un second non moins fatal dans ses conséquences.

Dans nos contrées, pour les années ordinaires, la vigne fleurit dans la dernière quinzaine de juin, et premiers jours de juillet pour les années en retard. Il faut alors une température plus chaude que froide, sans être pourtant extraordinaire, puisque cette extrême chaleur grillerait la fleur. Dans ces bonnes conditions, tout danger est écarté en peu de jours; on est alors certain d'avoir du vin, plus ou moins bon suivant la température existante au moment où les raisins mûrissent.

Si le beau temps et la chaleur avaient lieu presque sans intermittence, de la fleur des blés à la moisson, il ne s'écoulerait jamais plus de quarante-cinq à cinquante jours avant de la commencer; comme aussi, dans le même laps de temps, après la fleur de la vigne passée, on verrait toujours les raisins noirs prendre couleur et les blancs devenir transparents. Bien entendu ici que je ne parle pas de l'espèce de raisin dite de *juillet*.

On sème au printemps, dans nos contrées, toutes les petites graines produisant les prairies artificielles dont la fertilité est si importante pour l'économie agricole. On doit donc bien connaître, avant de se livrer à ce travail,

quelles sont les conditions nécessaires pour réussir et
obtenir une récolte des plus abondantes cette année et
l'année suivante. C'est ici qu'il faut avoir soin, principalement, de faire grande attention à toutes les transformations atmosphériques. En effet, si, sans réflexion
aucune, vous semez à une époque où la température commence à être sèche et plus froide qu'humide et chaude,
vous pouvez être assuré à l'avance qu'il n'y aura pas le
quart de la quantité que vous aurez semée qui lèvera ; et
pour l'année qui suivra, vous vous serez privé de cette
précieuse ressource, reconnue, non sans raison, comme
l'âme de toute exploitation agricole.

Il est donc très-important, ainsi que nous l'avons dit,
de commencer par se bien rendre compte des faits météoriques qui viennent de se passer, et de se renseigner,
autant que possible, sur la probabilité de ceux qui vont
suivre. Que pour tous les genres de semailles, et pour
toutes les saisons, on laisse de côté les jours marqués si
rigoureusement à l'avance pour tel ou tel travail agricole, surtout en matière de semences. Loin de s'astreindre
à des règles trop précises, il faut, au contraire, attendre
patiemment que le moment opportun soit arrivé, et de-
vancer même le moment qu'on s'était assigné, si les faits
météoriques l'exigent ; car on doit être convaincu, par
expérience, qu'une moyenne toute générale de chaleur
et d'humidité ne peut, en aucune manière, indiquer le
moment le plus propice à ce genre de travail.

Nous pouvons déjà faire entrevoir à nos lecteurs et aux

cultivateurs que, si notre observatoire météorique de Paris était muni des moyens d'exécution qui lui manquent, et si l'étude de quelques dernières lois était achevée, comme nous l'entendons, nous pourrions nous flatter de remplir, dans un avenir assez prochain, cette belle tâche d'éclairer les marins et les agriculteurs. Il suffirait de joindre, à l'observatoire de Paris que j'ai fondé, quatre autres observatoires (voyez *fig.* 109), qui seraient ses auxiliaires indispensables dans l'accomplissement d'une pareille œuvre. Le résultat attendu ne serait pas une petite affaire, puisqu'il s'agit de veiller sur une valeur de plusieurs milliards, c'est-à-dire une somme qui représente la totalité des récoltes de la France. Je ne parle d'abord que de notre pays; mais si plus tard l'étranger veut profiter de notre expérience, je ne vois pas pourquoi il ne viendrait pas prendre des leçons chez nous, et ne finirait pas par établir ses observatoires météoriques distancés à la manière des nôtres; de telle sorte qu'avec un petit nombre de ces observatoires, nous aurions pour ainsi dire le monde sous les yeux.

A présent qu'on est bien convaincu de l'extension qu'il importe de donner à notre système d'observations météoriques, on tiendra à nous aider, nous en sommes convaincu, à nous faire obtenir un établissement où nos élèves pourront venir à toute heure de la nuit et de la journée se former aux observations sans déranger personne. Si le Gouvernement a la bienveillance de nous consulter, nous lui indiquerons ou le parloir des Char-

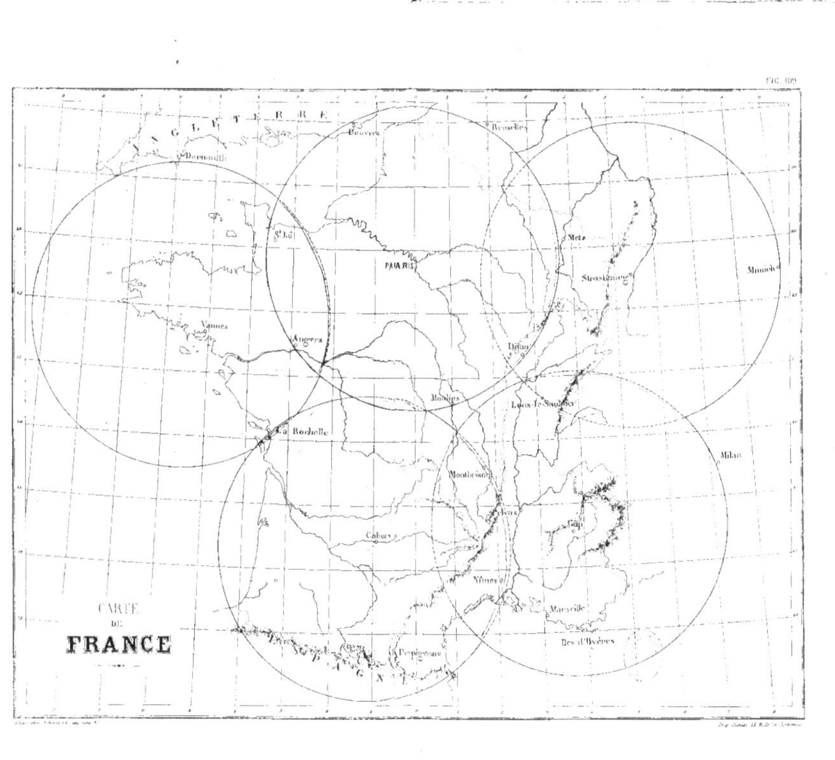
ANGLETERRE
Darmouth
Douvres
Bruxelles
St Lô
PARIS
Metz
Munich
Strasbourg
Vannes
Angers
Dijon
Moulins
Lons-le-Saulnier
La Rochelle
Milan
Montluçon
Gap
Cahors
Nîmes
Marseille
Iles d'Hyères
CARTE
DE
FRANCE
ESPAGNE
Perpignan

treux, ou la maison située entre l'hôtel de l'École des Mines et cet ancien parloir que nous venons de nommer.

Nous avons choisi l'un ou l'autre de ces endroits, parce qu'ils ne diffèrent en rien de celui que nous possédons au Palais du Sénat : comme lui, il est situé sous les mêmes degrés de latitude et de longitude, et éloigné comme lui des masses de fumée des fabriques et des usines ; nous ne pouvons trouver mieux pour notre genre d'observations. Nous saisissons avec un grand plaisir cette occasion pour remercier le Sénat de nous avoir permis de rester chez lui en attendant que notre science soit assez avancée pour être livrée à elle-même et posséder enfin son observatoire à elle. Qu'il nous soit permis de remercier en particulier et bien sincèrement MM. le général marquis d'Hautpoul et le baron Lacrosse pour les égards qu'ils ont eus envers nous et pour les encouragements qu'ils nous ont donnés en mainte occasion.

D'après tout ce qui précède, on doit être convaincu que cette moyenne générale de la température et de l'humidité, dont on parle si souvent, est plus curieuse qu'utile ; car on vient de voir qu'elle peut ne pas avoir varié d'une année à l'autre, et cependant causer des résultats entièrement différents ; et l'on conçoit sans peine que le froid, la sécheresse, la chaleur et l'humidité ne sont arrivés que trop souvent dans des circonstances tout à fait contraires au développement des plantes, à leur maturité et à leur conservation. Mais, nous le demandons encore : A quoi tiennent les bonnes ou mauvaises années ?

Quoi qu'il en soit, un bon cultivateur profitera toujours de toutes les circonstances favorables pour tenir ses terres prêtes à recevoir les semences aussitôt que le moment le plus propice est arrivé.

Il est donc bien évident que les thermomètres et les hygromètres, comme les baromètres et tous les autres instruments météorologiques, ne peuvent nous apporter que des compléments accessoires des observations, et simplement les contrôler.

Si l'on veut étudier la température d'un pays pour connaître, autant que possible, s'il est favorable à la culture de telle plante plutôt qu'à la culture de telle autre, il faut étendre les observations thermométriques avec un détail infini, puisque sur plusieurs lieues carrées, quelquefois même sur une seule, il se trouve des différences assez notables de température, tenant soit à l'exposition des terres, soit à toute autre cause. En un lieu peu distant d'un autre, il y a tout ce qu'il faut pour cultiver une plante, tandis que dans le premier lieu il faut absolument y renoncer. Obtenir tous ces détails, on le reconnait bien vite, c'est plutôt l'affaire particulière des agronomes que l'affaire des observatoires météoriques, qu'on ne peut multiplier à l'infini.

MM. les Curés de campagne, leurs Vicaires et tous les Instituteurs communaux pourraient, sans nul doute, aider les cultivateurs dans ce genre de recherches. On pourrait même apprendre de bonne heure aux enfants les plus intelligents à devenir des aides très-utiles. Ces enfants iraient volontiers, avec plaisir même, relever aux heures indiquées les différents degrés de température accusés par les thermomètres. Chaque commune aurait ainsi la connaissance assez exacte de ce qu'il lui importe de savoir pour se livrer à tel genre de culture plutôt qu'à tel autre.

Dans les exemples que nous avons donnés, nous nous sommes plutôt occupé des variations du baromètre que du thermomètre, parce que le thermomètre s'impressionne beaucoup plus vite que le baromètre, en passant d'un degré à un autre suivant les différentes oscillations du vent; mais il ne peut servir en quoi que ce soit à connaitre les prévisions météoriques. Une ondée suffit souvent pour le faire baisser tout à coup de plusieurs degrés, de même qu'un moment de calme et de soleil va le faire monter de même.

En général, le thermomètre est le plus élevé possible dans l'été, quand les résultantes et les perturbations annoncent des courants de l'E.-S.-E. à l'O.-S.-.O., et que l'air est le plus calme possible. Il devient moins élevé à mesure qu'il approche le N.-N.-E., surtout si les vents sont vifs. Par les vents du S., la différence n'est pas aussi grande de la nuit au jour; et même, par un temps calme, elle ne varie presque pas, tandis qu'elle est souvent de moitié par les vents du N. Si le temps est très-calme, même par les vents du N., on peut espérer 25 degrés. Par les vents du S., au contraire, on obtient de 29 à 34 degrés; je parle, bien entendu, de nos climats.

CHAPITRE IX.

Question des climats : Les intempéries sont-elles plus fréquentes aujourd'hui que dans les temps anciens? Quelques mots sur les inondations.

Dans les chapitres précédents, nous avons montré comment tous les phénomènes météoriques se produisaient. On a vu que leur origine commune était placée dans des régions si élevées, qu'elle se trouvait bien en dehors de ce qu'on pourrait appeler les véritables *influences terrestres*. Du moment que le laboratoire où s'opèrent tant et de si diverses transformations est connu, c'est là principalement qu'il faut diriger ses regards, pour tâcher de découvrir le travail et l'élaboration de chaque produit météorique.

D'après tout ce qui vient de passer sous nos yeux jusqu'ici, on peut presque affirmer que, depuis le commencement des temps, rien n'est changé; que tout s'est accompli suivant la puissance qui préside à l'action de tous les météores; que, s'il est survenu dans les temps anciens des hivers plus froids et des étés plus chauds, plus secs ou plus pluvieux, et si ces modifications ont lieu également pour les saisons de printemps et d'automne, toutes ces différences anciennes dans les saisons ne se représentent pas moins dans les temps présents. En un mot, il est arrivé parfois, dans les temps anciens, que rien n'est venu en sa saison, et qu'on a été assez souvent sous le règne d'anomalies profondes; les mêmes oscillations arrivent aujourd'hui, nous n'en devons pas douter.

Il ne faudrait donc pas trouver étonnant qu'il y ait eu quelques périodes fort dissemblables, sous le rapport des produits météoriques, à des périodes antérieures ou postérieures. C'est ainsi que s'expliquent les années plus pluvieuses, plus sèches, plus chaudes ou plus froides. En effet, nous savons maintenant comment chaque phénomène arrive, et surtout pourquoi il arrive. Supposons, ce qui pourrait très-bien se présenter, que pendant plusieurs années la résultante générale des étoiles filantes et de leurs perturbations se maintienne dans la région du S.-S.-E. à l'O.-N.-O. Eh bien, cette période, pour une partie de l'année, sera non-seulement pluvieuse, mais encore orageuse; et quant à l'autre partie de l'année, il est sûr qu'il y aura encore de l'humidité, si ce n'est des orages, par la continuation des pluies. Maintenant, supposons encore, ce qui est également possible, que ces résultantes demeurent pendant plusieurs années sans variations sensibles de l'O.-N.-O. à l'E., en passant par le N.; voilà une longue période sèche et froide. Puis supposons, ce qui est possible encore, qu'il vienne une période plus ou moins longue où les résultantes sont presque permanentes de l'E.-N.-E. au S., S.-S.-O.; ce sera alors une période encore assez sèche, brûlante même à certains moments de l'année.

Ainsi, on le voit, il peut y avoir sur certaines périodes assez longues des différences assez notables, sans que pour cela il n'y ait rien de changé réellement en quoi que ce soit depuis l'origine du monde.

Ceci nous amène à désirer, dans l'intérêt commun, des périodes assez variables, comme elles le sont maintenant, plutôt que des périodes plus stables et plus permanentes dans leurs produits. Car, du moins, si nos récoltes et notre santé éprouvent des dommages réels dans une année, nous avons l'espoir que l'année suivante réparera les malheurs de l'année précédente.

Sans vouloir tirer des conséquences hasardées des longues observations que nous avons faites, nous croyons pouvoir affirmer qu'il se trouve dans le ciel des étoiles filantes, comme dans le ciel du magnétisme, une force attractive. L'attraction magnétique se trouve du N. à l'O., et nous savons que tous les ans elle remonte un peu vers le N. Nous avons appris, par les observations antérieures, que, pendant un certain nombre d'années, cette force magnétique avait marché du côté de l'E., comme, dans une autre période, elle avait rétrogradé vers le N. pour approcher ensuite le plus près possible de l'O. Depuis, elle remonte de nouveau vers le N. Certes, nous sommes loin de prétendre qu'il ne faut pas observer, en météorologie, la marche de l'aiguille aimantée, bien que

nous ayons montré qu'elle rentre plutôt dans le domaine
des observations astronomiques, à cause de la petitesse
extrême des oscillations magnétiques quotidiennes et an-
nuelles. Cependant, nous ne sommes pas convaincu de
l'utilité d'une observation continuelle avec les appareils
que l'on possède actuellement. A notre avis, ce qu'il est
de toute nécessité de connaître pour une bonne navigation, c'est de savoir si l'aiguille aimantée ou magnétique
a remonté d'un ou plusieurs degrés vers le N. ou descendu vers le S., soit pendant un ou plusieurs mois, soit
même pendant une année. Le reste n'est plus que curieux
au point de vue spécial qui nous occupe, et ne peut même
faire apprécier au juste les produits météoriques exis-
tants, encore bien moins ceux qui doivent leur succéder.
Qu'est-ce, en effet, qu'une perturbation de quelques minutes de degré, d'un degré même, auprès de ces immenses changements de position et de perturbation que nous
enregistrons dans le ciel des étoiles filantes? Elles ne peuvent, en aucune manière, entrer en comparaison avec
elles, ni pour l'importance des amplitudes des degrés
parcourus par les perturbations célestes, ni pour les légères indications qu'elles peuvent nous procurer sur l'a-
vénement des divers produits météoriques.

Si la force attractive qui se trouve dans le ciel des étoiles filantes, et qui était en 1845 à 22 degrés du N. vers
l'E.; si cette puissance, jusqu'alors inconnue et dont nous
avons parlé dans notre *Introduction historique*, et qui at-
tire tous les centres de gravité de toutes les directions

dans cette partie du ciel, varie peu en une année, cependant, pour obtenir sa position exacte dans le ciel, d'une année à l'autre, et connaître si cette puissance remonte vers le N. ou descend vers l'E., il suffit de calculer, suivant la méthode indiquée dans notre *Introduction historique*, la position de toutes les étoiles filantes, et l'on détermine ainsi le centre de gravité de chaque direction ; ensuite, en rapportant, comme nous l'avons déjà dit, la position de ces centres sur une courbe polaire, on connaît à l'instant la position exacte de cette puissance dans le ciel, et de combien elle a pu varier en une année.

Nous remettons au prochain volume des Annales de notre observatoire à faire connaître à nos lecteurs et à la science de combien de degrés cette force attractive a varié, soit dans un sens, soit dans un autre.

Nous avons même l'intention plus tard, autant que la quantité d'étoiles filantes observées nous le permettra, de faire ce travail pour les mois isolément, pour des jours même. Nous pourrions connaître de cette façon si, en certains jours ou en certains mois, il ne survient pas quelquefois d'assez grandes perturbations qui s'effacent ensuite dans le grand nombre d'étoiles filantes obtenues en une année. De cette façon encore on pourrait connaître s'il ne serait pas possible de trouver là quelque nouvel indice qui, rapproché des autres, donnerait un nouveau perfectionnement à cette science des lois des météores.

Nous pensons, en outre, qu'il pourrait sortir quelque nouvelle lumière de l'observation bien faite de la marche que suit cette puissance attractive des centres de gravité des étoiles filantes. Une fois sa route bien constatée et bien suivie, on aura peut-être des éclaircissements sur les changements de température constatés ou présumés pour certaines parties du globe, sans que, pour cela, il y ait eu la moindre influence sur les produits météoriques annuels et quotidiens.

Si nous voulions donner ici la nomenclature de toutes les années pluvieuses, sèches, chaudes et froides que renferment les anciennes chroniques et les nouvelles jusqu'à nos jours, nous n'en finirions pas. D'ailleurs, nous ne pourrions tirer de tous ces faits aucune notion qui dût véritablement nous éclairer, puisqu'en même temps nous ne pourrions y trouver les signes précurseurs qui·ont annoncé tous ces produits météoriques si divers, et pourraient nous les faire reconnaître plus tard à l'avance. Et puis, ne pouvons-nous pas dire que nous possédons maintenant des connaissances suffisantes pour nous guider, puisque nous savons précisément comment tout vient, tout s'arrête et tout se détruit?

Personne, plus que nous, ne déplore les malheurs qui sont la suite inévitable des tempêtes, des ouragans, des trombes, des grêles, de la gelée et de l'intempérie des saisons. Nous déplorons aussi les malheurs publics causés par des inondations semblables à celles qui, en 1840, 1846, et surtout en 1856, pour ne pas remonter plus haut, ont causé tant de désastres et de pertes irréparables. La mort des hommes accompagne trop souvent la perte des habitations, des objets mobiliers et des récoltes. Personne, aussi plus que nous, ne voudrait trouver les moyens d'en prévenir le retour. Malheureusement, cela n'est pas facile à trouver; car, d'abord, on ne peut empêcher, de quelque manière que ce soit, des périodes de pluie extrêmement abondantes d'avoir lieu dans une saison, plutôt que dans une autre où les dégâts seraient moins considérables. Par exemple, il est certain que, si ces pluies n'arrivaient que du mois de décembre au mois de mars, les pertes seraient bien moindres, puisque les récoltes seraient à l'abri; mais nous savons qu'il n'en peut être ainsi, et que ces grandes mutations ne dépendent pas de l'homme. C'est un inconvénient, comme tant d'autres, qu'on ne peut éviter; cependant, tout en le subissant, on doit faire ses efforts pour le rendre le moins préjudiciable possible à la chose publique.

Dans les siècles précédents, nos pères, nous le pensons, étaient, à certains égards, plus prévoyants que nous. Ainsi leurs habitations n'étaient pas aussi communément bâties sur le lit même des fleuves, des rivières, des torrents et des ruisseaux. Nous disons le lit des fleuves, etc., et ce n'est pas sans raison; car on a grandement tort, suivant nous, de ne voir le lit de ces divers cours d'eau que dans le seul encaissement où, en temps ordinaire, l'eau coule même à pleins bords. Si l'on ne peut se tromper pour celui-là, qui est très-restreint, et que l'on peut appeler le lit ordinaire, est-il permis de se tromper sur les limites de l'autre lit, quelque étendues qu'elles soient, et que l'on

peut désigner sous le nom de *lit extraordinaire?* Nous ne
le pensons pas. Le lit des crues extraordinaires est aussi
bien marqué dans nos vallées que le lit des eaux ordinaires, quoique l'encaissement de ses limites ne soit pas
creusé de la même manière; et cela se conçoit facilement,
puisque l'écoulement n'y est pas à un état permanent.
Pour reconnaître ce lit supplémentaire, il suffit de visiter
plusieurs fois une vallée quelconque et même une plaine,
on y a bientôt remarqué la disposition du terrain en forme
d'amphithéâtre ou d'épaulement, qui servent à ces cours
d'eau de limites, et qui en sont par conséquent les digues
naturelles.

L'absolue nécessité commandait-elle d'enfreindre ces
limites naturelles pour construire des usines, des habitations de tous genres, et même d'empiéter sur leur lit ordinaire? Non certes, il n'y avait pas une absolue nécessité
d'agir comme on l'a fait; mais le motif qui a déterminé
à passer outre est bien facile à deviner : c'est qu'il est
très-avantageux, jusqu'au désastre, de se trouver près de
l'eau qu'on utilise de tant de manières. Puis, on se fait ce
raisonnement, fondé sur une espérance qui n'est ici qu'une
véritable illusion; mais où l'homme ne se fait-il pas illusion? on se dit donc, pour s'encourager dans son imprudence : Voilà déjà bien des années qu'on n'a pas eu
de débordements; ou, s'il y en a eu, ils ont été réduits
à presque rien. Donc, puisqu'il en est ainsi, avec des levées, des digues, nous nous garantirons du fléau qui
pourrait nous menacer. D'ailleurs, ce fléau peut être bien

des années sans reparaître, et d'ici là nous aurons joui
de l'agrément qu'une telle habitation doit nous procurer.
Ou encore, diront les industriels de tous genres : Nous
aurons gagné de quoi nous transporter en d'autres lieux ;
ceux qui viendront après nous feront comme ils pourront.

Ces beaux raisonnements étant faits, on ne considère
plus que le moment présent; on ne craint plus pour soi
l'avenir, et l'on se met aussitôt à l'œuvre. On bâtit, on
élève maison sur maison, on défriche, on fait des prairies naturelles ; on plante et l'on sème. Puis, si tout va bien
pendant un certain temps, on se félicite d'avoir tant osé.
Les produits sont si abondants! la jouissance de ces lieux
est si agréable! Malheureusement, il vient un jour terrible, où cette joie se change en deuil, où il faut compter
avec son imprudence et avec les intempéries des saisons.
L'établissement qu'on croyait si bien consolidé, le fruit
de plusieurs années de labeur, le voilà en un jour ren-
versé par la fureur des eaux, qui viennent réclamer le lit
qui avait été disposé tout à fait pour elles par la nature,
et que vous avez obstrué et usurpé.

C'est bien à tort, suivant nous, que nous voyons toujours citer l'exemple de la Hollande, qui se garantit de
l'irruption des eaux de la mer par ses levées, ses digues
et ses écluses. La situation des contrées riveraines des
fleuves et autres cours d'eau n'a aucun point d'analogie
avec la position de la Hollande par rapport à la mer. En
effet, la mer circonscrite et limitée par les levées, les digues et les écluses, qui l'empêchent d'entrer dans le lit

des fleuves, des rivières ou des canaux, a un espace immense pour distribuer et étendre son volume d'eau. Ce n'est que dans les plus grandes tempêtes, où ses vagues déferlent et agissent comme les béliers des anciens sur ces digues, qu'elles réussissent quelquefois à se faire jour, et à renverser en un instant, comme on l'a déjà vu bien des fois, l'œuvre patiente et coûteuse de plusieurs siècles.

Mais chez nous, comme partout ailleurs, que voyons-nous? Des fleuves, des rivières, des ruisseaux destinés à servir de tuyaux de conduite, si on peut s'exprimer ainsi, à toutes les quantités d'eau possibles que les pluies fournissent au bassin qui leur appartient. Il faut un certain espace à ce volume d'eau extraordinaire arrivant de l'intérieur des terres qui font partie de ce bassin naturel; c'est justement cet espace qui lui a été ménagé et assigné le long de ses rives.

Dans les cas de pluies extraordinaires qui, fournissant cette masse d'eau, causent de grands débordements, la durée de ces pluies est, comme on le sait maintenant, subordonnée à la position dans le ciel des deux résultantes, l'une des étoiles filantes et l'autre des perturbations de ces mêmes étoiles. Voudriez-vous empêcher ces eaux d'affluer dans les vallées, dans les plaines? Vous auriez des travaux gigantesques à entreprendre, et qui, dans certaines circonstances, celle de la durée persistante des pluies, se trouveraient toujours insuffisants. En effet, si une pluie extraordinaire survient et qu'elle ne dure que quelques jours, elle fait monter le lit des rivières à leur extrême hauteur; puis, après quelques jours de repos, la pluie recommence de plus belle avec une durée maximum. C'est alors que toutes les précautions seront insuffisantes, que levées et digues seront forcées en beaucoup d'endroits et donneront lieu comme toujours à ces désastres dont, à tant d'époques, on a eu à déplorer les résultats.

Pour les cas ordinaires, qui sont heureusement les plus communs, des digues, des levées édifiées tout le long des grands fleuves et de tous leurs affluents, des écluses pour créer des réservoirs factices rentrent tout à fait dans l'esprit du décret de 1811, rappelé dans la lettre de l'Empereur au Ministre des Travaux publics. Pour les cas extraordinaires, c'est-à-dire quand les fortes pluies seront persistantes, à la manière même de 1816, ces moyens artificiels seront loin d'être suffisants. Peut-être même, plus on aura voulu prévenir le danger, plus les dégâts seront considérables par la multiplicité des trouées que l'abondance des eaux et leur violence auront causées.

Mais, tout en louant les travaux que l'on a faits, que voulons-nous prouver? C'est que, si l'on avait tout d'abord laissé aux débordements leur lit naturel, excepté sur des points très-limités, comme dans le passage des villes et dans l'établissement des forteresses construites pour la défense du pays, on aurait bien plus gagné que d'entreprendre des travaux immenses, qui ont coûté et qui coûtent tant d'argent à établir et à conserver. Nous pensons, quant à nous, que le bénéfice aurait été plus grand. D'abord, on ne se serait pas hasardé à construire des habitations si près des cours d'eau ; on ne l'aurait fait pour des établissements industriels qu'avec des canaux de dérivation, laissant ainsi aux grandes crues leur écoulement facile. D'une autre part, on n'aurait pas privé les plaines qui avoisinent les rivières et les vallées du limon et des détritus de toutes espèces qu'apportent les eaux, engrais et véritable richesse pour les pays qui ont le bonheur d'en profiter.

Si, par des levées, des digues et par d'autres travaux analogues, vous empêchez le jeu naturel des eaux, vous faites que tout ce volume de liquide, ne trouvant plus d'espace pour se répandre et se déposer convenablement, exhausse petit à petit les lits des cours d'eau ; au bout d'un certain temps, ces canaux deviennent insuffisants pour contenir même le volume d'eau amené dans les crues ordinaires, à bien plus forte raison quand les crues sont énormes. Bientôt, pour les débordements ordinaires, les rives s'exhaussant et tendant en quelque sorte à compenser l'exhaussement qui se fait petit à petit dans les fonds, c'est une sorte d'équilibre qui s'établit des deux côtés, et qui dans les deux sens n'en est pas moins fâcheux.

On connaît généralement la grande fertilité des vallées et surtout des terres qui avoisinent les cours d'eau. Il en est de même dans les plaines pour les terres qui les bordent. Pour ces terrains, les débordements sont une bonne fortune ; ils ne leur sont véritablement contraires qu'en arrivant dans une saison anormale. Mais, en compensation d'une perte qui n'arrive qu'à des intervalles éloignés, combien de richesses s'accumulent les unes sur les autres par les années qui se suivent! car les engrais apportés par les débordements leur procurent des ré-coltes extrêmement abondantes. Aussi nos pères avaient placé leurs habitations dans les vallées, hors de la portée des eaux, et ils jouissaient en paix du fruit de leurs la-beurs. On ne voyait alors d'exception à cette règle qu'au passage des routes, parce que c'était un lieu propice pour tirer bénéfice des voyageurs ou pour servir d'entrepôt à différentes sortes de marchandises.

Je passe de ce sujet à un autre qui y tient d'assez près, je veux dire la question du déboisement. On a beaucoup dit que le défrichement des forêts était une des causes principales des grandes inondations; et, par suite, on pense que le reboisement des montagnes et des collines serait un palliatif suffisant pour arrêter et atténuer ces désastres. D'après ce qui s'est passé dans les temps les plus reculés ou les temps modernes, on voit que les gran-des inondations n'ont pas été moindres que de nos jours. Comme aujourd'hui, elles ne sont pas alors arrivées à époques et à retours fixes; mais elles advenaient tantôt à une époque de l'année et tantôt à une autre. Ainsi, il est bien avéré qu'autrefois, malgré l'existence de grandes et nombreuses forêts, les débordements n'en ont pas été moins abondants ni moins considérables. Le reboisement, comme on peut aisément le prévoir, ne sera qu'un faible pallia-tif contre le retour des inondations que l'on craint.

Mais voici un autre point de vue plus juste. Le reboisement sera très-bon, en ce qu'il empêchera le dénudement des terrains les plus en pentes et qu'il servira à conserver plus longtemps les sources qui sont si utiles sur les versants des montagnes et des collines. Qui ne sait, en effet, que le sol dépouillé de bois se sèche beaucoup plus vite, et diminue, par conséquent, rapidement le volume d'eau donné par les sources? Ce sera donc une chose très-avantageuse de reboiser tous les versants des montagnes et des collines qui seront susceptibles de cette amélioration. Les avantages qui en résulteront seront très-grands, pour le produit d'abord; puis, dans les époques de pluies ordinaires, ces plantations en atténueront certainement l'effet. Mais il ne faut pas croire que, dans les périodes de pluies extraordinaires et prolongées, ces moyens, sur lesquels on fonde tant d'espérances, empêcheront le moins du monde les inondations; ce serait une erreur.

D'après tout ce qui vient d'être exposé, on doit conclure que les temps modernes ne diffèrent en rien des temps anciens sous le rapport des intempéries des saisons; que tout se passe aujourd'hui comme jadis; que le froid et la chaleur ne sont point changés, comme on le répète, du moins pour nos climats, et que les rivières gèlent dans certaines circonstances données tout comme autrefois. Pour ce dernier point, par exemple, il y a bien des distinctions à faire. Il ne faudrait pas se figurer, par cela seul qu'une rivière ou un fleuve est gelé fortement, qu'il fait un froid bien plus grand que dans certaines années. A température égale, un cours d'eau, quel qu'il soit, gèlera beaucoup plus vite si les eaux sont basses que si elles sont hautes; la rapidité du courant ou son calme influent encore d'une manière toute-puissante sur le résultat final. Il est une foule de circonstances qui méritent l'attention, et dont en ceci on ne tient pas en général assez de compte.

Il est arrivé certainement des changements et des différences de température dans quelques parties du globe. La Sibérie, à ce qu'il parait, n'a pas toujours été aussi froide qu'elle l'est de nos jours. L'Islande et le Groënland, qui viennent d'être visités en détail par S. A. I. le prince Napoléon et sa suite, sont un autre exemple du même genre. Cela tient probablement à des causes très-diverses et fort mal connues. La Sibérie, qui fait partie du continent asiatique, doit avoir été soumise à des influences toutes particulières. Le froid qui sévit au Groënland et en Islande, vient principalement des montagnes de glace qui environnent ces deux pays et les cernent en quelque sorte en les frappant de leur action réfrigérante. Suivant les relations d'anciens voyageurs, et celle de S. A. I. le prince Napoléon lui-même, cette action parait augmenter d'année en année. Cette condition, qui n'a pas toujours été la même pour ces pays, peut changer de nouveau par le déplacement des banquises; et ce déplacement, tout immense qu'il serait, peut fort bien s'opérer à la suite d'un règne prolongé de vents et de tempêtes, venant d'une certaine direction plutôt que d'une autre.

On a également tort, suivant nous, de croire qu'un climat est changé parce qu'on n'y cultive plus certaines plantes, la vigne par exemple, à certaines latitudes ; car plus les peuples avancent en industrie, plus on apprécie les produits agricoles à leur véritable valeur. On doit bien penser alors que la récolte des vignes dans une partie de nos contrées si souvent exposées à l'intempérie des saisons a été remplacée par un produit moins précaire. Aussi à l'appui de nos assertions, nous pouvons ajouter que nous avons connu en Champagne, en Picardie même, des localités où l'on cultivait la vigne et où on ne la cultive plus aujourd'hui. Ce n'est certes pas parce que le climat est plus froid qu'à une autre époque ; mais c'est tout simplement parce que ces produits étaient trop précaires sous le rapport de la quantité ou de la qualité, qu'on a préféré dans ces localités arracher les vignes et les remplacer par une culture plus productive et plus assurée.

Toutes choses égales d'ailleurs, on peut tenir pour certain que dans nos contrées, comme probablement aussi dans beaucoup d'autres, le climat n'a pas changé et ne doit probablement changer jamais.

CHAPITRE X.

Conclusions.

Nous avons consacré ce volume de nos Annales à faire connaître une des parties principales des lois physiques et astronomiques du phénomène si mystérieux et si incompréhensible encore des étoiles filantes.

Nous avons déjà vu par plusieurs exemples que la matière qui les constitue paraît diaphane; il en résulterait que ces corps qui se forment dans l'espace ne sont point des astéroïdes ou petites planètes circulant autour du soleil et encore moins autour de la terre. La mer n'est pas apparemment une planète; et cependant ne la voyons-nous pas soumise à des lois qui paraissent aussi régulières que les lois astronomiques, quoiqu'elles ne soient que physiques? ramenant invariablement ses deux grandes marées aux époques des équinoxes comme elle ramène ses marées ordinaires de chaque jour, qui, assez souvent par des circonstances purement physiques et très-variables, dépassent les proportions des marées équinoxiales.

Ne se pourrait-il pas que l'océan des étoiles filantes fût soumis, lui aussi, à des lois encore cachées? Ces lois, une fois connues, nous expliqueraient parfaitement la variation horaire et ces marées extraordinaires d'étoiles

Palais du Luxembourg, côté du Jardin (Comète de 1858)

filantes à certaines époques de l'année, et quelquefois
aussi ces cas très-rares qui arrivent en dehors des époques
notoires et prévues. Nous reviendrons plus tard sur cette
intéressante et importante question, qui touche principalement à la connaissance physique du globe.

On a vu aussi que nous nous sommes borné à donner
très-sommairement un petit nombre de détails sur quelques lois astronomiques ou paraissant telles de ces météores ; nous réservant de les reprendre une à une dans
les volumes qui suivront, afin d'y donner tout le développement dont elles sont susceptibles.

Avant d'aborder la recherche des lois physiques qui
se lient si intimement aux produits météoriques dont nous
sommes visités chaque jour, nous avons dû, comme pour
la partie astronomique exposée dans notre *Introduction
historique*, préparer la route que nous allions faire parcourir à nos lecteurs. Désormais, ni eux, s'ils le veulent bien,
ni nous, nous ne devrons plus la quitter, puisqu'elle nous
a conduits à un si grand nombre de précieuses découvertes, dont nous aurons soin de profiter. En effet, comme
les lois trouvées ne ressemblent en rien aux lois qui régissent actuellement la météorologie, et qui sont ensei-
gnées ou mises en pratique dans les observatoires et
dans les écoles du monde entier, nous avons été obligé
d'examiner en grand détail la météorologie actuelle, afin
de signaler les erreurs qu'on enseigne : non que je les
impute aux honorables savants qui ont successivement
établi la science telle que nous la voyons ; mais je les im-

pute seulement à l'ignorance où l'on était jusqu'ici des véritables données propres à en découvrir les lois réelles.

Si l'on avait suivi le conseil de M. Biot, et qu'au lieu de prendre la météorologie par *en bas*, on l'eût prise par *en haut*, l'erreur n'aurait pas autant duré; d'une découverte on serait arrivé à une autre, puis enfin à la vérité. Quoi qu'il en soit, ayons la justice de reconnaître que les savants qui se sont occupés de météorologie suivant les lois en vigueur n'ont cependant pas perdu tout à fait leur temps; leurs travaux les ont mis certainement sur la voie d'autres découvertes fort utiles.

Maintenant que l'on connait la véritable route à suivre pour assurer le progrès, on n'aura plus besoin de se livrer à des tâtonnements, quand on a l'expérience pour soi; et surtout quand on sait qu'aucun progrès réel n'a été obtenu en météorologie depuis des siècles d'observations par les anciennes méthodes.

Malgré toutes les découvertes précédentes que nous avons faites et qui donnent au moins la clef de la science des météores, nous avons toute raison de penser que nous commençons seulement à entrer dans le champ si vaste où il y a tant à récolter encore; nos successeurs l'exploiteront sans nul doute avec plus de bonheur que nous. La route étant tracée, il n'y aura plus à s'égarer dans le labyrinthe sans fin qui masquait naguère les abords de cette route à la fois si nouvelle et si pleine d'intérêt et d'avenir.

Sans doute le travail a été long, difficile sous plus

d'un rapport; mais nous le dirons avec plaisir : Nous ressentons la plus grande reconnaissance pour les encouragements que nous avons rencontrés en tous lieux, et qui nous ont aidé à mener à bonne fin l'entreprise ardue que nous avions commencée.

Nos lecteurs n'oublieront pas que, pour le moment, nous avons ajourné la partie historique qui doit raconter les bons comme les mauvais jours, c'est-à-dire rendre justice pleine et entière aux hommes considérables qui ont bien voulu nous aider par tous les moyens qui étaient en leur pouvoir. Comme aussi nous dirons, sans aucune amertume d'ailleurs, la conduite d'autres personnes qui ont tout fait pour nous arrêter et nous empêcher d'atteindre le but.

Cependant, c'est un devoir pour nous de déclarer dès à présent que l'Académie des Sciences a été presque unanimement favorable à nos recherches; nous lui devons, comme on va bientôt le voir, le décret du 14 mars 1852, par lequel le chef de l'État a maintenu l'allocation qui m'avait été accordée par l'Assemblée Législative avec l'approbation du Gouvernement que représentait l'honorable M. Ch. Giraud.

La protection dont l'Académie des Sciences veut bien m'honorer remonte déjà loin. En 1845, par un Rapport qui se trouve dans notre *Introduction historique,* page 181, elle encourageait nos recherches, et elle votait l'insertion de notre communication dans le recueil des *Savants étrangers.* Nous avons également inséré dans notre *Introduction his-*

torique la lettre que nous adressions au Gouvernement et les noms des illustres savants qui avaient bien voulu appuyer notre requête. J'ai fait connaître aussi la lettre si bienveillante de M. Pouillet, où il disait que peut-être « un jour nos recherches seraient d'un grand prix pour » la marine. »

M. le baron Ch. Dupin disait de son côté : « J'ai l'hon- » neur de recommander avec un vif intérêt la demande » formée par M. Coulvier-Gravier dans l'intérêt de la » science. »

M. Biot, qui avait bien voulu se joindre à ses collègues, s'exprimait ainsi : « J'ai été témoin, comme tous mes » confrères, du zèle persévérant que M. Coulvier-Gravier » a mis à suivre le genre de recherches auxquelles il » s'est spécialement livré ; et je pense, comme eux, qu'il » serait à désirer qu'il pût être mis en état de les conti- » nuer dans la même voie, ainsi qu'il semble y être con- » duit par une vocation toute particulière. »

M. Babinet disait : « Les observations de M. Coulvier- » Gravier ont rectifié des erreurs, découvert des choses » nouvelles, et elles promettent encore pour l'avenir » d'importantes acquisitions à la science. »

M. Arago écrivait au Gouvernement au nom du Bureau des Longitudes, « que si je continuais mes observations, » la discussion méthodique en conduirait sans aucun » doute aux résultats les plus importants et les plus inat- » tendus. » Qu'on pèse bien la valeur de ces paroles dans une telle bouche !

M. Dumas, en octobre 1848, ajoutait : « M. Coulvier-
» Gravier est certainement très-digne de l'encouragement
» qu'il sollicite. Les résultats qu'il a obtenus montrent
» tout ce qu'on peut espérer de ses recherches, s'il lui est
» permis de les poursuivre. »

M. le baron Thenard et M. Le Verrier ont fait insérer
dans les *Comptes rendus*, avec l'approbation de l'Académie, une Note ainsi conçue : « Nous voyons avec plaisir
» le Gouvernement continuer à encourager les efforts de
» M. Coulvier-Gravier ; ses recherches, poursuivies avec
» tant de zèle depuis un grand nombre d'années et avec
» un dévouement sans limites, devront fournir sans doute
» à la science les données nécessaires pour étudier un
» des plus curieux phénomènes du monde physique. »

Mais si M. Giraud, Ministre de l'Instruction publique,
appuyait et approuvait avec plaisir l'allocation qui m'était
accordée par l'Assemblée Législative, son successeur, mû
par des motifs qu'on trouvera plus tard expliqués dans la
partie historique, croyait devoir au contraire chercher à
faire disparaître cette allocation du budget.

C'est ainsi qu'en février 1852 il demandait à l'Académie
de lui donner son avis sur la manière dont je justifierais
de l'emploi de l'allocation qui m'avait été accordée.

A cette occasion, M. Mathieu, rapporteur d'une Commission composée de MM. Pouillet, Babinet, Mauvais et
Laugier, fit approuver les conclusions de son Rapport
par l'Académie dans son comité secret du 12 février 1852.
Ce Rapport, ainsi que d'autres qui suivront, sera inséré

en entier dans la partie historique. Ici nous n'en donnerons qu'un simple aperçu :

« La Commission reconnait qu'elle s'est rendu compte
» de la série des opérations par lesquelles M. Coulvier-
» Gravier doit passer pour arriver à quelques résultats.
» Le progrès d'un tel travail n'est pas de nature à être
» constaté à des époques trimestrielles régulières ; car
» l'importance réelle n'en est pas seulement dans les
» faits observés, mais surtout de la discussion d'une
» longue série d'observations bien faites. »

L'Académie reconnaissait ainsi avec raison que ce n'é-
tait pas un travail qui arrivait au but à un jour donné,
mais bien à des époques qu'on ne pouvait assigner à
l'avance.

C'est à la suite de ce Rapport que M. le Ministre de
l'Instruction publique consentit à faire comprendre l'allocation accordée par l'Assemblée Législative dans le décret
du 14 mars 1852. Ce n'était donc pas sans motif que nous
disions que c'était grâce à l'intervention bienveillante de
l'Académie que nous avions dû la conservation de cette
allocation, au moins pour 1852.

Mais ce que M. le Ministre de l'Instruction publique
avait hésité à faire en 1852, il le fit en 1853 et 1854 ; il
supprima toute l'allocation et n'en rétablit que la moitié
aux budgets de 1855 et 1856.

Le 18 mai 1852, nous avions demandé à M. le Ministre
l'aide du Gouvernement pour imprimer nos observations
avec la théorie qui résultait de leur discussion, et de plus

pour graver ou lithographier les nombreuses cartes et planisphères qui représentaient toute la marche du phénomène.

M. le Ministre consulta de nouveau l'Académie des Sciences, qui lui répondit suivant les conclusions d'une Commission composée des mêmes membres, avec M. Pouillet pour rapporteur, « que pour le moment l'Académie » demandait seulement une allocation de 8 à 9,000 fr. » pour la publication des observations déjà faites, espé- » rant que M. le Ministre trouverait les moyens de subve- » nir à cette dépense. »

Malgré .cette nouvelle approbation de l'Académie et son vœu si nettement exprimé pour l'impression des observations, M. le Ministre jugea convenable de ne point y donner suite.

Enfin, après de nouvelles démarches et de nouvelles correspondances, le 21 avril 1853, presque un an après le vote de l'Académie dans le comité secret du 12 juillet 1852, M. le Ministre nomma une Commission pour examiner particulièrement mes travaux et lui en rendre compte. Cette Commission était composée de MM. le Baron Thenard, Ravaisson et Le Verrier. M. Le Verrier en a été le rapporteur.

Avant de rédiger son Rapport, M. Le Verrier examina nos recherches et nous demanda une Note complète renfermant les principales découvertes que nous avions déjà faites, et surtout il nous recommanda de ne pas oublier d'indiquer spécialement dans la Note les moyens d'exé--

cution nécessaires pour assurer les progrès de la science
que nous pratiquions.

Cette Note lui fut remise le 3o avril 1853. Je n'avais
omis de répondre à aucune des demandes essentielles qui
m'avaient été faites. Entre autres choses, nous n'avions
pas oublié d'y déclarer qu'aussitôt que nous aurions des
aides bien formés aux observations des étoiles filantes,
nous les enverrions à des stations placées le long des
lignes de télégraphes électriques. Ces stations auraient
été désignées à l'avance, pour qu'on pût y entreprendre
des observations simultanées ; et l'on serait arrivé ainsi à
avoir le cœur net sur ce genre de recherches qu'on avait
tentées en tous pays et qui n'ont réussi nulle part. Les
stations étant ainsi fixées, disions-nous, nous pourrons
rectifier la manière d'observer si elle se trouvait défec-
tueuse. Au surplus, avions-nous ajouté, il faut beaucoup
de temps aux élèves pour devenir habiles dans ce genre
d'observations, et ne pas commettre d'erreurs ; car des
observations de ce genre, mal faites et mal discutées, donneraient un résultat absurde et hors de toute vérité, ainsi
que cela est arrivé bien de fois.

Depuis cette Note remise à M. Le Verrier en 1853, la
science a marché. Nous savons maintenant d'après la seule
apparition d'une étoile filante, quelle est à peu près sa
position dans la zone qu'elles occupent. Si donc plus tard,
comme nous l'espérons, nous entreprenons dans les bonnes
conditions que nous seuls connaissons, une série d'observations de ce genre, nous verrons à l'instant même si le

résultat est satisfaisant ou s'il est mauvais ou médiocre.

Le Rapport de M. Le Verrier fut remis à M. le Ministre de l'Instruction publique le 28 mai 1853. Je donnerai ici quelques extraits de ce Rapport, qui confirme non-seulement la première Note de M. Le Verrier du 30 avril 1850, mais aussi le Rapport de l'Académie du 22 juillet 1852.

« On doit à M. Coulvier-Gravier, » dit M. Le Verrier le 28 mai 1853, « d'avoir entrepris, depuis plusieurs an-
» nées, une longue suite d'observations suivant un plan
» fixe, et sur une base qui pourra servir plus tard à la
» discussion du phénomène.

» M. Coulvier-Gravier nous a communiqué ses regis-
» tres; son travail est conduit avec la régularité que
» comporte ce genre d'observations depuis huit années
» environ, et le registre de chaque année contient trois à
» quatre mille observations.

» M. Coulvier-Gravier a mis encore sous nos yeux une
» série de cartes sur lesquelles il a relevé les apparitions
» observées pour en faire apprécier les diverses consé-
» quences. Il nous a aussi remis un Mémoire contenant
» ses vues théoriques sur l'origine des étoiles filantes et
» sur les influences que l'atmosphère exerce sur leur
» marche.

» Ces observations nous ayant paru bien conduites et
» très-certainement avec un zèle et un dévouement sans
» bornes, nous estimons qu'il est indispensable qu'elles
» soient continuées avec la même régularité qui les dis-
» tingue; et comme M. Coulvier-Gravier a fait de très-

» grands sacrifices, et qu'il ne saurait les continuer,
» l'État doit, dans l'intérêt de la science, venir en aide à
» cet observateur. »

M. Le Verrier demandait ensuite « qu'on m'accordât
» deux aides, et il disait, de plus, qu'il ne servirait à rien
» de faire des observations, si elles ne devaient pas être
» publiées. Outre la publication du travail courant, il
» conviendrait enfin d'assurer la publication immédiate
» des huit années arriérées. »

Nous remercions de nouveau M. Le Verrier de ce Rapport ; mais il n'a pu dépendre de lui que nous n'ayons pas plus obtenu de M. le Ministre la publication de nos observations après ce Rapport si favorable, qu'après le Rapport de l'Académie elle-même. Bien plus, l'année 1854 n'avait pas encore vu figurer sur le budget l'allocation consacrée à l'observatoire météorique du Palais du Luxembourg ; seulement, dans les virements de fonds, on nous promettait de penser à cet observatoire. Ce ne fut, comme nous l'avons dit, qu'en 1855 et en 1856 que, grâce à la haute intervention de personnes considérables qui s'intéressaient à mes recherches, une allocation qui n'était que la moitié de la première, fut enfin portée sur les budgets de ces années.

On connaît déjà la haute et généreuse intervention du Corps Législatif en faveur de l'observatoire météorique du Luxembourg. Les Rapports des budgets pour 1855, 1856, de M. le baron Paul de Richemond ; les Rapports de M. Alfred Leroux, pour les budgets de 1857, 1858 ; le Rapport de M. Devinck, pour le budget de 1859, demandant au Gouvernement les moyens de faire imprimer mes recherches, témoignent hautement de ces sympathies si honorables pour moi. Certes, nous nous souviendrons toujours aussi de la bienveillance que nous ont témoignée, en nous faisant l'honneur de visiter nos recherches, les présidents des Commissions des budgets MM. Schneider, Réveil et Lequien. Aussi, S. E. M. Rouland, Ministre de l'Instruction publique, ayant égard à cette généreuse intervention, a bien voulu mettre à ma disposition la somme nécessaire à l'impression de mes *Recherches sur les Météores*. Tous les véritables amis des progrès des sciences doivent lui en avoir comme moi une entière reconnaissance.

Certes, le Corps Législatif, en obtenant du Conseil d'État de rétablir au budget de 1857 l'allocation votée par l'Assemblée législative pour le budget de 1852, allocation confirmée par décret du Prince Président de la République, ne pouvait nous donner une plus grande preuve de l'intérêt qu'il nous porte. Nous nous faisons un devoir de lui en adresser, ainsi qu'aux honorables rapporteurs et présidents que nous venons de nommer, nos très-vifs remercîments et l'expression sincère de notre gratitude.

Quelles que soient les hostilités que nous avons parfois rencontrées, on devrait savoir, qu'inébranlable dans la mission que nous avons entreprise, et poussé par une vocation tout exceptionnelle, rien ne sera capable de nous détourner du but que nous avons entrevu, et, qu'avec le patronage puissant d'hommes considérables, nous avons déjà atteint en partie. Ce que nous avons fait jusqu'ici en est la preuve la plus évidente.

On doit savoir aussi que, par goût autant que par caractère, nous n'aimons à attaquer qui que ce soit. Si nous sommes obligé quelquefois de réfuter des erreurs, nous n'en estimons et n'en aimons pas moins les hommes qui les commettent, quand leur caractère mérite qu'on les aime et qu'on les estime. On ne doit pas non plus ignorer, qu'autant nous aimons peu à critiquer et à attaquer pour le seul plaisir de guerroyer, autant cependant nous savons nous défendre hardiment, non en restant sur la défensive, mais en marchant droit à l'adversaire qui n'est pas loyal dans ses attaques.

En résumé, et jusqu'au moment où, dans la partie historique de nos recherches, nous aurons le bonheur de rendre justice à toutes les personnes qui ont bien voulu nous aider dans notre mission, nous dirons : Toutes les assemblées, soit politiques, soit scientifiques, m'ont été favorables : Chambre des Députés, Assemblée Législative, Académies, Conseil général de la Marne (mon département), Sénat, Corps Législatif, Conseil d'État, partout nous avons été encouragé, et nous avons recueilli des preuves de la sympathie qu'on portait à nos recherches et qu'on témoignait en nous faisant l'honneur de nombreuses visites. S. A. I. le prince Napoléon lui-même nous a fait cet honneur. La presse, en général, sans oublier le *Moniteur universel,* s'est plu souvent à mettre le public au courant des communications que nous faisions à l'A--, cadémie des Sciences. Les illustres savants qui dirigent les *Annales de Physique et de Chimie* ont bien voulu, à diverses reprises, m'ouvrir les colonnes de leur recueil. Je leur en adresse ici, ainsi qu'à la presse, mes remerciments bien sentis.

C'est donc grâce à l'appui si efficace qui nous a été donné, que nous avons pu continuer nos recherches et obtenir les résultats importants qu'on connaît. Quoi qu'on ait fait pour nous entraver, l'observatoire météorique du Luxembourg a su conquérir la place qui lui appartient parmi les établissements scientifiques que renferme la France ; il a fait ses preuves. En lui accordant les moyens d'exécution qu'il réclame, on sait désormais ce qu'on fait ; on sait la route que cet observatoire suivra et les fruits qu'il doit produire.

Le gouvernement de l'Empereur n'oubliera pas que l'observatoire météorique du Luxembourg doit faire des élèves, qui auront à passer successivement, suivant le progrès de leurs études, dans les quatre observatoires auxiliaires destinés à faire jouir la France entière des résultats de cette science nouvelle.

On se hâtera même de nous prêter l'aide nécessaire, si l'on réfléchit qu'il faut au moins deux années de pratique pour que ces élèves puissent être en état d'exercer eux-mêmes, tout en relevant du contrôle de Paris, à des distances considérables et par des méthodes que nous seuls connaissons bien.

Il serait donc essentiel de nous accorder un personnel assez nombreux pour remplir non-seulement les exigences du service, mais encore pour pouvoir desservir le plus tôt possible les observatoires auxiliaires.

On sait maintenant qu'on ne compte pas seulement des étoiles filantes à l'observatoire météorique du Palais du Luxembourg. Ce volume a suffisamment montré que si l'on y comptait des étoiles, on y faisait aussi autre chose. On peut dire que le travail n'y est jamais terminé, et c'est en quelque sorte le tonneau des Danaïdes. On comprend facilement que pour mener à bien une telle besogne, il faut toujours quelqu'un qui soit de quart de nuit comme de jour.

Les services que la science des météores est appelée à rendre lorsqu'elle sera définitivement constituée par l'établissement de ces observatoires auxiliaires, sont immenses. Si l'on songe à la valeur de toutes nos récoltes, qui sont de plusieurs milliards, et à la valeur de tout ce que renferment nos navires de toutes espèces, il est impossible de penser que le Gouvernement d'un grand empire comme l'est la France, refusera de proposer aux pouvoirs de l'État, qui le demandent eux-mêmes, les moyens d'exécution réclamés avec tant de persévérance. Notre conviction à cet égard est inébranlable; et c'est elle qui doit nous servir d'excuse auprès de ceux que notre insistance pourrait étonner.

FIN

Paris. — Imprimerie de MALLET-BACHELIER, rue du Jardinet, 12.

OUVRAGES DU MÊME AUTEUR

RECHERCHES SUR LES ÉTOILES FILANTES. INTRODUCTION HISTORIQUE. Grand in-8 . . . . 5 fr.

CATALOGUE DES GLOBES FILANTS (BOLIDES), observés de 1841 à 1853. In-4 . . . . 3 fr.

CATALOGUE DES GLOBES FILANTS (BOLIDES), observés du 3 septembre 1853 au 10 novembre 1859. In-4 . . . . 3 fr.

PRÉCIS DES RECHERCHES SUR LES MÉTÉORES et sur les lois qui les régissent, par M. Coulvier-Gravier. Un beau volume in-18.. 3 fr.

ON TROUVE A LA MÊME LIBRAIRIE :

HISTOIRE DU PÉROU ET DE SAINTE-ROSE DE LIMA (sainte Rose de Sainte-Marie), par le vicomte M. Th. de Bussierre. 1 vol. in-8. 6 fr.

L'EMPIRE MEXICAIN. Histoire des Toltèques, des Chichimèques, des Aztèques, et de la conquête espagnole, par le vicomte M. Th. de Bussierre. 1 vol. in-8. Prix . . . . 6 fr.

HARMONIES DE LA MER, Courants et Révolutions; par M. Félix Julien, lieutenant de vaisseau, ancien élève de l'École polytechnique. Un volume in-18 jésus 2 50

GUERRES MARITIMES DE LA FRANCE. Port de Toulon : ses armements, son administration, depuis son origine jusqu'à nos jours, par V. Brun (de Toulon), commissaire général de la marine. Deux forts volumes in-8 . . . . 15 fr.

L'ARCHIPEL DES ILES NORMANDES, Jersey, Guernesey, Auregny, Sark et dépendances; institutions communales, judiciaires, féodales de ces îles; avec une Carte pour servir à la partie géographique et hydrographique, par Théodore Le Cerf, de la Société des antiquaires de Normandie. Un volume in-8 . . . . 5 fr.

HISTOIRE DE L'ILE BOURBON, depuis 1643 jusqu'au 20 décembre 1848, par M. Georges Azéma, greffier de la justice de paix de Saint-Denis, conseiller municipal de cette commune et membre de la Chambre consultative de l'île de la Réunion. Un volume in-8. . . . . . . 5 fr.

VOYAGE ARCHÉOLOGIQUE DANS LA RÉGENCE DE TUNIS, exécuté (en 1860) et publié sous les auspices et aux frais de M. H. d'Albert, duc de Luynes, membre de l'Institut, par V. Guérin, ancien membre de l'École française d'Athènes, membre de la Société de géographie de Paris, agrégé et docteur ès lettres, chargé d'une mission scientifique. Ouvrage accompagné d'une grande carte de la régence et d'une planche reproduisant la célèbre inscription bilingue de Thugga. Deux magnifiques volumes grand in-8 . . . . 20 fr.

LA MÉDECINE CHEZ LES CHINOIS, par le capitaine P. Dabry, consul de France en Chine, chevalier de la Légion d'honneur, membre de la Société asiatique de Paris. Ouvrage corrigé et imprimé avec le concours de M. J. Léon Soubeiran, docteur en médecine, docteur ès sciences, professeur agrégé à l'École de pharmacie. Un volume in-8, orné de planches anatomiques . . . . 10 fr.

PARIS. — TYPOGRAPHIE DE HENRI PLON, IMPRIMEUR DE L'EMPEREUR, RUE GARANCIÈRE, 8.